轻松玩转
电脑组装与维修

罗 亮 张应梅 刘金广 编著

電子工業出版社
Publishing House of Electronics Industry
北京·BEIJING

内 容 简 介

本书由浅入深地介绍了电脑的选购、组装、操作系统安装和故障处理等知识，全书共 18 章，主要内容包括电脑组装基础、选购电脑核心硬件、选购电脑其他硬件、电脑组装实战、快速掌握 BIOS 设置、硬盘分区、安装与备份操作系统、硬件检测与性能测试、电脑故障处理基础、处理电脑开机故障、处理 CPU 故障、处理主板故障、处理内存故障、处理显卡故障、处理硬盘故障、处理电源与机箱故障、处理外部设备故障，以及处理操作系统故障等。

本书不仅适合需要学习电脑组装和维修知识的初、中级电脑用户学习使用，也可以作为电脑爱好者提升自身技能水平的参考用书，还可以作为各类院校相关专业学生和电脑培训班学员的教材或辅导用书。

图书在版编目（CIP）数据

轻松玩转电脑组装与维修 / 罗亮，张应梅，刘金广编著．—北京：电子工业出版社，2019.7

ISBN 978-7-121-35937-8

Ⅰ．①轻… Ⅱ．①罗… ②张… ③刘… Ⅲ．①电子计算机—组装②计算机维护 Ⅳ．① TP30

中国版本图书馆 CIP 数据核字（2019）第 014612 号

责任编辑：祁玉芹

印　　刷：中国电影出版社印刷厂

装　　订：中国电影出版社印刷厂

出版发行：电子工业出版社

北京市海淀区万寿路 173 信箱　　邮编：100036

开　　本：710×1000　　1/16　印张：20　字数：380 千字

版　　次：2019 年 7 月第 1 版

印　　次：2023 年 3 月第 4 次印刷

定　　价：99.00 元

凡所购买电子工业出版社图书有缺损问题，请向购买书店调换。若书店售缺，请与本社发行部联系，联系及邮购电话：（010）88254888，88258888。

质量投诉请发邮件至 zlts@phei.com.cn，盗版侵权举报请发邮件至 dbqq@phei.com.cn。

本书咨询联系方式：qiyuqin@phei.com.cn。

前 言

写作目的

电脑是日常生活中最常见的办公和娱乐设备，由于客观及主观原因，常常会出现各种各样的故障。如果我们对电脑维修知识一窍不通，那么当电脑出现故障时，就只有等待专业人员上门维修或将电脑送修。这样不仅耽搁时间，还会花费不少的维修费用。因此，无论是家庭用户还是中小型企业的技术人员，都急需掌握电脑组装和维修的相关知识。

本书结合作者多年电脑组装和维修的经验，以及对电脑各功能组件的性能指标、型号类别等的了解，并根据实际组装电脑的经验，通过对电脑组装与维修知识的系统讲解，分析了电脑常见故障发生的根本原因，为读者讲述了排除故障的基本流程和方法。书中提供大量实际案例，使读者学习后能直接运用到实际工作中。

内容摘要

☑ 本书详细介绍了电脑各个硬件的性能指标、最新型号，以及选购技巧，让读者在选购电脑配件的同时掌握硬件的相关知识。

☑ 本书详细介绍了电脑硬件组装的全过程，让读者在维修电脑时能够自行拆、装电脑硬件。

☑ 本书详细介绍了电脑 BIOS 设置和硬盘分区的方法，包括最新 UEFI BIOS 和 3 TB 以上大硬盘分区方法等，让读者走在技术的前沿。

☑ 本书详细介绍了安装操作系统的多种方法，包括光盘安装、U 盘安装和在 Windows PE 下安装等，让读者在任何情况下都可以轻松安装操作系统。

☑ 本书详细介绍了电脑开机故障和操作系统启动故障的诊断和处理方法，让读者不再为电脑无法开机而发愁。

☑ 本书详细介绍了 CPU、主板、内存、显卡、硬盘、电源、显示器、鼠标，以及键盘等硬件的故障现象、故障原因和诊断思路，并通过 200 余个电脑维修实例，让读者在面对各种电脑故障时都游刃有余。

章节安排

本书从电脑组装的基础知识开始，逐步深入，一步步引导读者学习电脑组装、维护、硬件故障排除和软件故障排除等方面的知识。全书共 18 章，从章节内容上可分为以下 3 部分。

- ☑ 第 1 部分：电脑选购篇（第 1~3 章）：主要介绍电脑软硬件组成、电脑配件性能参数及选购技巧。
- ☑ 第 2 部分：电脑组装篇（第 4~8 章）：主要介绍电脑的组装过程、BIOS 设置、硬盘分区、操作系统安装及硬件性能测试。
- ☑ 第 3 部分：电脑维修篇（第 9~18 章）：主要介绍电脑故障的诊断思路和处理方法。

本书特点

- ☑ 实用高效、举一反三：本书是与实际紧密联系的，从配件选购、装配，到故障修复，都是在日常应用电脑中经常遇到的问题。这样才能学以致用，才能更加有效地解决遇到的各种问题。读者可以结合书中总结的维修思路，达到举一反三的目的。
- ☑ 由浅入深、循序渐进：本书并不是直接将晦涩难懂的理论知识或者故障现象呈现给读者，而是循序渐进，从表象到原理，从理论到实际，自然而然地将实际与理论相结合，最终把问题解决；另外，本书进行了知识总结，有利于读者的接受与发挥。读者可以通过阅读本书达到扩展知识面、巩固与提高软硬件技能的效果。
- ☑ 最新技术、主流硬件：由于电脑软硬件更新换代很快，一些老的技术或解决问题的方法可能不再适合现在的电脑。本书以当前主流电脑配置和最新技术为标准，保证读者所学的知识能应用到当前的电脑环境中。
- ☑ 图文对照、直观明了：为了使读者能够快速掌握各种操作，获得实用技巧，书中对涉及的相关知识的描述力求准确。对于不易理解的知识，本书采用实例的形式进行讲解。在实际的讲解过程中，操作步骤均配有准确的图示，使读者看得明白、操作容易。

本书作者

本书由多年从事电脑教学研究及培训的专业人员编写，他们拥有非常丰富的实践及教育经验，并已出版过多本相关书籍，参与本书编写的有罗亮、张应梅、刘金广、倪彬等。书中如有疏漏和不足之处，恳请广大读者和专家不吝赐教，我们将认真听取您的宝贵意见。

编者

目 录

001

| 第1章 |

电脑组装基础

本章导读

在选购和组装电脑之前，应该先掌握一些相关的基础知识，如电脑的基本组成、电脑组装的基础知识，以及电脑的配置原则等，这样才能更好地学习电脑的组装与维修。

本章要点

★ 电脑的硬件系统组成
★ 电脑组装基础知识
★ 电脑配置原则

1.1 电脑的硬件系统组成

电脑的硬件系统主要由主机和外部设备组成，主机即装有各种电脑配件的机箱，而外部设备通常包括显示器、键盘、鼠标，以及音箱等。

1.1.1 主机

主机是电脑的核心部分，它是指一个装有主板、CPU（Central Processing Unit，中央处理器）、内存、显卡、硬盘、光驱和电源等电脑配件的机箱，是电脑内部硬件的总称。

1. CPU

CPU 是一台电脑的运算核心与控制核心，作用和人的大脑相似。它负责处理和运算电脑内部的所有数据，其型号往往决定了一台电脑的档次高低。

目前市场上主流的是双核心和四核心的 CPU，也不乏六核心和八核心等更高性能的 CPU，主要是 Intel（英特尔）和 AMD（超微）两大品牌。

2. 主板

主板又称为“系统板”或“母板”，一般为矩形电路板，上面集成了主板芯片组、插槽接口、多种电子元器件及功能芯片等。如果把 CPU 比为电脑的“大脑”，那么主板就是电脑的“躯干”。几乎所有的电脑部件都是直接或间接连接到主板上的，主板的性能对整机的速度和稳定性都有极大影响。

主板的类型根据支持的 CPU 的不同，其适用的 CPU 插座并不相同，主要分为 Intel 系列和 AMD 系列两种。

3. 内存

内存又称为“主存储器”，用于暂时存放当前正在执行的程序和数据。它是CPU和外部存储器之间进行数据交换的中转站，其容量和性能是决定电脑整体性能的一个重要因素。

一块主板通常最多可以插入2～4条内存条，用户可以根据需要选择，目前常见的单条内存容量大小有4 GB、8 GB和16 GB等。

4. 硬盘

硬盘是电脑中最重要的外部存储器，电脑中的大部分数据都存储在硬盘中。硬盘分为机械硬盘（HDD）、固态硬盘（SSD）和混合硬盘（HHD）等，机械硬盘也称为“传统硬盘”，它采用磁性碟片来存储数据；固态硬盘采用闪存颗粒来存储数据；混合硬盘是把磁性碟片和闪存集成到一起的一种新型硬盘。

机械硬盘是最为普通的硬盘，而随着用户对电脑需求的不断提高，固态硬盘逐渐被用户选择。固态硬盘运行速度更快，使用寿命也更长。

机械硬盘容量较大，常见的硬盘容量有500 GB、1 TB、2 TB和3 TB等；固态硬盘的容量主要有64 GB、120 GB和200 GB等，价格也较高。

5. CPU风扇

CPU风扇是为CPU散热的辅助装置，安装在CPU上方。随着CPU频率的不断提升，CPU的发热量也越来越大，CPU风扇是必不可少的电脑硬件之一。

6. 显卡

显卡是连接主机与显示器的接口，其作用是将主机的输出信息转换成字符、图形和颜色等信息，传送到显示器上显示。显卡分为独立显卡、集成显卡和核心显卡，独立显卡为独立板卡，插在主板的 PCI-E 扩展插槽中；集成显卡是将显示芯片集成在主板芯片组中，使用这种芯片组的主板可以不需要独立显卡而实现普通的显示功能；核心显卡也属于集成显卡的一种，但它不是将显示核心集成在主板上，而是集成在 CPU 中，从而带来比集成显卡更好的性能。

7. 网卡

网卡是电脑网络应用中最重要的硬件，电脑通过网卡接入网络。在电脑网络中，网卡一方面负责接收网络上的数据包，解包后将数据通过主板上的总线传输给本地电脑；另一方面，将本地电脑中的数据打包后送入网络。

网卡分为集成网卡、独立网卡和无线网卡等，通常主板上都集成有网卡，在没有特殊要求的情况下一般不用安装独立网卡。如果希望电脑以无线方式连接到网络中，则可以安装无线网卡。

8. 声卡

声卡是电脑多媒体应用的重要组成部分，是电脑进行声音处理的适配器。它协同 CPU 对声音数据进行处理，将电脑中的数字信号转换成模拟信号，并通过音箱播放出来。通常主板上都集成了声卡，如果用户对声音质量要求比较高，也可以配置独立声卡。

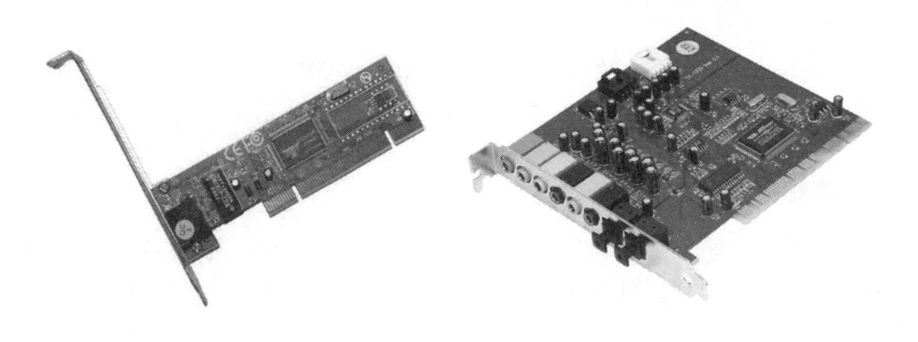

9. 光驱

光驱即光盘驱动器，是专门用来读取光盘数据或进行光盘数据刻录的外部存储设备。在早期，光驱是电脑中非常重要的存储设备，安装操作系统和应用程序大多需要通过光驱来完成，现如今它的部分功能已经逐渐被网络和移动存储设备所取代。

目前市场上的主流光驱为DVD光驱，主流光盘为DVD光盘；此外还有读写速度更快的蓝光光驱和存储量更大的蓝光光盘，而每类产品又可划分为只读光驱和刻录光驱两种类型。

10. 电源

电源是电脑的能源中心，它负责将普通交流电转换为电脑主机可以直接使用的直流电，为电脑内部的各部件提供所需的工作电压。它的好坏直接决定电脑能否正常工作，电源输出直流电的稳定性和准确性将影响电脑硬件的质量、寿命和性能等。

11. 机箱

机箱是用来放置电脑各种内部硬件的箱子，它把所有内部的硬件有序地放置在一起，不仅为这些硬件的运行提供了一个安全稳定的工作环境，并且有效地屏蔽了大部分电磁辐射，也方便了电脑的整体移动。

在选择机箱时，用户一般考虑的是机箱的做工和材质、样式和特性等，如机箱的制作工艺是否优秀和样式是否好看；特性指机箱的散热能力、防辐射能力和是否免工具拆装等。

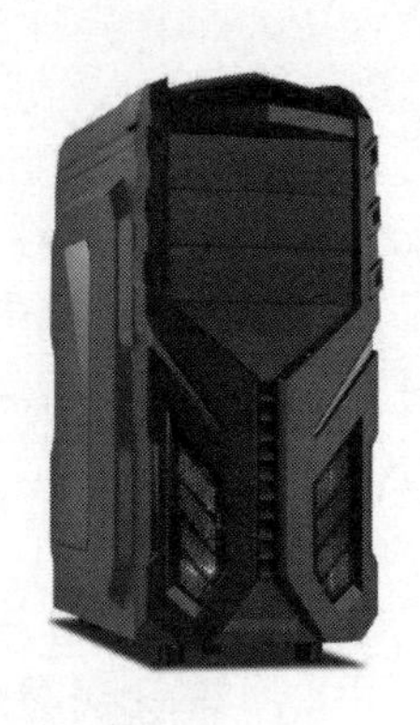

1.1.2 外部设备

通常除了主机外，用户看得见摸得着的电脑设备都属于外部设备。外部设备主要用于电脑的输入和输出，如鼠标、键盘和手写板等输入设备，以及显示器、音箱和打印机等输出设备。

1. 鼠标

鼠标因其外形像一只小老鼠而得名，它用于控制屏幕上光标的位置，移动鼠标即可移动屏幕上的光标。通过鼠标上的按键可以向电脑发出多种命令，从而完成相应的操作。鼠标按插头类型可以分为 USB 接口鼠标、PS/2 接口鼠标和无线鼠标。

2. 键盘

键盘是电脑最基本的输入设备，通过键盘可以向电脑输入各种数据，以及发出各种指令。键盘上有许多按键，主要包括字母键、数字键和各种控制键。常见的键盘主要分为机械式键盘和电容式键盘两类，现在的键盘大多都是电容式键盘。按其接口来分，主要分为 USB 接口键盘、PS/2 接口键盘和无线键盘。

3. 显示器

显示器是电脑最重要的输出设备，我们对电脑的各种操作，以及编辑的文本、程序和图像等都是在显示器上显示出来的，它的质量直接影响图像的显示质量。目前常见的显示器类型为液晶显示器（LCD）。

影响显示器质量和价格的主要因素有屏幕尺寸、显示参数和视频接口等，屏幕尺寸主要有21英寸、23英寸和25英寸等；显示参数主要包括显示器的亮度、对比度、响应时间、颜色数和可视度等；视频接口包括VGA接口、HDMI接口、MHL接口、DVI接口和USB接口等，接口类型越多，其功能也越强大。

4. 音箱

音箱是用来将音频信号变换为声音的一种外部设备，通过音箱箱体或低音炮箱体内自带的功率放大器将音频信号进行放大处理，并通过音箱中的喇叭进行回放才能还原电脑所发出来的声音。

电脑音箱按声道进行划分，主要有2.0声道、2.1声道、4.1声道、5.1声道等，2.0声道包含两个音箱；2.1声道包含两个音箱和一个低音炮，依此类推。

5. 耳机/麦克风

耳机也是一种发声设备，不过它只限个人使用，通过戴在耳朵上收听以免打扰他人。通常在电脑端使用的耳机上都附带有麦克风，用于语音输入、语音聊天等，这样的耳机也称为“耳麦”。用户也可以分别购买耳机和麦克风，以追求更好的声音输入和输出效果。

6. 其他常用外部设备

除了上述基本部件，还有一些常用的外部设备用于扩展电脑的功能。例如，要打印文档需要使用打印机，要进行视频聊天需要使用摄像头，要复制数据需要使用U盘，要用手写方式输入汉字需要使用手写板等。

1.2 电脑组装基础知识

组装电脑，即电脑“DIY”，是指用户根据自己的需求选择电脑配件来组装电脑。

1.2.1 选择品牌机还是兼容机

台式电脑可以分为品牌机和兼容机两类，品牌机是以一个整体品牌出售的电脑，所有的电脑组件由厂家选定和搭配形成不同价位的机型，我们平常听到的联想电脑、戴尔电脑等就属于品牌机。

品牌机拥有完善的售后服务，但是硬件配置比较固定，可供用户选择的硬件较少，比较适合电脑初学者和大多数家庭用户。

兼容机又称为“组装机”，是用户根据个人爱好和装机经验来选择配件组装而成的电脑，用户可以自由搭配兼容机的各个配件。

兼容机配置灵活，用户可以根据需求随意选择和搭配电脑的各种配件，可选范围广；此外，兼容机可以选择市场上最新的电脑配件，而品牌机往往无法跟上硬件的更新速度。

与兼容机相比，品牌机性能更稳定，售后服务较完善，但价格高；兼容机比品牌机更实惠，但购买兼容机需要用户有比较丰富的电脑知识。

总体而言，品牌机更适合不太熟悉电脑的用户和商业办公用户，以便获得更完善的售后服务；兼容机则更适合追求硬件性能或性价比的用户。

1.2.2 组装电脑的步骤

要组装一台电脑，通常需要分成确定装机方案、配件选购、硬件组装，以及软件安装等几个步骤来完成。

1. 确定装机方案

在组装电脑之前，首先要确定装机方案，即选择电脑配件的型号、价格范围等。这需要对硬件的基本型号、性能、市场行情有一定的了解，以便制定初步的硬件配置清单，然后根据自己的预算来制定装机方案。

将确定的装机方案整理成表格，做到对配件型号及大体价格心中有数。这里提供一个装机方案预算表的样本，如下所示。

电脑配件	型　　号	价格预算
CPU		
主板		
内存		
硬盘		
显卡		
光驱		

（续表）

电脑配件	型　号	价格预算
显示器		
音箱		
键盘、鼠标		
电源		
机箱		
合计		

2. 配件选购

在电脑城选购电脑配件时要注意配件的包装是否完整，以及型号是否与包装盒上完全一致，还要注意询问配件的保修（包换）时间，以获得更好的售后服务。

3. 配件组装

打开各个配件的包装，按正确的方法组合即可，这部分知识会在后面的章节中详细介绍。

4. 软件安装

例如，安装操作系统、驱动程序，以及常用工具软件等，这部分知识会在后面的章节中详细介绍。

1.2.3 购买电脑的注意事项

下面列举一些购买电脑时应该注意的问题。

- ★ 购买前可以先去电脑城或从网上了解市场行情，包括主流电脑采用的硬件型号和各种硬件的大致价格。
- ★ 电脑硬件更新换代速度太快，不必过分追求高配置，应根据自己的实际需求选择合适的电脑配置。
- ★ 在购买时应尽量购买知名品牌的产品，并做到“货比三家”。切忌贪小便宜，以免购买到假冒伪劣产品。

除品牌外，还要注意硬件的配置参数，如主板芯片组的型号、CPU 的主频和缓存、内存的规格，以及显卡的接口等。

★ 索取详细的配置清单，其中应列举各配件的品牌、型号、规格、价格，以及技术参数等信息。
★ 索取发票和售后服务承诺书，并保留好保修凭据。
★ 注意电脑硬件的售后服务期和方式，不同硬件的售后服务期和服务方式可能不同，在购买前应该仔细了解售后服务信息。如果有不清楚的地方应及时询问厂商，以免日后产生纠纷。

如果销售商在电脑硬件上没有加贴印有公司标记和生产日期的小标签，则应要求销售商加贴，以备出现问题时进行识别。

1.3 电脑的性能和价格

用户在购买电脑时，最关心的往往是电脑的性能和价格，而通常性能越好，价格也越高。一台电脑的价格低至两千元上下，高至数万元，因此用户需要根据自身情况进行合理的选择。

1.3.1 选购电脑原则

在选购电脑时，用户可遵循以下原则。

★ 买电脑做什么：不同的作用也决定了不同的电脑类型，如办公室文员、老年人等可以选择入门级电脑；专业 DIY 用户可以选择发烧级电脑配置。
★ 资金状况：在资金不是特别充裕的情况下，可以有倾向性地选择性价比相对较高的产品，或者根据使用情况分配预算资金时向某些配件倾斜。
★ 个人硬件水平：主要取决于个人对电脑硬件的了解程度，可以在组装机和品牌机之间进行综合考虑。确定了方向，就可以进行比较和选择。对于经验丰富的 DIY 达人，甚至可以在二手市场淘到心仪的配件。

1.3.2 选购品牌机原则

如果用户决定购买品牌机，可以根据以下原则选择。

1. 选择品牌

购买品牌电脑首先要选择的就是电脑品牌，应尽量选择国内外知名的厂商，如戴尔、联想、惠普、宏碁等。

小厂的技术实力往往不如大厂，但在配置、价格上有比较大的优势。不过用户一定要考虑维修、退换货的途径及规则等因素，最终确定购买的产品。

2. 比较配置与价格

用户可在同一配置档次的情况下，比较各个品牌的价格，或在价格接近的情况下比较不同品牌的配置。用户还可以通过不同的购买渠道，如专卖店、商场、京东网、天猫官方旗舰店、苏宁易购等比较不同购买渠道的价格。或者在某个渠道有促销活动时购买，从而得到更低的价格。

3. 比较售后

因为品牌机最大的优势在于售后服务，所以除了比较产品的性价比外，还需要了解该产品的保修期、保修范围、收费标准等；此外，用户还应该了解本地售后的情况，如位置、服务态度、上门服务收费标准等。

1.3.3 电脑配置方案分类

根据用户的资金状况，电脑配置方案可以简单地分为如下 4 类。用户可以参照，为准备配置的电脑制定相应的计划。

★ 入门级应用：主要用于简单的应用，如文档处理、一般办公、炒股、上网聊天、看影视节目、入门学习等，其价格可以控制在 2 000 ～ 3 000 元之间。

★ 普通级应用：主要适用于商务办公、简单图形图像处理、一般游戏玩家玩游戏、政府行政人员办公等，其价格控制在 3 000 ～ 5 000 元之间即可。

★ 专业级应用：主要适用于玩大型游戏、专业级图像处理、音频处理、3D 动画制作、大型编程、网络销售等人士，除了可以购买相对应的专业级电脑外，也可以进行 DIY 组装，其价格在 5 000 ～ 8 000 元之间。

★ 发烧级应用：主要适用于超频玩家、多开游戏玩家、追求极致视听享受的高端人士等，可以在配置电脑时选择相应的高端硬件，其价格在 8 000 元以上。

013

| 第2章 |

选购电脑核心硬件

本章导读

对于准备自己组装电脑的用户，除了要对电脑的各个硬件有一个基本的认识外，还需要掌握硬件的品牌和型号、性能参数及选购技巧等知识，从而为自己组装一台实用又实惠的电脑。本章将对电脑核心硬件的选购技巧进行详细介绍，以让读者正确选购适合自己的硬件。

本章要点

- ★ 选购 CPU
- ★ 选购主板
- ★ 选购内存
- ★ 选购硬盘
- ★ 选购显卡

2.1 选购 CPU

CPU是电脑的"大脑",它承担着整个电脑系统中绝大部分的运算及处理任务,并指挥和协调系统各个硬件的正常运行，因此选购一款性价比高的CPU是非常重要的。

2.1.1 CPU 的主要性能指标

要选择一款合适的CPU,需要对CPU的性能指标有所了解,包括时钟频率（主频）、CPU位宽、前端总线（Front Side Bus，FSB）、缓存及制造工艺等。

1. 时钟频率

CPU 的时钟频率是指 CPU 运行时的工作频率，又称为“主频”，单位为 Hz（赫兹）。通常主频越高，CPU 的运算速度越快，目前主流 CPU 的主频在 2.8 ～ 4.3 GHz 之间。

CPU 的主频的高低主要取决于它的外频和倍频，即 CPU 的主频＝外频 × 倍频，改变 CPU 的外频或倍频都会改变 CPU 的主频。

- ★ 外频：是指 CPU 的基准频率，代表 CPU 和电脑的其他部件（主要是主板）之间同步运行的速度，单位为 Hz。外频越高，CPU 的处理能力越强。
- ★ 倍频：又称为“倍频系数”，是指 CPU 主频与外频的比值。从理论上讲，在外频不变的情况下，倍频越大，CPU的实际频率越高，运算速度也越快。

我们常说的超频是指合理改变 CPU 的外频和倍频以提高电脑的主频，不过由于目前大多数 CPU 都锁定了倍频，所以现在超频玩家一般都通过更改外频来提高 CPU 的主频。

2. CPU 位宽

CPU 位宽又称为“字长”，是指 CPU 在单位时间内能够一次性处理的二进制数的位数。常见的 CPU 位宽有 16 位、32 位和 64 位等，目前主流的 CPU 均为 64 位，即常说的 64 位 CPU。

3. 前端总线

前端总线是CPU与主板北桥芯片或内存控制器之间的数据通道，也是CPU与外界交换数据的主要通道。CPU和北桥芯片之间的传输速度称为“前端总线频率”，其频率高低直接影响CPU与内存之间进行数据交换的速度。前端总线频率越高，CPU与北桥芯片之间的数据传输能力越强，就越能发挥CPU的性能。

Intel公司从Core i7 CPU开始放弃原来的FSB设计，而采用了新的QPI总线设计。这种总线的传输速率高达4.8 GT/s，每个单一的QPI链接足以提供25.6 GB/s的带宽，在性能上全面超越了AMD公司的HT 3.0总线。

4. 缓存

CPU的缓存是内置在CPU中的一种临时存储器，其读写速度比内存快，为CPU和内存提供了一个高速的数据缓冲区。CPU在读取数据时，先在高速缓存中查找，找到后就直接读取；如果未能找到，则从内存中读取。

按照数据读取顺序和与CPU结合的紧密程度，CPU缓存可以分为一级缓存、二级缓存和三级缓存。当CPU读取数据时，首先从一级缓存中查找。如果没有找到，则从二级缓存中查找；如果仍未找到，则从三级缓存或内存中查找。

★ 一级缓存（L1 Cache）：主要用于暂存操作指令和数据，它对CPU的性能影响较大。其容量越大，CPU的性能越高。由于一级缓存的制造成本较高，所以主流CPU的一级缓存一般为32～256 KB。

★ 二级缓存（L2 Cache）：主要用于存放那些CPU处理时需要用到，但一级缓存无法存储的数据。二级缓存的容量也会影响CPU的性能，原则是越大越好，主流CPU的二级缓存一般为1～8 MB。

★ 三级缓存（L3 Cache）：为了读取二级缓存的数据设计的一种缓存。由于缓存越靠前速度越快，因此三级缓存在速度上不及一、二级缓存，它对处理器性能的影响也最小。如果其他参数相同，三级缓存容量越大，则性能更好；如果其他参数不同，则三级缓存的作用不再明显。

5. 制造工艺

CPU的制造工艺是衡量CPU品质的一个重要指标，一般用nm（纳米）表示。数值越小，制造工艺越先进，CPU可达到的频率越高。

CPU 的制造工艺经历了多次改进，从早期 Pentium 4 CPU 采用的 130 nm 和 90 nm，到现在 Core（酷睿）CPU 采用的 22 nm 和 14 nm。随着制造工艺的不断提高，CPU 的能耗和发热量大幅降低，性能得到了有效提升。

2.1.2 了解 CPU 的品牌

CPU 的集成度非常高，目前能够独立制造 CPU 的厂商屈指可数，主要有 Intel、AMD、IBM 和 VIA 等几家公司，其中 Intel 和 AMD 两家公司雄霸台式电脑 CPU 市场。

1. Intel CPU

Intel 公司是全球最大的半导体芯片制造商，也是全球最大的个人电脑 CPU 制造商。它成立于 1968 年，具有 40 多年的产品创新和市场领导历史。自 1971 年推出全球第 1 片微型 CPU——Intel 4004 后，它在个人电脑 CPU 领域一直处于主导地位。

目前，市场上用于个人电脑的 Intel CPU 主要包括奔腾（Pentium）双核系列和酷睿 i(X) 系列（包含 i3、i5 和 i7 系列），而早期的奔腾单核和赛扬系列已经逐渐被市场淘汰。

★ 奔腾双核系列处理器：奔腾系列处理器的新生代产品，它采用与酷睿 2 相同的架构，可以说奔腾双核是酷睿的简化版。为了保留奔腾这个品牌，所以没有摒弃奔腾，而是更名为“奔腾双核”。与之前的奔腾（即单核，如奔 3、奔 4 等）相比，奔腾双核是双核双线程，功耗低，处理能力更强。Intel 奔腾双核处理器目前主要包括 G 系列，如 G4560、G4400、G3250 和 G4600 等，主要应用于底端消费市场。

★ 酷睿 i(X) 系列处理器：Inter 公司继使用长达 12 年之久的奔腾处理器之后推出了酷睿（Core）品牌，目前主要包含酷睿 i3、酷睿 i5 和酷睿 i7 共 3 个系列，分别面向初级、中级和高端市场。每个系列均包含第 2～第 9 代产品，目前第 2 代和第 3 代产品已停产。酷睿系列处理器的常见型号有 i3 4170、i3 6300、i3 7100、i3 8100、i5 4590、i5 6500、i5 7500、i5 8400、i7 4790、i7 6700、i7 7700 和 i7 8700 等。

通过酷睿 CPU 的产品型号可以判断该 CPU 属于酷睿第几代，如 Core i5 4590 为酷睿 4 代，Core i5 6500 为酷睿 6 代，Core i7 8700 为酷睿 8 代。

2. AMD CPU

AMD 公司也是世界上最大的半导体制造商之一，该公司在 CPU 市场中的占有率仅次于 Intel 公司，其产品以高性价比著称。

目前，市场上主流的 AMD CPU 主要包括 Athlon（速龙）II、FX（推土机）、APU 和 Ryzen（锐龙）等多个系列。

★ Athlon（速龙）II 系列处理器：AMD 速龙系列处理器的第 2 代产品，主要面向消费级市场。该系列处理器主要包括 X2 系列的双核心处理器、X3 系列的三核心处理器以及 X4 系列的四核心处理器，目前市场上的主流产品为 X4 系列，常见型号有 X4 740、X4 750、X4 850 和 X4 950 等。

★ FX（推土机）系列处理器：速龙系列中的高端产品，是为满足那些对游戏有极高要求的玩家所设计，主要以四、六、八核心为主，常见型号有 FX 8300、FX 6300、FX 6330、FX 9590、FX 4350、FX 8370 和 FX 9370 等。

★ APU 系列处理器：APU 是 AMD 推出的新一代处理器，它将中央处理器和独立显卡核心集成在一个芯片上；同时具有高性能处理器和独立显卡的处理功能，因此具有很高的性价比。APU 系列处理器主要包括 A4、A6、A8 和 A10 等系列，常见型号有 A4 6300、A6 7400K、A6 7470K、A8 7650K、A8 3850、A8 7500、A10 7870K、A10 7890K、A12 9700P、A12 9730P 等。

★ Ryzen（锐龙）系列处理器：2017 年发布，采用全新的 Zen 架构，基于 14 nm 制作工艺打造，全新的制程带来了更低的功耗和发热量。该系列处理器包含 Ryzen 3、Ryzen 5 和 Ryzen 7 系列，全面针对 Inter 公司的酷睿 i3、i5 和 i7 系列，Ryzen（锐龙）系列处理器常见型号有 Ryzen 3 1200、Ryzen 3 1300X、Ryzen 5 1600、Ryzen 5 1600X、Ryzen 5 2600、Ryzen 5 2600X、Ryzen 7 1700、Ryzen 7 1700X、Ryzen 7 2700、Ryzen 7 2700X 等。

锐龙处理器中编号 1 开头为锐龙第 1 代处理器；编号 2 开头则为锐龙第 2 代处理器，它们均采用 AM4 接口。

2.1.3 CPU 的选购原则

总体来讲，CPU 的选购原则只有两种，一种是根据用户需求；另一种是注重性价比。

1. 根据用户需求

电脑的主要用户可以分为办公人员、个人用户、专业设计人员和游戏玩家等，不同用户需要的电脑有所不同。

★ 办公人员：电脑主要用于文字处理、事务处理等，对CPU的性能要求不高，可以选择一些较低端的CPU产品，如Inter公司的奔腾双核系列、酷睿i3系列或者AMD公司的速龙II、A4、A6和A8系列CPU。

★ 个人用户：电脑主要用于学习、上网、文字处理、照片和图像处理、游戏和多媒体娱乐等，对CPU的要求要高一些，可以选择Inter公司的酷睿i3、i5系列或者AMD公司的FX、A8、A10和Ryzen 3系列CPU。

★ 专业设计人员和游戏玩家：工程绘图和游戏设计等专业软件及3D游戏对硬件的要求较为苛刻，电脑需要配置性能较高的CPU，如Intel酷睿i5、i7系列或者AMD公司的Ryzen 5、Ryzen 7系列CPU。

2. 注重性价比

在选购CPU时，追求最高的性能和最低的价格就像鱼与熊掌不能兼得一样，只能在两者间找到一个最佳平衡点，这就是性价比。在同等价位下，Intel CPU的性能一般都不及AMD CPU。总体而言，Intel CPU的运算能力要优于AMD CPU。

2.1.4 区分盒装和散装CPU

市场上销售的CPU包括盒装和散装两种类型，盒装产品主要面向零售市场，售后服务最完善，价格较高；散装CPU也称为“散片CPU”，价格略低。从本质上讲，散装与盒装CPU没有太大的区别，质量上也不存在孰优孰劣。其区别主要在于盒装CPU拥有更完善的售后服务，并随机附带了1个原装风扇。

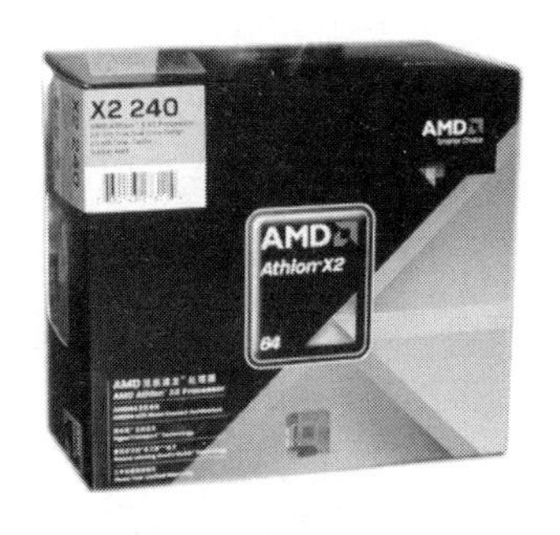

有些商家将散装CPU装在真品包装盒中冒充盒装产品销售，对于这种产品，只需将包装盒上的编号与CPU金属盖上的编号相对比。若两个编号一致，则为真品。

随着CPU价格的走低，同型号CPU的盒装和散装价格只相差几十元。建议普通用户购买盒装CPU，以免另外花钱购置CPU散热器。对于超频爱好者而言，则需另外购买散热器。

2.2 选购主板

主板是电脑的核心组件之一，其作用就像人的“身躯”一样，用于连接CPU、内存、硬盘、显卡和光驱等各种硬件设备，并支撑这些硬件设备正常工作。主板的性能会直接影响整台电脑的性能，因此选择一块优良的主板也是购买硬件设备的重要环节。

2.2.1 选择合适的主板芯片组

芯片组是主板的核心部件，其型号直接影响一块主板的功能和性能。根据支持的CPU类型，主板芯片组可以分为Intel和AMD两大系列，主要研发厂商为Intel公司和AMD公司。

1. Intel芯片组

Intel芯片组是Intel公司针对自己的CPU产品研发的主板芯片组，只能支持Intel公司的系列CPU，目前主流产品包括8系列、9系列、100系列、200系列和300系列。

★ 8系列芯片组：主要包括高性能可超频的Z87、主流的H87、低端的B85/H81和商务平台的Q87/Q85，该系列芯片组采用新一代LGA1150处理器接口，主要搭配第4代Core i系列CPU。

★ 9系列芯片组：主要包括Z97、H97和X99等型号，其中Z97和H97仍然采用LGA1150的接口设计，主要搭配第5代酷睿i系列CPU。与Z87/H87相比，Z97/H97芯片组主板最大的提升是在磁盘性能方面，在读写速度和安全性方面都有较大改进。而X99是上一代X79的升级产品，CPU接口为LGA2011，只支持DDR4内存。它主要搭配的是第5代酷睿i7 X系列处理器，是为高端用户而推出的芯片组。

★ 100系列芯片组：主要包括Z170、H170、Q170、H150、Q150、B150和H110等型号，分别对应取代此前的Z87/Z97、H87/H97、Q87、Q85、B85和H81，该系列芯片组有了全方位的提升。它采用LGA1151处理器接口，主要搭配第6代酷睿i系列处理器。

★ 200系列芯片组：主要包括Z270、B250和H270等型号，在性能上较100系列有较大的提升。该系列芯片组采用与100系列相同的LGA1151处理器接口，主要搭配第7代酷睿i系列处理器；同时向下兼容第6代酷睿i系列处理器。

★ 300系列芯片组：Intel在2017年底推出了第8代酷睿处理器，该系列处理器虽然仍然采用LGA1151处理器接口，但并不能与此前的100和200系列芯片组兼容（针脚供电稍有变化）。因此Intel推出了全新的300系列芯片组，以搭配第8代酷睿i系列处理器，主要包括H370、Q370、B360和H310等型号。

Intel芯片组型号代码中的前缀字母代表了该芯片组的性能定位，其中H代表低端芯片组；B代表中端非超频芯片组；Z代表高端芯片组，规格最高，可以超频带K的处理器；X是顶级CPU的专用板，常用于服务器；Q为商用版，常用于品牌机。

2. AMD芯片组

AMD公司针对自己的CPU推出了多款主板芯片组，主流产品为9系列、A系列、300系列和400系列芯片组。

★ 9系列芯片组：主要包括970、980G、990X、990FX共4种型号，分为独立和集成显卡芯片组。其中980G是集成显卡芯片组，其余3款是独立显卡芯片组。该系列芯片组主板CPU接口升级为AM3+，可搭配AMD速龙II、AMD羿龙II及AMD FX处理器。

★ A系列芯片组：包括A55、A68、A78、A85、A88等型号，该系列芯片组主要搭配A(X)系列CPU。其中A55和A75为FM1接口，支持A4、A6和A8系列中接口为FM1的CPU；A85为FM2接口，支持A4、A6和A8系列中接口为FM2的CPU；A88为FM2+接口，支持A10系列中接口为FM2+的CPU。

★ 300系列芯片组：包括X399、X370、B350、A320等型号，为AMD新一代芯片组，采用全新的AM4接口，全面支持AMD Ryzen（锐龙）3、5、7系列处理器。

★ 400系列芯片组：随着第2代Ryzen处理器上市，400系列芯片组也紧随其后，目前包括X470和B450两款型号。该系列芯片组兼容300系列主板，并支持PCI-E 3.0，从而极大缓解了Ryzen处理器的压力。

2.2.2 CPU 插槽类型

CPU 需要通过 CPU 插槽与主板进行连接才能正常工作，不同类型的 CPU 具有不同类型的 CPU 插槽，因此在选择主板时必须选择带有与 CPU 相同插槽类型的主板。不同类型的插槽，其插孔数、体积和形状都不相同，因此不能相互接插。目前 CPU 的接口都是针脚式接口，Intel 台式机的插槽类型为 LGA；AMD 的插槽类型为 Socket。

下表列出了目前主流的插槽类型及其对应的 CPU。

目前主流的插槽类型及其对应的 CPU

插槽类型	适用的 CPU
LGA1155	奔腾双核 G 系列，酷睿 i3、i5、i7 第 2 代 \ 第 3 代系列
LGA1150	酷睿 i3、i5、i7 第 4 代 \ 第 5 代系列
LGA2011-V3	酷睿 i7 X 系列
LGA1151	酷睿 i3、i5、i7 第 6 代 \ 第 7 代系列
Socket AM3+	AMD 速龙 II 和 AMD FX 系列
Socket FM2	AMD APU 的 A4、A6 和 A8 中接口类型为 FM2
Socket FM2+	AMD APU 的 A6、A8、A10 和速龙 X4 系列中插槽类型为 FM2+
Socket AM4	AMD Ryzen（锐龙）的 3、5、7 系列

2.2.3 主板的用料和做工

主板的用料和做工直接影响主板的性能和稳定性，在选购主板时应该仔细检查。例如，检查板和电容的品质，以及供电电路的档次等。

1. 检查板的品质

主板由绝缘、隔热且不易弯曲的材质制作而成，一般为 4 ～ 8 层。普通主板一般采用4层，上下两层为信号层，中间两层为接地和电源层；高端主板大多采用6层或8层板，表面两层用于焊接电子元器件。中间是供电层和屏蔽层，电气性能更好。

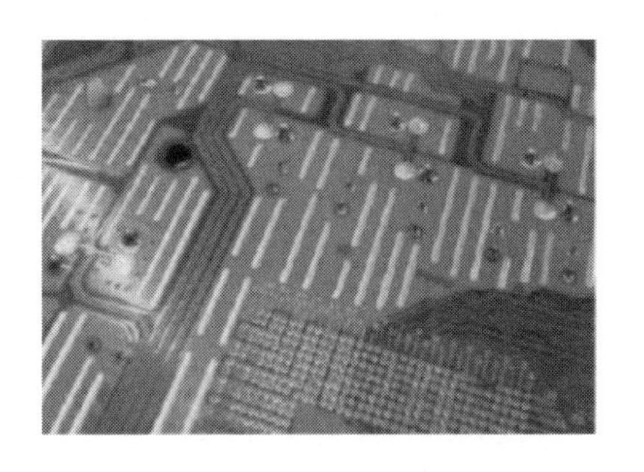

此外，还需要观察板的四周是否光滑、有没有毛边、上面标识的文字是否清晰、焊点是否干净等。

2. 检查电容的品质

电容是主板中非常重要的电子元器件，用于保证电压和电流的稳定，其容量和质量会影响主板的稳定性和寿命。电容的种类大致分为陶瓷电容、电解电容和固态电容（钽电容）3种，根据其特点及发挥的作用分布在主板的不同位置，目前较好的主板均采用全固态电容。

提示

有一些贴片电解电容看起来与贴片固态电容很相似，两者很容易混淆。可以查看电容顶部是否有X状或K状的防爆纹，如果有，一般都是电解电容。

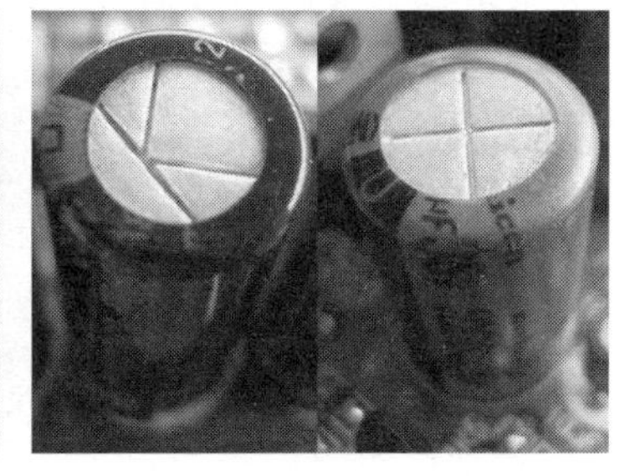

3. 检查供电电路的档次

供电电路是主板上专为CPU、内存和芯片组等电子元器件供电的装置，其档次直接影响主板的效能和稳定性。

在这些供电电路中，CPU供电电路的作用最关键。通过检查该供电电路的设计，可以很直观地判断主板的优劣。一般来说，

采用三相供电电路设计可以保证 CPU 的稳定运行。在有些中高端主板中，还采用了四相或以上的供电电路设计，这种设计不仅能保证 CPU 的稳定运行，还大大增加了系统的扩展空间，为 CPU 超频和升级提供了方便。

2.2.4 选择主板的类型

主板可以按芯片组来分类，也可以按结构划分。主板按结构划分可以分为 ATX（标准型）和 Micro-ATX（紧凑型）两种，两种主板在尺寸上差别较大。ATX 是市场上最常见的主板结构，扩展插槽较多。PCI 插槽数量为 4 ～ 6 个，大多数主板都采用此结构；Micro-ATX 又称为“Mini ATX”或“M-ATI”，是 ATX 结构的简化版，就是常说的“小板”。其扩展插槽数较小，PCI 插槽数量在 3 个或 3 个以下。这种主板多用于小型机箱中，以减小主机体积。

用户应根据实际需求来选择主板的类型，如果对电脑的升级和性能扩展有较大需求，则选择 ATX 类型的主板；如果对主机外观和体积比较在意，则可以选择 Micro-ATX 类型的主板。

2.2.5 了解主板的品牌

品牌是用户在选购主板时不得不考虑的一大要素，著名品牌的产品具有过硬的品质和完善的售后服务。著名的主板品牌厂商包括华硕、技嘉、微星和升技等，根据其品牌效应可以划分为一线品牌、二线品牌、三线品牌及通路品牌等几类。

★ 一线品牌：具有雄厚的研发能力，推出新品速度快，产品线齐全，行业口碑最好，代表厂商有华硕（ASUS）、技嘉（GIGABYTE）、微星（MSI）和升技（ABIT）等。

★ 二线、三线品牌：在研发方面略逊于一线品牌，产品各有特色，主要厂商包括磐正（EPoX）、映泰（BIOSTAR）、精英（ECS）和富士康（Foxconn）等。

★ 通路品牌：产品主要依靠其他工厂代工，质量与二线、三线品牌差不多，著名的通路品牌包括昂达（ONDA）、七彩虹（Colorful）和双敏（UNIKA）等。

2.3 选购内存

内存是电脑的主要硬件之一，主要用于存储和交换正在运行的程序和数据，其性能会直接影响电脑的运行速度。

2.3.1 内存的分类

目前市场上主流的内存有DDR3和DDR4两种类型，不同主板支持的内存类型不同，应该根据所选主板支持的类型来选购。

1. DDR3内存

DDR3是一种计算机内存规格，是DDR家族中DDR2的后继者。DDR3的数据预读取能力是DDR2内存的2倍，速度更快。该内存是2016年以前的主流产品，目前仍然被广泛应用，其主要规格有DDR3 1333、DDR3 1600、DDR3 1866和DDR 2133等。

DDR2和DDR3都为240针，但是各自对应的内存控制器不兼容，所以两者也无法兼容。

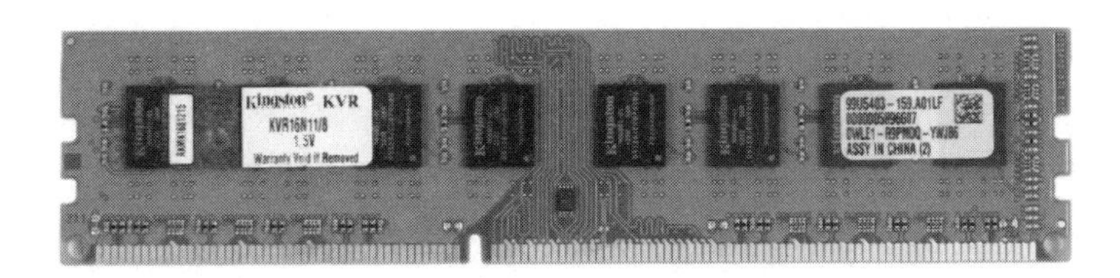

2. DDR4内存

随着DDR3占领市场多年，内存的发展也开始出现新的变化，性能更强的DDR4从2014年底走入人们的视野。相比DDR3内存，DDR4内存拥有更高的数据带宽。在DDR3时代传输速度最高到2 133 MHz，而DDR4的传输速度从2 133 MHz起，最高可达4 266 MHz，内存容量则是DDR3的4倍，最高可达128 GB。随着DDR4内存价格的不断降低，如今几乎已经和DDR3处于同一价格水平，正逐渐取代DDR3内存成为市场主流。

由于DDR4内存条外观变化明显，内存条的金手指变成弯曲状，形状与接口都存在改变，因此DDR4内存不兼容DDR3。

2.3.2 主流内存的容量

在选购内存时，我们通常所说的4 GB或8 GB都是指内存的容量，内存的容量大小直接影响电脑的整体性能。通常情况下，内存的容量大，电脑运行的速度就会相应地得到一定幅度的提高。但需要注意的是，不同主板所支持的最大内存容量不同，因此在购买内存前还需了解主板的相关信息。

目前，单条内存的容量常见的有4 GB、8 GB以及16 GB等。随着电脑技术的发展，各种软件对于内存容量的需求越来越高，8 GB及以上容量的内存条逐渐成为市场主流。通常，内存条的产品标签上明确标注了其具体容量。

通常情况下，主板都提供了至少2个内存插槽。当安装有多条内存条时，电脑的内存容量是这些内存的总和。在相同容量下，建议购买单条容量较大的内存，从而在保证兼容性的同时便于日后增加内存。

2.3.3 内存的主频和带宽

内存的主频也称为“总线频率”，和CPU主频一样用来表示内存的速度，它代表该内存所能达到的最高工作频率。通常我们所说的 DDR3 1600、DDR4 2400 中的 1600 和 2400 指的就是内存的主频，其单位为 MHz。

内存的带宽也称为“数据传输率”，指每秒钟访问内存的最大位节数。通过内存的总线频率和数据宽度可以计算出内存的数据带宽，其计算公式是数据带宽 = 总线频率 × 数据宽度 ÷8。

内存的数据宽度是指内存同时传送数据的位数，单位为位（bit）。主流内存的数据宽度均为 64 位，早期内存的数据宽度主要有 8 位和 32 位。

在数据宽度固定的情况下，内存的总线频率越高，性能就越好，很多品质较好的内存都可以通过超频（提高总线频率）来提高内存性能。

2.3.4 选购技巧

在选购内存条时，通过观察内存的用料和做工，可以很直观地判定该内存条的质量。

1. 查看板的品质

早期的内存条通常采用 4 层 PCB，现在大多数都采用 6 层 PCB。其中 3 ～ 4 个信号层、1 个接地层及 1 ～ 2 个电源层，以保证信号线之间的距离，避免在高频率下出现信号干扰。

优质内存条采用的 PCB 的厚度均匀，做工精细，边缘平滑且没有毛刺。并且用料实在，拿在手中会有一种沉甸甸的感觉；劣质内存条通常采用的 PCB 厚度不均，做工粗糙，边缘参差不齐或带有大量毛刺。

2. 选择品牌内存颗粒

内存颗粒的质量决定了内存条的兼容性和耐用性，品牌内存颗粒在出厂前经过了严格的测试，所以应该选择采用品牌内存颗粒的内存条产品。

3. 查看金手指

金手指是指内存条与内存插槽连接的接口，金手指工艺是指在一层铜片上面再覆盖一层金。这是因为金不容易氧化，而且具有超强的导通性能。金手指的镀金工艺有两种工艺标准，即化学沉金和电镀金。电镀金工艺比化学沉金工艺先进，而且能保证电脑系统更加稳定地运行。

4. 检查焊接工艺

焊接工艺的好坏是衡量内存条优劣的一个重要因素，廉价的焊料和不合理的焊接工艺会产生大量的虚焊。在使用一段时间后，逐渐氧化的虚焊焊点就可能产生故障，这种情况常见于杂牌产品或假货中。品牌内存都采用先进的焊接工艺，焊点圆润、饱满且没有虚焊。

随着内存工作频率的提高，很多内存条品牌厂商都为内存条安装了散热片，特别是针对高端游戏玩家发行的内存条产品。这种情况下无法检查焊点，因此用户应该选择知名的品牌产品。

5. 了解内存条的品牌

品牌内存条具有良好的兼容性和稳定性，目前著名的内存条品牌包括金士顿（Kingston）、宇瞻（Apacer）、现代海力士（hynix）、三星（SAMSUNG）、金邦（GEIL）、海盗船（CORSAIR）、胜创（KINGMAX）、威刚（A-DATA）和创见（Transcend）等。

购买内存条时需要注意辨别假货，首先仔细查看内存条电路板上有没有内存条厂商的明确标识，并查看内存条包装盒、说明书、保修卡的印刷质量。最重要的是要留意是否有该品牌厂商宣传的防伪标记，为防止假货，通常包装盒上会标有全球统一的识别码；此外提供免费的 800 电话，以便查询真伪。

2.4 选购硬盘

硬盘是电脑中最重要的存储设备，其好坏关系到数据的读取速度，以及用户资料的安全性，目前最常用的硬盘为机械硬盘（HDD），通常在选购时需要注意硬盘的容量、接口类型、缓存大小及品牌等。

2.4.1 主流硬盘的容量

主流硬盘内部采用的存储介质是金属盘片，而单张盘片的容量有限，很多容量较大的硬盘都由多张盘片组成。通常所说的 2 TB、4 TB 的硬盘都是指硬盘内所有盘片容量的总和，也就是硬盘的最大容量。目前主流硬盘的容量为 500 GB ～ 4 TB（1 TB=1 024 GB）。

硬盘中每个盘片的最大存储容量称为"单碟容量"，目前最大的单碟容量为 1 TB。硬盘中的盘片过多会降低硬盘的性能和稳定性，在容量相同的情况下，应优先选择单碟容量较大的硬盘。单碟容量越大，硬盘的性能和稳定性越好。

2.4.2 硬盘的数据缓存

硬盘的数据缓存是硬盘与外部总线交换数据的场所，主要用于加速数据的读写性能。通常在转速相同的情况下，数据缓存越大，硬盘的读写性能越好。目前主流硬盘的数据缓存一般为 16 ～ 64 MB，500 GB 的硬盘一般为 16 ～ 32 MB，容量在 1 TB 以上的硬盘则一般为 64 ～ 128 MB。

硬盘的数据缓存越大，硬盘的价格也越高。用户在实际选购时应根据需要进行选择，不要盲目追求奢华。

2.4.3 硬盘的转速

硬盘的转速是指硬盘内电机主轴的旋转速度，也就是硬盘盘片在一分钟内所能完成的最大转数。转速的快慢是标识硬盘档次的重要参数之一，它是决定硬盘内部传输率的关键因素之一，在很大程度上直接影响硬盘的速度。

目前常用硬盘的转速有 5 400 转、5 900 转、7 200 转和 10 000 转几种，如果只是普通家用电脑，从性价比来讲，7 200 转可以作为首选。

2.4.4 硬盘的接口类型

硬盘的接口主要包括数据线接口、跳线接口和电源接口 3 种类型。

1. 数据线接口

常见的硬盘数据线接口包括 SATA 和 SAS 两种。

★ SATA 接口：又称为“串行 ATA 接口”，是主流硬盘采用的接口类型。该接口采用串行传输模式，支持热插拔，采用 7 根金手指作为连接点，接口更坚固，安装更方便。目前 SATA 接口包括 SATA2.0 和 SATA3.0 两种。

★ SAS 接口：新一代的 SCSI 技术，和现在流行的 SATA 硬盘相同，均采用串行技术以获得更高的传输速度，并通过缩短连接线改善内部空间等。此接口的设计是为了改善存储系统的效能、可用性和扩充性，并且提供与 SATA 硬盘的兼容性。

2. 跳线接口

目前主流的硬盘都设置了跳线接口，主要用于当电脑连接多个硬盘时设置硬盘的主/从盘状态。在硬盘正面的产品标签上会给出跳线设置的相关说明，在设置跳线时可以参考。

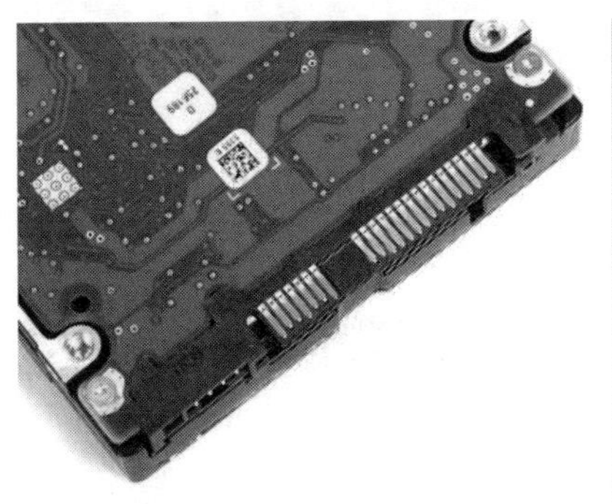

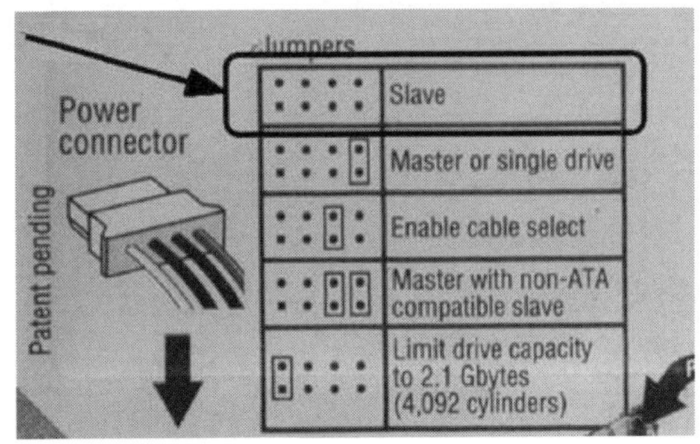

2.4.5 了解硬盘的品牌

目前主流的硬盘品牌包括希捷（Seagate）、西部数据（Western Digital）、日立（HITACHI）和三星（SAMSUNG）等。

1. 希捷

希捷是目前世界上最大的硬盘制造商，其产品一直被 HP、联想及 SONY 等电脑厂商采用。针对不同的市场，希捷发布了多个系列的产品，最常见的是 Barracuda 系列和 Maxtor DiamondMax 系列。

2. 西部数据

西部数据是一家老牌的硬盘生产商，其推出的 BB/JB 系列硬盘在性能方面虽然不及希捷，但在稳定性、噪音及发热量方面控制得很好。目前国内市场上的西部数据硬盘以散装居多，盒装产品均提供 3 年的免费质保，值得普通用户选购。

3. 日立

日立硬盘在突发读取速度上具有相当大的优势，日立公司对于产品品质的高要求在业界获得了很好的口碑。

4. 三星

三星硬盘通过采用 Noise Guard 噪音控制、Silent Seek 磁头寻道静音及缓冲数据安全保护等多项技术，大大降低了硬盘工作时的噪音，并提高了硬盘的稳定性，延长了硬盘的使用寿命。

2.4.6 选购固态硬盘

固态硬盘（SSD）简称“固盘”，是用固态电子存储芯片阵列而制成的硬盘，由控制单元和存储单元（FLASH 芯片、DRAM 芯片）组成。固态硬盘在接口的规范和定义、功能及使用方法上与普通硬盘完全相同，在产品外形和尺寸上也完全与普通硬盘一致，但其运行速度远高于普通机械硬盘。早期由于固态硬盘价格昂贵，所以仅应用于军事、车载、视频监控、网络终端、医疗、航空、导航设备等领域。随着成本的降低，现在已经逐渐普及到 DIY 市场。

1. 固态硬盘的容量

目前常见的固态硬盘容量有 120 GB、240 GB、480 GB、512 GB 和 1 TB 等，不同容量的固态硬盘价格相差也较大，目前 240 GB 固态硬盘价格在 300 元左右；480 GB 固态硬盘在 500 元左右；1 TB 固态硬盘则在千元以上。

2. 固态硬盘的优缺点

（1）优点。

★ 读写速度快：采用闪存作为存储介质，读取速度相对机械硬盘更快。固态硬盘不用磁头，寻道时间几乎为0。持续写入的速度非常惊人，最常见的7 200转机械硬盘的寻道时间一般为12～14毫秒，而固态硬盘可以轻易达到0.1毫秒，甚至更低。

★ 防震抗摔性强：传统硬盘都是磁碟型的，数据存储在磁碟扇区中。而固态硬盘使用闪存颗粒制作而成，所以固态硬盘内部不存在任何机械部件。这样即使在高速移动，甚至伴随翻转倾斜的情况下也不会影响正常使用，而且在发生碰撞和震荡时能够将数据丢失的可能性降到最小。

★ 低功耗：固态硬盘的功耗上要低于传统硬盘。

★ 无噪音：固态硬盘没有机械马达和风扇，工作时噪音值为0分贝；此外还具有热量小、散热快等特点。

（2）缺点。

★ 成本高容量低：价格昂贵是固态硬盘最大的不足，而且容量小，无法满足大型数据的存储需求。目前480 GB固态硬盘售价在500元左右，而2 TB的机械硬盘仅需要400元左右。

★ 可擦写寿命有限：固态硬盘闪存具有擦写次数限制的问题，因此其寿命相比机械硬盘来讲更低。

★ 数据不易恢复：这是固态硬盘最主要的缺点，也是最致命的。机械硬盘文件的删除只是文件分配表的删除，真实文件还在。而固态硬盘有一个垃圾回收的机制，在系统空闲时会回收原来删除的数据所占用的存储区域，擦除其中的数据，以保证快速写入。正是因为垃圾回收机制，所以固态盘的数据一旦删除，随时都有可能被主控真正删除，以腾出空白区块，从而导致数据恢复软件无法恢复数据。

虽然固态硬盘有缺点，但是利大于弊。固态硬盘能够确保系统、程序运行的流畅性，因此用户可以用固态硬盘安装系统和软件，而机械硬盘用于存储数据，这样就万无一失了。

3. 选购技巧

由于固态硬盘与机械硬盘的构件组成和工作原理都不相同，因此其选购标准也有所不同，主要包括以下几点。

（1）容量。

固态硬盘的存储容量越大，内部闪存颗粒和磁盘阵列也会增多，因此不同容量的价格相差较大，并不像机械硬盘一样有较高的性价比，需要根据自己的需求来选择容量大小。

（2）用途。

由于固态硬盘低容量高价格的特点，所以主要用于作为系统盘或程序盘，很少有人作为存储盘使用。如果没有太多预算，可以以采用“固态硬盘＋机械硬盘”的方式，前者作为系统盘；后者作为存储盘即可。

（3）传输速度。

影响固态硬盘传输速度的主要因素是硬盘的外部接口是采用 SATA 2.0 还是 SATA 3.0，SATA 2.0 持续传输速度普遍在 250 MB/s 左右；SATA 3.0 普遍在 500 MB/s 以上。价格方面，SATA 3.0 也更高。

虽然 SATA 3.0 可以带来更高的传输速度，但在选择时还应考虑主板是否支持 SATA 3.0 接口；否则即使是 SATA 3.0 固态硬盘，也无法达到理想的效果。如果选择 SATA 3.0 固态硬盘，还应使用 SATA 3 标准的数据线。

（4）品牌。

固态硬盘的核心是闪存芯片和主控制器，我们在选择固态硬盘时，首先要考虑主流的大品牌，如三星、闪迪、影驰、金士顿、希捷、英特尔、金泰克等，切勿贪图便宜选择一些山寨的产品。

2.5 选购显卡

显卡性能的好坏直接关系电脑的显示效果，以及 3D 模型的渲染速度。它是标志电脑 3D 性能的重要配件，是连接 CPU 与显示器的桥梁，也是图形图像设计者和游戏玩家最重要的伙伴。

2.5.1 了解显卡的分类

显卡根据集成方式可以分为集成显卡、核心显卡和独立显卡 3 类。

★ 集成显卡：将显示芯片及其相关电路都集成在主板上，其中显示芯片大多集成在主板的北桥芯片中。集成显卡只能满足普通的图像显示需求，在早期的主板中应用比较普遍，目前已基本被淘汰。

★ 核心显卡：将显示芯片集成在 CPU 中，带来比集成显卡更好的性能。目前 Intel 的酷睿处理器和 AMD 的 APU 处理器都内置了核心显卡，并且性能在不断增强，档次高的 CPU 内置的核心显卡已经可以媲美一些入门级独立显卡。因此选择好一些的内置核心显卡的 CPU，无需搭配独立显卡也可以满足大部分用户的需求。

★ 独立显卡：将显示芯片、显存及其相关电路单独做在一块电路板上，自成一体而作为一块独立的板卡存在，需要占用主板的扩展插槽（目前大多为 PCI-E 插槽）。独立显卡具备单独的显存，不占用系统内存，能够提供更好的图像处理性能和显示效果。该显卡需要单独购买，根据性能的不同，价格差距也很大。

2.5.2 选择合适的显示芯片

显示芯片（GPU）是显卡中最重要的一块芯片，负责电脑中的图形图像处理工作，其处理能力的高低决定了显卡的档次，目前的显卡大多采用 nVIDIA（英伟达）公司和 AMD 公司生产的显示芯片。

1. nVIDIA 显示芯片

nVIDIA 公司成立于 1993 年，是全球可编程图形处理技术的领袖，采用 nVIDIA 公司显示芯片的显卡通常称为“N 卡”。nVIDIA 公司用于台式电脑的显示芯片主要为 GeForce 系列，目前主流型号如下。

★ GeForce 700 系列：nVIDIA 公司在 2013 年发布的第 15 代 GeForce 图形处理器，主要是使用 GeForce 600 系列 Kepler 架构的改进版。该系列显卡同样分为 GT 和 GTX 两大系列，包括 GT710、GT720、GT730、GT740、GTX750、GTX760、GTX770 和 GTX780 等。

★ GeForce 900 系列：2015 年 3 月，nVIDIA 公司完成了新一代 Geforce 900 系列显卡的更新，包括桌面型显卡和笔记型显卡。该系列显卡采用最新的麦克斯韦架构 GM204 核心，性能相比前代产品有了很明显的提升，其中包含 GTX960、GTX970、GTX980、GTX990 等型号。

★ GeForce 1000 系列：nVIDIA 公司于 2016 年推出的新一代显卡系列，该系列显卡采用“帕斯卡”构架的台积电 16 nm FinFET 工艺的 GP104 核心，搭配 GDDR5 显存。GeForce 1000 系列和 GeForce 900 系列是目前主流的显示芯片型号，该系列显卡主要包括 GTX1050、GTX1060、GTX1070、GTX1080 等型号。

★ GeForce 2000 系列：2018 年 8 月，nVIDIA 公司发布了新一代 GeForce RTX 2000 系列显卡，它基于图灵架构设计。采用了新一代 GDDR6 显存，性能是上一代显卡的6倍，并实现了实时光线追踪技术，图像更加逼真。该系列显卡主要包括RTX2060、RTX2070和RTX2080等型号，是目前N卡中最为高端的显示芯片。

nVIDIA中有部分型号带有Ti标志，如GTX980Ti、GTX1080Ti等，表示为该型号的增强版，与同型号不带Ti的版本相比，各项参数指标如频率、着色器数量、做工等都会高一些，因此带Ti标志的性能会更强一些。

2. AMD显示芯片

AMD显示芯片的前身为ATI显示芯片，搭载AMD公司生产的显示芯片的显卡俗称“A卡”，AMD是目前业内唯一一个可以提供CPU、GPU和主板芯片组3大组件的半导体公司，为了明确其优势，AMD提出3A平台的新标志，在笔记本电脑领域有“AMD VISION”标志的就表示该电脑采用3A构建方案。AMD公司用于台式电脑的显示芯片主要为Radeon系列，目前主流型号如下。

★ Radeon R7/R9系列：AMD公司于2013年推出的新一代独立显卡产品，以“Radeon Rx”的全新命名登场，摒弃了沿用多年的“Radeon HDx”命名方式。R9系列定位高端，R7系列则针对中端市场，其中R9系列可看成Radeon HD 7900系列的升级版；R7系列则可看成Radeon HD 7700系列的升级版。目前R7/R9系列的常见型号包括R7 350、R7 360、R9 370、R9 380、R9 390、R9 FURY X等

★ Radeon RX 400系列：AMD公司2016年发布的全新产品，包括RX 460、RX 470、RX 480和RX 490等型号。该系列显卡采用最新的Polaris（北极星）构架，这个构架是一款全新的图形架构，几乎在各个方面都得到改进。北极星架构的推出有望将显卡性能水平提升多个层级，带来流畅的虚拟现实（VR）体验；同时无缝式支持新一代游戏显示器和无CPU视频串流。

★ Radeon RX 500系列：AMD公司于2017年4月推出的全新产品，采用精心改进的第2代Polaris架构，从工艺到规格都有了提升，包括最新一代14nm FinFET制造工艺、更激进的高频率、增强的待机和多屏能效、

更多产品等。Radeon RX 500 系列主要包括 RX 550、RX 560、RX 570、RX 580 和 RX 590 等型号。

★ Radeon RX Vega 系列：AMD 公司于 2017 年 7 月推出的发烧级显卡，采用新一代 Vega 核心，目前只发布了 Radeon RX Vega 56 和 Radeon RX Vega 64 两种型号。其中 Radeon RX Vega 64 又分为 3 个版本，即限量水冷版、限量风冷版及普通版。该系列主要针对发烧级游戏玩家，价格较为昂贵。

2.5.3 显存

显存是集成在显卡或主板上的一种存储芯片，其作用与内存相似，用于暂时存放显示数据。显存对显卡的性能影响很大，显存的容量越大，所能显示的分辨率和颜色数就越高，显示效果也就越好。在购买显卡时，通常需要注意显存的容量、类型和位宽等。

★ 显存的容量：决定显存转存临时数据的能力，对显卡的性能影响较大。目前主流显卡一般都拥有 2 GB 或 4 GB 的显存，有些高端产品还采用了 8 GB，甚至更高容量的显存。

★ 显存的类型：显存类型不同，其性能也有所不同。主流显卡采用的显存类型主要包括 GDDR5 和 GDDR6 两种，其中 GDDR6 的速度最快。

★ 显存的位宽：显存位宽是指在一个时钟周期内所能传送数据的位数，其单位为位（bit）。它对显卡的性能影响非常大，位数越大，瞬间所能传输的数据量越大。目前主流显卡的显存位宽包括 128 bit、192 bit 和 256 bit 共 3 种，部分高端显卡还采用 352 bit、521 bit 等更高的显存位宽。

2.5.4 显卡的数据输出接口

数据输出接口是显卡向显示器提供显示信号的通道，也是显示设备（显示器、液晶电视、投影仪等）与显卡的连接口，常见的显卡数据输出接口包括 VGA（D-Sub）接口、HDMI 接口、DVI 接口和 DP 接口等。

★ VGA（D-Sub）接口：早期显卡上常见的输出接口，输出的信号为模拟信号，在数据传输时需要经过数/模转换、模/数转换两次信号转换。随着 HDMI 和 DVI 接口的兴起，VGA 接口逐渐被淘汰。

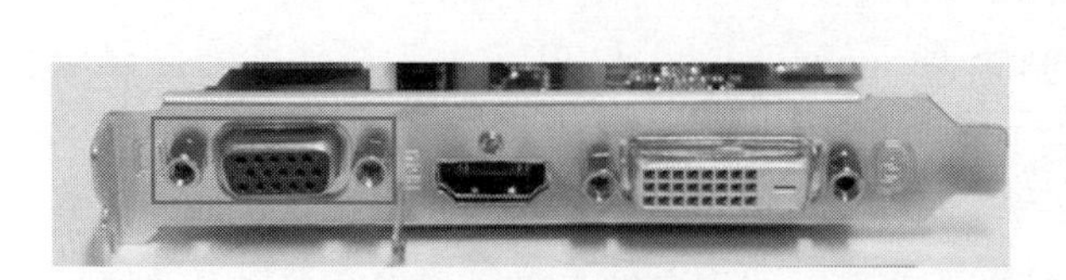

★ HDMI 接口：高清晰度多媒体接口，它能够传送高分辨率视频信号和无压缩的音频信号，并提供高达 5 Gb/s 的数据传输带宽，最大传输距离可达 15 m。HDMI 接口是目前连接显示器的常用接口。

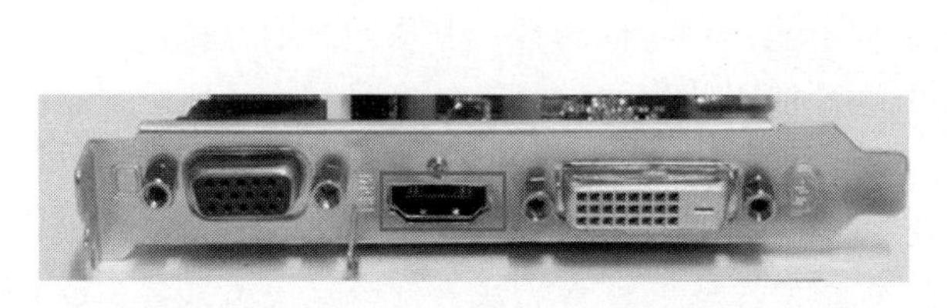

★ DVI 接口：是主流显卡中常见的一种输出接口，它只能输出图像信号。这种接口又分为 DVI-D（下左图）和 DVI-I（下右图）两种，DVI-D 接口没有模拟信号针脚，只支持数字显示方式；DVI-I 接口具有 24 个数字信号针脚和 5 个模拟信号针脚（4 个针孔和 1 个十字花），支持数字和模拟两种显示方式。

★ DP 接口：由视频电子标准协会（VESA）发布的显示接口。作为 DVI 的继任者，该接口将在传输视频信号的同时加入对高清音频信号传输的支持；同时支持更高的分辨率和刷新率。它能够支持单通道、单向、四线路连接，数据传输率为 10.8 Gb/s，足以传送未经压缩的视频和相关音频。还支持 1 Mb/s 的双向辅助通道，供设备控制之用；此外还支持 8 位和 10 位颜色，目前中高端显卡基本上都配备了 DP 接口。

2.5.5 选购技巧

显卡品质的好坏可以通过产品的用料、做工和品牌等方面来进行辨别，在选购显卡时，应该考虑以下几个方面。

1. 查看 PCB 的品质

主流显卡采用的 PCB 主要有 4 层 PCB 和 6 层 PCB 两种，其中 4 层 PCB 主要应用于低端显卡或小品牌的产品中。

4 层 PCB 和 6 层 PCB 可以通过显卡的布线来辨别，4 层 PCB 只有两个信号层，显卡正面和反面的布线较密集，在显卡背面的显存位置上都有电路连接到显示芯片；6 层 PCB 比 4 层 PCB 要多 2 个信号层，显卡正反两面的布线比较稀散，尤其是显卡背面的布线不像 4 层 PCB 那样密集。

2. 注意电子元器件的品质

优质显卡会大量使用贴片元件和高品质的电容，如固态电容、钽电容等。在显存颗粒方面，会使用三星、现代等品牌大厂的产品。

3. 注重产品的做工

在做工方面，优质显卡的元器件排列整齐、布局合理，焊点也非常精致、光滑、鲜亮。很多劣质显卡采用劣质焊料，放置时间太长，焊点有发灰变黑现象。

4. 了解显存的品牌

显存对于显卡非常重要，采用优质显存的显卡，稳定性更高，不易产生花屏或黑屏等问题。常见的显存品牌包括 Micron（美光）、Infineon（英飞凌）、SAMSUNG（三星）、HY（现代）、NEC（日本电气）、Hitachi（日立）、TOSHIBA（东芝）、ESMT（晶豪）、EtronTech（钰创）和 Winbond（华邦）等，最著名的有 Infineon（英飞凌）、SAMSUNG（三星）和 HY（现代）等。

5. 查看输出接口类型

显卡的输出接口是否齐全也可以体现产品的品质，优质显卡的各种接口相对齐全，一般都带有 HDMI、DVI 和 DP 等常见接口。

6. 了解显卡的品牌

在选购显卡时，应该选择知名品牌的产品。这类产品的用料和做工，以及产品设计都不错，在质量和售后服务方面有保障。

著名的显卡厂商有影驰（GALAXY）、讯景（XFX）、映众（Inno3D）、丽台（Leadtek）和微星（MSI）等 AIC 厂商，蓝宝石（SAPPHIRE）、迪兰恒进（PowerColor）、技嘉（GIGABYTE）和华硕（ASUS）等 AIB 厂商，以及七彩虹、双敏、盈通和昂达等通路厂商。

2.5.6 选购原则

显卡的更新换代非常快，在选购时需要明确自己的需求。

★ 办公用户：使用电脑主要是处理简单的图文信息、听歌或者看电影等，只要选择主流的集成显卡即可。
★ 家庭用户：使用电脑主要是上网、看电影和玩游戏等，对显卡的要求不高，不必花费太多的资金，只需选择中低端的显卡就能满足要求。
★ 游戏玩家：这类用户对显卡要求较高，需要显卡具有强劲的 3D 处理能力和大容量的显存。具体要求根据游戏而定，有些游戏需要非常高端的显卡才能运行。对于普通的网络游戏，只需要购买市场上主流的独立显卡即可。
★ 图形及动画设计者：这类用户对显卡的要求相当高，特别是对 3D 动画制作人员，只有高端的专业显卡才能够满足其需求。

041

第3章

选购电脑其他硬件

本章导读

除了主机内部核心硬件的选购外，电源、机箱、光驱、显示器、鼠标、键盘和音箱等硬件的选购也很重要，任何一种硬件的性能和质量都有可能影响整机的使用体验，本章将介绍这些硬件的相关知识和选购技巧。

本章要点

- ★ 选购电源
- ★ 选购机箱
- ★ 选购显示器
- ★ 选购键盘
- ★ 选购鼠标
- ★ 选购光驱
- ★ 选购音箱
- ★ 选购声卡

3.1 选购电源

电源安装在机箱内部，是为主机中的各个硬件提供动力的设备。我们在认真选购 CPU、主板、显卡等主要硬件时，往往忽略了电源的重要性。一款优质的电源不仅能够保证电脑的稳定运行，还能延长其他硬件的使用寿命。选择一款优质的电源应该掌握本节所述的选购技巧。

3.1.1 电源功率

具备足够的功率是一款优质电源基本的要求，只有满足了所有硬件的供电需求，才能保证电脑的正常工作。电源的功率可以分为额定功率、最大输出功率和峰值功率 3 种。

★ 额定功率：电源厂商按照 Intel 公司制定的标准标识的功率，可以表征电源工作的平均输出。额定功率越大，电源所能负载的设备功耗总和就越大。

★ 最大输出功率：在一定条件下电源长时间稳定输出的最大功率，通常一款电源的最大输出功率是其额定功率的 1.1 ～ 1.4 倍。

★ 峰值功率：电源短时间内能够达到的最大功率，通常可以超过最大输出功率的 50% 左右。峰值功率其实没有实际意义，因为电源在峰值状态下无法稳定工作。

提示

需要说明的是在多种功率的标称方式中，额定功率是按照 Intel 公司标准制定的，是电源功率最可靠的标准，选购电源时建议以额定功率作为参考和对比标准。

一台电脑需要的电源输出功率，是所有主机内部硬件功耗的总和。通常情况下，CPU 和显卡将占据电脑总功耗的 80%，因此通过计算 CPU 和显卡的功耗，即可估算出整台电脑的功耗，在此基础上增加一些安全空间和可升级空间即可。

目前常用电源的额定功率为 300 ～ 800 W 不等，用户应根据实际需求选择，无需盲目追求大功率。除了额定功率，还应该从电源的品牌、用料、安全认证及价格等方面综合考虑。

3.1.2 用料和做工

电源外壳能影响电磁波的屏蔽和电源的散热性，电磁屏蔽效果不好会影响人们的身体健康；散热效果不好会影响电源的寿命乃至硬件的寿命。因此电源的外壳好坏与否是非常关键的，目前市场上的电源一般都采用镀锌钢板材质，部分产品采用了全铝材质。

电源外壳的板材如果过薄，防辐射效果会降低。一般情况下，用户只需估一下电源的重量就可以分辨。优质电源的用料较好，拿在手里感觉厚重、有分量。散热片够大且比较厚，一般都采用铝或铜等材质。并且采用的电源线比较粗，输出电流损耗更小；劣质电源采用的线缆较细，长时间使用后线缆容易老化并破裂，进而可能引发安全事故。

在电源的线材选择上并不是越长越好，线材越长，转换效率就会相应降低，所以说电源线材长度还是选择合适的比较好；另外还要看电源线材的接口是不是足够，以免影响以后的升级。不过现在市场上出现了模组电源，可以任意选择线材，这极大地方便了用户。

优质电源的做工精细、风扇转速平稳、无明显噪声，外壳标签上会详细注明电源的主要性能指标。

3.1.3 散热与静音

电源在工作过程中会产生大量的热量，优质电源的散热系统都进行了合理设计，可以有效改善电源的散热性能并降低噪音。例如，散热风扇采用 12 厘米及以上的大风扇设计、入风口采用蜂窝状钢网设计等。

通常情况下，风扇的转速越大，噪音也越大。12 厘米风扇的转速只有 8 厘米风扇的一半，但散热效能提高了 30%，噪音也更低。

3.1.4 能源转换率

电源的能源转换率是指电源在处理交流电与直流电变压过程中能量的剩余比，也是电源节能性能优劣的表现。电能从进入电源到线材输出的转化过程中会伴随一定的损耗，100 W 的电能实际用到的可能只有 80 W，也有可能只有 60 W。该转换效率的高低取决于电源内部采用的功率校正电路（PFC）的类型，目前主流电源中采用的功率校正电路包括主动式 PFC 和被动式 PFC 两种类型。

★ 主动式 PFC 由电感线圈配合 IC 控制芯片组成。

★ 被动式 PFC 通常为一个体积较大的电感，由多块硅钢片外部缠绕铜线而成。

一般来说，在额定功率相同的情况下，采用主动式 PFC 的电源更节能。

3.1.5 安全认证

通过必要的安全认证是一款优质电源的基本要求，通常情况下，获得认证项目越多的电源质量越可靠，下面列举电源的一些常见安全认证。

★ 3C（CCC）认证：是我国推出的一项强制性认证，在我国销售的电源产品都必须通过该认证。不过，通过 3C 认证的电源只能代表产品已达标，并不能代表产品的品质优异。

★ FCC 认证：是由 FCC（Federal Communications Commission，美国联邦通信委员会）制定的一项关于电磁干扰的认证，凡进入美国的电子类产品都需要通过该认证。

3C 证书共有 4 个版本，即 CCC（S）安全认证、CCC（EMC）电磁兼容认证、CCC（S&E）安全与电磁兼容认证和 CCC（F）消防认证，电源需要通过 CCC（S&E）认证标准。

★ 80Plus 认证：一个电源转换效率标准，该认证根据电源转换效率的不同分为 80Plus 金牌、80Plus 银牌、80Plus 铜牌、80Plus 白牌等几个等级。通过 80Plus 认证的电源品牌和型号可以登录 80Plus 认证的官方网站

（http://www.80plus.org）进行查询。

★ RoHS 认证：一项环保认证，通过该认证的产品中不含铅、镉、汞、六价铬、多溴二苯醚和多溴联苯 6 种有害物质，目前的品牌电源都通过了该项认证。

★ UL 认证：全球最严格的认证之一，对电源在结构、材料和测试仪器等方面都进行了严格的规定。

RoHS UL

通常一款电源通过的安全认证都会标注在电源铭牌上，在众多安全认证中，3C 认证是最基础的认证，也是一款电源必须达到的标准。虽然通过 3C 认证并不能代表产品质量的优劣，但没有 3C 认证的产品一定不能购买；此外，80Plus 认证只代表电源的能源转换率，和电源的质量关系不大。FCC 认证和 UL 认证代表了更高的标准，通过这些认证的产品质量一般都是比较高的。

3.1.6 品牌

市场上的电源品牌非常多，有一些小品牌的电源产品会乱标功率。例如，一款标注功率为 400 W 的电源，实际功率可能只有 250 W 左右。为了避免购买这类产品，建议购买著名品牌的电源产品，如航嘉、Tt、长城、鑫谷、金河田、大水牛、全汉和酷冷至尊等。

3.2 选购机箱

机箱用于容纳主板、电源、硬盘等各种主机硬件，坚硬的骨架和外壳不仅具有防压、防尘和防冲击的能力，还具有防电磁干扰和辐射的功能，在保护电脑主机的同时还能够保障用户的身体健康。

3.2.1 分类

目前常见的机箱为塔式机箱，即长方体型立式机箱，按大小可分为全塔、中塔和 mini 机箱 3 种类型。

★ 全塔机箱：最大的塔式机箱类型，E-ATX 主板、GTX 1080Ti PGF 级别大块头显卡均能轻松放进。安装水冷也很简单，具有非常大的拓展性。全塔式机箱散热性能一般都很强，不过价格不低。

★ 中塔机箱：最常见的机箱类型，其大小仅次于全塔式机箱，常规硬件基本上都可以安装。拓展性与散热性也相当不错，并且也是价格最便宜的一种类型，更适合广大普通用户。

★ mini 机箱：即常说的迷你机箱，是中塔机箱的简化版。扩展插槽和驱动器仓位都较少，扩展槽数通常在 4 个以下，而 3.5 英寸和 5.25 英寸的驱动器仓位也分别只有 4 个或更少。

全塔、中塔和 mini 机箱均可以分为 ATX 和 MATX 两种结构标准，ATX 是 Intel 公司为了规范主板结构在 1995 年发布的一种规范结构，即 ATX 主板标准，而在 ATX 规范下衍生的机箱也称为“ATX 机箱”；MATX 可以看成是 ATX 的简化版，二者的主板宽度相同，但 MATX 比 ATX 主板略短。因此 ATX 机箱可以安装 MATX 主板，反之则不可。

3.2.2 外观和做工

选择一款外观漂亮的机箱不仅可以养眼，还极有可能成为家里独具特色的装饰品，而做工优良的机箱则能够为电脑硬件提供更稳定的工作环境。做工好的机箱箱体上的烤漆均匀、无色差且不掉漆，将机箱拆开后可以发现钢板边缘没有毛边、毛刺等，裸露的边角也经过反折处理。

优质机箱的内部布局合理，各个插槽的定位准确。机箱内部带有撑杠，以防止侧面板下沉或变形。

3.2.3 材质

机箱的材质直接反映了机箱的质量，目前常见的包括普通喷漆钢板、镀锌钢板和镁铝合金 3 种。普通喷漆钢板材质较差，不建议购买，最好选择镀锌钢板或者镁铝合金材质的机箱。

优质机箱内部的支架采用硬度大、折成角形或条形的优质钢材，外壳部分至少是厚度达到 1 mm 以上的钢板。这些钢板经过冷锻压处理，制成的机箱电磁屏蔽性好、抗辐射、耐冲击和腐蚀且不易生锈。

机箱前面板的材质是很容易被忽视的地方，优质机箱的前面板大多采用工程塑料制成，强度高、韧性大，长时间使用不会变形或变色。

3.2.4 散热性能

电脑工作时机箱内部的硬件会产生大量热量，如果不能将这些热量及时排出箱体，就可能影响硬件发挥性能，缩短硬件的使用寿命。温度过高时甚至会损坏硬件，因此机箱的散热性能是需要重点考虑的。

优质的机箱都具有良好的散热设计，通过在后面板、底板、上面板等位置安装内置风扇形成空气对流，并且留有加装风扇的位置，便于用户自己加装散热风扇。有些机箱在侧面板上也有散热设计，以便让机箱具有更好的散热性能。

3.2.5 便利设计

机箱的便利设计也是购买机箱时需要考虑的，电脑使用一段时间后应对机箱内部的硬件进行维护，这就需要拆开机箱的挡板。老式机箱的挡板是用螺丝固定的，如果没有工具，则束手无策。现在很多机箱都采用了免工具拆装设计，用户只需用手就能安装或拆卸机箱挡板及各种设备。

此外，还应查看机箱是否设计了前置USB接口和前置音频插口，前置USB接口为插拔外部USB设备提供了极大的方便；前置音频接口也为插拔耳机、音箱及麦克风提供了方便。有些比较高端的机箱还在前面板上设计了1394接口、读卡器、红外线接收器和温度显示屏等，非常人性化。

需要注意的是根据机箱的设计不同，机箱上的USB接口位置可能不同，用户应根据自己的习惯或需求选购。

3.2.6 品牌

品牌机箱采用优质的生产原料，质量严格把关，做工细致，著名的机箱品牌有航嘉、长城、Tt、酷冷只准、鑫谷、爱国者、金河田、大水牛和先马等。

3.3 选购显示器

显示器是人与电脑交流的基本平台，其尺寸和性能直接关系图像的显示效果和用户的视觉感受，在选购时通常需要从显示器的尺寸、性能参数和品牌等方面加以考虑。

3.3.1 性能指标

显示器的性能指标直接反映了产品的性能，要想购买一款好的显示器，应该对其性能指标有所了解。目前，传统的CRT显示器已经被液晶显示器（LED）淘汰，下面介绍购买液晶显示器时需要注意的性能指标。

★ 屏幕尺寸：液晶面板的对角线尺寸，主流液晶显示器的屏幕尺寸包括19英寸、21英寸、23英寸、25英寸及27英寸等，其中以21英寸和23英寸为主。

★ 点距：显示屏上相邻两个像素点之间的距离，在屏幕尺寸一定的情况下，点距越小，水平和垂直方向上的像素点就越多，最大分辨率就越大。

★ 最佳分辨率：由于液晶面板结构特殊，因此液晶显示器的最大分辨率就是它的真实分辨率，即最佳分辨率。只有以最佳分辨率显示，显示的画质才是最佳；否则图像会产生变形或模糊。

★ 亮度：液晶显示器依靠显示屏背部的灯管来辅助液晶发光，辅助灯管的亮度决定了液晶显示器画面的亮度和色彩饱和度。一般来说，亮度越高越好，主流液晶显示器的亮度为200～350 cd/m^2。

在实际使用过程中为了保护使用者视力，通常不需要将显示器设置为最大亮度。但随着使用时间的增长，灯管会逐渐老化，屏幕亮度会逐渐降低，因此购买较高亮度的显示器有利于延长显示器的使用寿命。

★ 对比度：显示器的亮区与暗区的亮度之比，它决定了显示器的色彩还原度。一般来说，对比度越高越好，主流液晶显示器的对比度可达到800:1或1000:1。

★ 响应时间：液晶面板中各个像素点对输入信号的反应速度，即液态感光物质由亮转暗或由暗转亮所需的时间。当这个时间高于25 ms时，就会出现“拖影”现象。一般来说，响应时间越短越好，主流液晶显示器的响应时间都在5 ms以下。

★ 颜色数：直观反映产品的色彩还原能力，颜色数越多，色彩还原能力越强。主流显示器的颜色数有 16.2 M 和 16.7 M 两种标准，16.7 M 的色彩还原能力更好。

★ 可视角度：在屏幕正面可以清晰观看屏幕图像的最大角度，分为水平可视角度和垂直可视角度两种，主流液晶显示器的水平可视角度和垂直可视角度一般都是 178°。

3.3.2 面板类型

很多用户在选购显示器时重视的主要是品牌、尺寸大小、分辨率等，而往往忽视了决定画质的显示器面板。显示器面板有很多，最常见的主要有 TN、IPS、PLS、VA 等。

1. TN 面板（扭曲向列型面板）

TN面板因其低廉的生产成本成为早期市场上应用最广泛的入门级液晶面板，特点是液晶分子偏转速度快，因此在响应时间上容易提高，不过在色彩的表现上要差一些。TN 面板属于软屏，用手轻轻按压会出现水纹。由于可视角度的不足，因此目前采用 TN 面板的显示器正在逐渐退出主流市场。

TN 面板的优点在于输出灰阶级数较少，液晶分子偏转速度快，响应时间容易提高。TN 面板对游戏玩家的优点就是响应速度快，辐射水平很低。更重要的一点是眼睛不易产生疲劳感，所以适合游戏玩家。

TN 面板的缺点是作为原生 6 bit 的面板，只能显示红、绿、蓝各 64 色，最大实际色彩仅有 262 144 种。加上 TN 面板提高对比度的难度较大，所以相对来说色彩偏苍白，不够艳丽。并且可视角度较小，偏离中心来看的话会有明显色偏和亮度差别。

TN

除了游戏玩家，一般用户尽量不要选择TN面板的显示器。毕竟在色彩与可视角度上比较逊色，不适合图像浏览、处理和看电影等。

2. IPS（In-Plane Switching，平面转换屏幕技术）面板

IPS目前广泛用于液晶显示器与手机屏幕等显示面板中。相比TN面板的显示屏幕，拥有更加清晰细腻的动态显示效果，视觉效果更为出众。因此在选择液晶显示器时，IPS面板的液晶显示器会成为商家经常提及的一大卖点。

IPS面板的优点如下。

★ 可视角度大：可达到178度，正面观看与不同角度观看时所产生的颜色变化程度成为色彩扭曲率，所得的数值几乎用肉眼分辨不出来，意味着无论从正面还是侧面观看画面的效果是相同的。

★ 色彩真实：IPS屏幕由于色彩翻转与亮度转换等性能，让用户无论从哪个角度欣赏都可以看到色彩鲜明、饱和自然的优质画面。

★ 动态画质出色：表现动态高清画面特别适合运动图像重现，无残影和拖尾。它是观看数字高清视频及快速运动画面，如比赛、竞赛游戏和动作电影的不错载体。

★ 节能环保：由于对液晶分子进行了更合理的排列，减少了液晶层厚度，因此改变了液晶屏的透光率，增强了显示效果，也可以让显示面板更薄、更省电。

★ 色彩准确：IPS技术受到专业人士的青睐，可以满足设计、印刷、航天等领域对色彩的较为苛刻要求。

IPS面板的缺点如下。

★ 由于IPS屏幕采用横向液晶分子排列，因此增加了可视角度的同时减少了光线的穿透性。为了更好地展示亮色就要增加背光的发光度，导致漏光现象在IPS屏幕中极为普遍。随着屏幕的加大，大面积的边缘漏光一直是IPS的问题。

★ 由于IPS屏幕无法改善穿透性而提升背光的做法也让它失去了高对比度的竞争优势。

3. PLS 面板

作为三星独家技术研发制造的面板，PLS 面板的市场占有率虽然不及 IPS 面板，但自推出后一直是三星显示器所依赖的面板。

IPS 屏幕表面拥有相对较强的硬度，因此也可以称 PLS 为三星的“硬屏”。

PLS 面板的驱动方式是所有电极都位于相同平面上，利用垂直、水平电场驱动液晶分子的动作。虽然严格意义上不是 IPS 面板的变体，但在性能上与 IPS 非常接近。而其号称生产成本与 IPS 相比减少了约 15%，所以在市场上相当具有竞争力。

4. VA 面板

VA 面板可分为由富士通主导的 MVA 面板和由三星开发的 PVA 面板，其中后者是前者的继承和改良，也是目前市场上最多采用的类型。VA 面板同样是现在高端液晶应用较多的面板类型，属于广视角面板。和 TN 面板相比，8 bit 的面板可以提供 16.7 M 色彩和大可视角度是该类面板定位高端的资本，但是价格也相对 TN 面板要昂贵一些。

VA 面板的特点在于面板的正面（正视）对比度最高，但是屏幕的均匀度不够好，往往会发生颜色漂移。锐利的文本是它的杀手锏，黑白对比度相当高。VA 面板也属于软屏，只要用手指轻触面板，即显现梅花纹的是 VA 面板；显现水波纹的则是 TN 面板。

VA 面板的优点如下。

采用 VA 面板的显示器可视角度大、黑色表现也更为纯净对比度高、色彩还原准确。

VA 面板的缺点如下。

VA 面板功耗比较高、响应时间比较慢、面板的均匀性一般、可视角度相比 IPS 稍差。

3.3.3 曲面显示器

曲面显示器是指面板带有弧度的显示器，在增加了显示器美观的同时，也提升了用户的视觉体验。曲面屏幕的弧度可以保证眼睛的距离均等，从而减小因距离不同带来的偏色现象。除了视觉上的不同体验，曲面显示器的视野更广。因为微微向用户弯曲的边缘更能够贴近用户，因此与屏幕中央位置实现基本相同的观赏角度；同时曲面屏可以体验到更好的观影效果。

曲面显示器的优点如下。

- ★ 沉浸式体验：曲面显示器最大的宣传卖点是略微弯曲的屏幕能够提供更好的环绕式观感，为用户提供更具深度的观赏感受。
- ★ 视角更广泛：相对来说，与同样尺寸的平板显示器相比，曲面屏幕给人的感觉要更大，视野更广。因为微微向用户弯曲的边缘能够更贴近用户，与屏幕中央位置实现基本相同的观赏角度。
- ★ 对比度更出色：虽然难以量化，但在实际测试中我们发现曲面屏幕通常要比一般的平板屏幕拥有更好的对比度。这或许是柔性 OLED 面板的原因，也可能是弯曲的边缘与用户距离更接近的缘故。
- ★ 看起来更酷。

曲面显示器的缺点如下。

- ★ 视角广泛是相对的：虽然曲面显示器具有一定的可视角度优势，但也是相对的。当在侧面位置超过 35° 的角度观看曲面屏幕时，由于屏幕边缘实际上是向内弯曲的，所以会感觉画面有些变形。

★ 曲面屏幕需要更大：曲面屏幕在更大的面积下才会发挥出优势，形成环绕式的观赏体验，所以曲面显示器需要有比平板显示器更大的尺寸才会体现其视觉效果。

★ 价格昂贵：曲面显示器的价格较为昂贵，这和曲面面板造价较高有关。

3.3.4 选购技巧

市场上液晶显示器的产品型号非常多，经常让初学者感到无从下手。在选购之前掌握一些选购技巧，可以在选购时更轻松。

1. 选择知名品牌

液晶显示器对技术的要求很高，在选购时应该注意产品的品牌。建议选择著名品牌的产品，以便在质量、售后服务和环保等方面获得可靠的保障。

目前显示器的知名品牌有戴尔（DELL）、飞利浦（Philips）、优派（ViewSonic）、冠捷（AOC）、索尼（SONY）、三星（SAMSUNG）、LG、玛雅（MAYA）、美格（MAG）、明基（BENQ）、宏碁（Acer）和长城（GreatWall）等。

2. 屏幕坏点

在选购液晶显示器时，需要注意液晶面板上是否存在坏点，包括亮点或暗点。通常情况下，坏点在全黑屏幕上显示为白色或其他颜色的点为亮点；在全白屏幕没有显示的点为暗点。主流品牌液晶显示器的坏点不应超过 3 个，优派、玛雅等名牌大厂更提供了无坏点保障。

3. 可视角度

在使用液晶显示屏时，当视角超出了可视范围后画面颜色会减退或变暗，甚至出现正像变成负像的情况，因此建议选购可视角度为 178° 的产品。

4. 注意输入接口

购买显示器时要注意其输入接口是否丰富，是否能和所选的显卡接口相匹配。有些显示器还自带音响，虽然效果不及独立音响，但使用方便，用户可以考虑选择这类显示器。

3.4 选购键盘

市场上的键盘产品很多，价格差距较大，从几十元的普通键盘到数百元的高端产品都有。

3.4.1 分类

键盘根据其按键结构和击键原理的不同，可以分为薄膜式键盘、机械式键盘和电容式键盘。

1. 薄膜式键盘

薄膜式键盘内有 3 层塑料薄膜，上层和下层为电路层。上层有凸起的导电橡胶，中间一层为隔离层。通过按键使橡胶凸起按下，使其上下两层触点接触，输出编码。这种键盘无机械磨损，可靠性较高。

★ 优点：廉价、防水。

★ 缺点：手感差、寿命短。

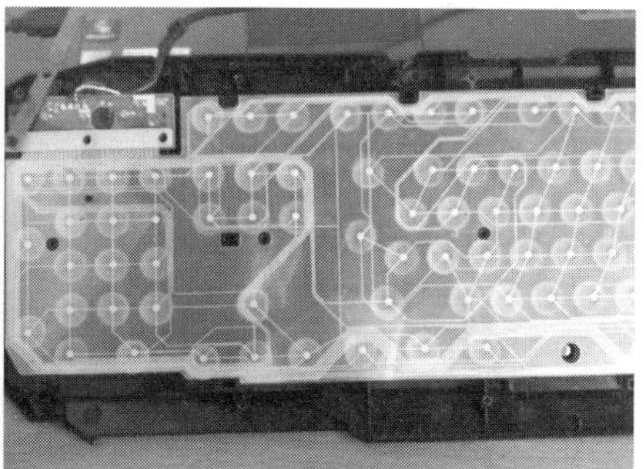

2. 机械式键盘

机械式键盘采用类似金属接触式开关的原理使触点导通或断开，在实际应用中机械轴的结构形式很多，最常用的是交叉接触式。敲击比较费力，打字速度快时容易漏字。不过现在比较好的机械键盘都增加了 Click 功能，该功能从机械结构上进行了改进，加大了缓存，防止快速打字时漏掉字符。它的使用寿命为 5 000 万～1 亿次左右，普通用户 10 年大约敲击键盘 20 万次左右。

★ 优点：耐用、手感好。

★ 缺点：不防水。

3. 电容式键盘

电容式键盘采用一种类似电容式开关的原理，即通过按键改变电极间的距离而产生电容量的变化，暂时形成震荡脉冲允许通过的条件。由于电容器无接触，所以这种按键在工作过程中不存在磨损、接触不良等问题，耐久性、灵敏度和稳定性都比较好。为了避免电极间进入灰尘，电容式按键开关采用了密封组装。

电容式键盘少见，而且价格昂贵。一般都是专业打字员专用的键盘，有着“键盘之皇”的称号。

3.4.2 ▸ 选购机械键盘

早期机械键盘由于价格昂贵，因此是少数人才能购买的“奢侈品”。随着国民经济的发展和机械键盘价格的降低，已经逐渐取代传统的薄膜键盘，成为市场主流。

机械键盘之所以称之为“机械键盘”，是因为它采用了独立的键位机械结构轴体设计。机械键盘的每一个按键都有一个单独的开关控制，这个开关也被称为“轴”，当按下这些轴时上面的触点就会导通或者断开，从而使键盘产生作用。

机械轴的常见类别有黑轴、茶轴、红轴、青轴和白轴 5 种，不同的机械轴分别有不同的特色。之所以会有区分，是因为不同颜色的机械轴带来的手感不一样，主要参数是压力克数、有无段落感和段落感强弱等，其目的是为了满足不同人群的需求。

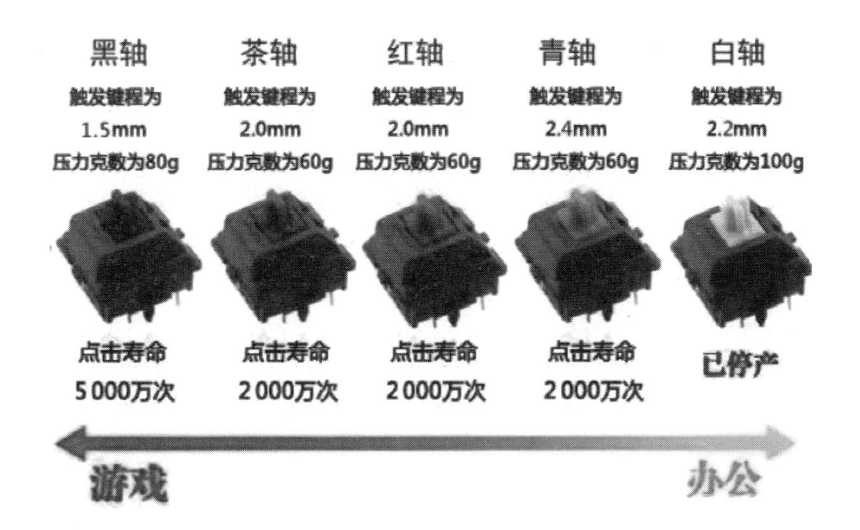

★ 黑轴：公认的游戏机械轴，这是因为黑轴的键程很短，所以几乎没有段落感。压力克数大则可以在玩游戏时允许用户快速敲击键盘。

★ 茶轴：一款“万用轴”，较弱的段落感和适中的压力克数让茶轴看起来没什么特别的地方。但正是因为这样，它才更容易被一些初入门的用户选择。

★ 红轴：红轴是在白轴停产之后出现的，可以看成是一款改良产品。它的整体感觉与黑轴很相似，只是压力克数更小，手感轻盈，这样就可以同时兼顾游戏与打字。

★ 青轴：被誉为是“打字神器”，不论是在段落感还是机械感都是最强的，所以打字时会感觉十分清爽。加上键盘发出的“喀哒”声，可以让用户打字打到停不下来。

★ 白轴：压力克数是最大的，即需要花一定的力气才能敲下按键。因为压力克数大，所以在使用时的段落感也是最强的，但是压力克数太大意味着长时间使用键盘会十分费劲。白轴由于市场需求太小，目前已经停产。

除了上面的主流机械轴，还有一些非主流的。例如，雷柏开发的国产黄轴和Cherry生产的樱桃轴等。

3.4.3 做工和用料

在选购键盘时，应该注意其做工。优质键盘的做工精细，边缘无毛刺和异常突起，整体色泽均匀且键盘按钮无松动；此外，优质键盘的键帽字符都采用激光蚀刻工艺，字迹清晰且不易褪色。

3.4.4 按键的手感

键盘按键的手感是衡量键盘是否好用的重要标准，优质键盘的手感较好，按键平滑、轻柔，弹性适中且灵敏；劣质键盘的按键则比较生硬。

3.4.5 品牌

键盘属于电脑耗材类产品，质量差的键盘长时间使用以后，会出现按键失灵等问题；品牌键盘的质量过硬，长时间使用也不易损坏，著名的键盘品牌有微软、罗技、双飞燕、明基、爱国者、多彩和LG等。

3.5 选购鼠标

鼠标是电脑用户的好助手，其品质直接影响用户的操作。

3.5.1 分类

鼠标根据其定位方式的不同，可以分为光电鼠标、激光鼠标和蓝影鼠标3种。

1. 光电鼠标

光电鼠标是通过红外线检测鼠标的位移，将位移信号转换为电脉冲信号，再通过程序的处理和转换来控制屏幕上的光标移动的一种硬件设备。光电鼠标的光电传感器取代了传统机械鼠标中的滚球。

光电鼠标成本低，足以应付日常用途。它对反射表面要求较高，所以需要搭配合适的鼠标垫（偏深色、非单色、勿镜面较为理想），缺点是分辨率相对较低。

目前市面上还有蓝光鼠标和红外线鼠标，二者严格意义上讲都属于光电鼠标，最大的区别在于蓝光鼠标的光源为蓝色光；红外线鼠标的光源为不可见光源。

2. 激光鼠标

激光鼠标的工作原理和光电鼠标相同，但是工作方式不同，激光鼠标的定位是通过激光照射在物体表面所产生的干涉条纹而形成的光斑点反射到传感器上实现的；传统的光电鼠标是通过照射粗糙的表面所产生的阴影来实现的。

激光鼠标的优势主要是表面分析能力上的提升，借助激光引擎的高解析能力，能够非常有效地避免传感器接收到错误或者是模糊不清的位移数据。从而更为准确地移动表面数据回馈非常有利于鼠标的定位，这样我们就可以在很多光电鼠标无法使用的表面上操作。

3. 蓝影鼠标

蓝影技术是微软独有的技术，它将传统光学引擎与激光引擎相结合，使微软鼠标产品具备了超强的表面适应能力及精确的定位能力，使采用 LED 可见光源的鼠标产品具备了超越激光引擎产品的整体实力。而在成本方面，由于 LED 光源相对于激光二极管具有更加低廉的成本，所以采用蓝影技术的鼠标产品的实际成本反而会比激光引擎的产品更低。

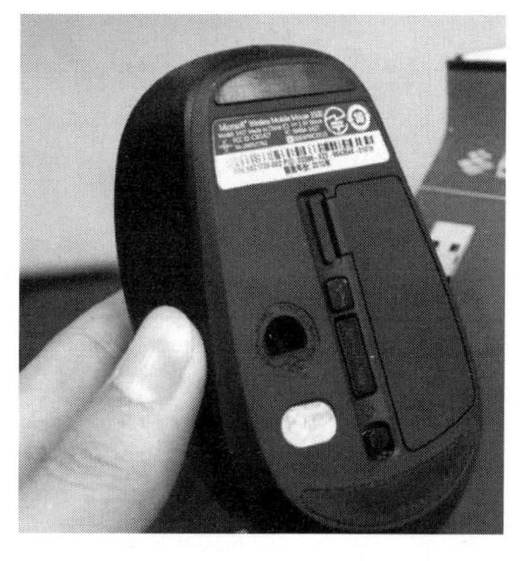

蓝影技术的成像端使用的是视角更宽的广角镜头，能够抓取更大范围的物体表面的细节图像，因此对鼠标移动轨迹的分析也会

变得更加细致。上述特性给予蓝影技术更强的表面适应能力，无论是在表面光滑的大理石台面上，还是在粗糙的客厅地毯上都能够精确定位。

3.5.2 选购技巧

1. 接口类型

鼠标采用的接口与键盘相同，主要包括 USB 接口和无线接口两种，通常无线键盘和无线鼠标使用同一信号接收器。

2. 分辨率

鼠标的分辨率是指鼠标每移动 1 英寸光标在屏幕上移动的像素距离，单位为 dpi。该值越高，定位越精准。主流鼠标的分辨率为 2 000 dpi 以上，有些产品可达 8 000 dpi。

3. 扫描频率

扫描频率是光电鼠标特有的参数，指单位时间内鼠标的光学接收器将接收到的光反射信号转换为电信号的次数，单位为次/秒。扫描频率越高，鼠标在高速移动过程中屏幕指针跳标的几率越小，主流鼠标的扫描频率一般为 6 000 次/秒。

4. 外观和手感

鼠标的外观虽然对其性能影响不大，但漂亮的外观能够给用户带来愉悦的心情。而舒适的手感更是选择鼠标的重要标准，优质鼠标一般都采用人体工程学设计，手握时能够感觉到整个手掌和鼠标贴合紧密。按键弹性好，操作起来非常轻松。

5. 品牌

鼠标与键盘一样，也属于电脑耗材类产品，在购买时建议购买品牌产品。劣质鼠标长时间使用以后，会出现按键失灵、光标跳动等问题；品牌鼠标则经过严格的检验，很少出现此类问题，著名的鼠标品牌包括微软、Razer、罗技、明基和双飞燕等。

3.6 选购光驱

光驱是电脑中非常重要的外部存储设备之一，主要用于读取光盘中的数据，或者将数据刻录到光盘中。尽管如今光驱的作用越来越小，但在某些特殊情况下它的作用仍然无法替代。

3.6.1 分类

目前常见的光驱有 DVD-ROM 光驱、COMBO 光驱、DVD 刻录光驱和蓝光光驱等多种。

★ DVD 光驱：目前主流的光驱类型，主要用于读取 DVD 光盘（其容量数倍于 CD 光盘），包括 DVD 电影光盘、DVD 游戏光盘等。

★ COMBO 光驱：一种集 DVD 读取和 CD 刻录功能于一身的光驱，能够读取 DVD-ROM、CD-R 和 CD-RW 等格式的光盘，并能刻录 CD-R 和 CD-RW 光盘。

★ DVD 刻录光驱：不仅可以读取各种 DVD 光盘，还可以将外部数据写入空白的 CD 或 DVD 光盘。根据刻录介质的不同，DVD 刻录光驱又分为 DVD-RAM、DVD-R/RW 和 DVD+R/RW 等多种类型。

★ 蓝光光驱：用于读取蓝光光盘，又可以分为蓝光只读光驱、蓝光康宝光驱（BD-COMBO）和蓝光刻录光驱 3 种。

蓝光光盘是新一代的大容量光存储介质，它利用波长较短（405 nm）的蓝色激光读取和写入数据，单碟容量可达 25 GB。

3.6.2 主要性能指标

光驱的主要性能指标直接反映了光驱的性能，包括接口类型、读取速度、写入速度、数据缓存、纠错能力和兼容性等。

★ 接口类型：光驱按安装方式可以分为内置光驱和外置光驱两种，内置光驱采用与硬盘相同的 SATA 接口，直接从电源供电；外置光驱采用 USB 接口，与机箱上的 USB 接口连接。

★ 读取速度：在读取数据过程中传输数据的速度，即倍速。倍速越高，读写速度越快。DVD-ROM 光驱的 1X（倍速）为 1 358 KB/s，如果以 16X 读写 DVD 光盘，读取速度可达 21.7 MB/s。

★ 写入速度：只针对刻录光驱。DVD 光驱的 1X（倍速）通常为 1 358 KB/s，如果采用通常的 8X 进行刻录，一张容量为 4.7 GB 的 DVD 光盘也只需要 5 ～ 6 分钟即可完成。

★ 数据缓存：主要用于缓冲读出或写入的数据，平衡数据传输时的速度，以保证光盘读/写时的稳定性。一般来说，数据缓存越大，光驱的性能越好。目前主流的 DVD-ROM 光驱一般拥有 512 KB 的缓存容量，而刻录光驱则采用 2 MB 的缓存容量。

★ 纠错能力：主要是指光驱对一些表面磨花的光盘的读取能力，纠错能力强的光驱能够跳过坏的数据区；纠错能力差的光驱则不能正常读取质量较差的光盘。一般来说，读取速度较慢的光驱，其容错性要优于高速产品。在选购光驱时，应选择具有人工智能纠错功能的光驱。

★ 兼容性：直接影响光驱的应用范围，兼容性越好，光驱能够进行读取、刻写操作的光盘种类就越多。目前市场上的光驱很多都采用了 SuperMulti（全兼容）技术，建议读者优先选购这种光驱。

3.6.3 品牌

光驱的技术含量较高，一定要购买著名品牌的产品，以便在品质和售后服务等方面得到保障。目前主流的光驱品牌很多，主要有飞利浦（Philips）、先锋（Pioneer）、明基（BENQ）、索尼（SONY）、三星（SAMSUNG）、华硕（ASUS）、台电（TECLAST）和建兴（LITEON）等。

3.7 选购音箱

音箱是电脑中负责输出声音的设备，其质量直接影响声音的表现效果。

3.7.1 分类

音箱可按照不同的方式分类，按照箱体材质的不同，可分为塑料音箱、金属音箱和木质音箱 3 种。

★ 塑料音箱：具有重量轻、可塑性高及成本低等特点，但由于对于轻音乐的表现力不足，因此通常用于体积较小的迷你音箱或多媒体有源音箱。

★ 金属音箱：金属材料的可塑性强，外观有质感，在高频表现上极具优势。但由于音效不易控制，对音箱制造商的设计能力和金属加工工艺要求高，因此很少被采用。

★ 木质音箱：木质材料是常见的箱体材料，可以细分为高密度纤维板、中密度刨花板、中密度纤维板及实木等多种。实木是顶级的音箱箱体材料，价格较高。目前大多数木质音箱都采用高密度纤维板，这种材料具有强度高、易加工和声音表现力好等优点，并且这类产品的价格适中。

按照声道数的不同，市场上主流的电脑音箱又可以分为 2.0 声道（双声道立体声）、2.1 声道（双声道加超重低音声道）、4.1 声道（4 声道加超重低音声道）、5.1 声道（5 声道加超重低音声道）和 7.1 声道（7 声道加超重低音声道）等多种。

2.1 声道以上音箱由于有一个单独的低音炮，因此其低音效果更佳，在看电影、玩游戏和 DJ 时效果较好。因为声音都是双声道的，所以如果单纯听音乐的话，2.0 音箱效果更加出色。

声道是指有独立放大单元和扬声器构成的音频输出通路，音箱的声道数越多，播放出来的声音也就更真实。

3.7.2 选购技巧

除了对音箱的箱体材质和声道进行选择外，最重要的是现场试听的直观感受。除此之外，对于专业音箱的选择，还应该仔细查看其相关参数，以及做工和品牌等。

1. 输出功率

音箱中集成了功放电路，用于放大声卡的输出功率。该功放电路的输出功率就是音箱的输出功率，单位为瓦特（W）。

通常音箱上标注的功率包括额定输出功率（RMS）、音乐输出功率（MPO）和峰值音乐输出功率（PMPO）3 种。

★ 额定输出功率（RMS）：功放电路在额定失真范围内能够持续输出的最大功率，普通多媒体音箱的功率范围为 25 ～ 50 W。

★ 音乐输出功率（MPO）：失真不超过规定范围时，音箱功放电路的瞬间最大输出功率。

★ 峰值音乐输出功率（PMPO）：在不考虑失真的情况下，功放的瞬间最大输出功率。

标注功率越大，实际功率也越大。在选购时，需要查看音箱的实际输出功率。有些厂家为了突出产品的功率，用音乐输出功率来代替额定输出功率进行标注；此外，还应考虑音箱功率与房间大小的匹配问题，只有两者合理搭配音箱的音效才会达到预期效果。

★ 房间面积小于 10 m^2，建议使用高保真耳机或输出功率为 10 ～ 30 W 的 2.0 或 2.1 音箱。

★ 房间面积为 15 ～ 25 m^2，可使用输出功率为 30 ～ 100 W 的大中型 2.0 音箱或带有低音炮的音箱。

★ 房间面积在 25 m^2 以上，则需要搭配输出功率在 100 W 以上的大功率音箱。

2. 频响范围

频响范围是指音箱所能回放的频率响应范围，单位为分贝（dB）。频率响应范围越宽，能够还原的音频段就越宽，声音也就越真实、自然。目前主流音箱的频响范围只能尽可能地接近人耳的听觉范围，即 20 ～ 2 000 Hz。

频率响应主要包括频带宽度和灵敏度两个方面，频带宽度越宽，低音和高音性能就越好；灵敏度是指音箱的效率，普通音箱的灵敏度在 85 ～ 90 dB 之间，85 dB 以下为低灵敏度，90 dB 以上为高灵敏度。

3. 信噪比和输入阻抗

信噪比是音箱回放的音频信号强度与噪声信号强度的比，信噪比越大，声音回放的质量越高；信噪比低时，音频强度低的信号输入时噪声较大，整个音域的声音变得混浊不清，从而影响声音的还原，不建议购买信噪比低于 80 dB 的音箱。

输入阻抗是指音箱输入信号的电压与电流的比，可分为高阻抗和低阻抗两类。普通音箱的标准阻抗是 8 欧姆，高于 16 欧姆的是高阻抗；低于 8 欧姆的是低阻抗。目前市场上音箱的阻抗有 4 欧姆、5 欧姆、6 欧姆、8 欧姆、16 欧姆等。

建议选购标准阻抗的音箱，而不要选择低阻抗音箱。虽然在输出功率相同的情况下，低阻抗的音箱可获得较大的输出功率，但是也会造成欠阻尼和低音劣化等现象。

4. 箱体的磁性屏蔽性能

音箱中有磁性很强的磁铁，如果长时间靠近 CRT 显示器等设备，会影响这些设备的正常工作，如磁化显示屏、引起显示屏水波纹等。在选购时将音箱箱体靠近 CRT 显示器，如果显示器屏幕上的图像没有变化，则表示音箱的磁性屏蔽效果较好。

5. 外形和材质

一款优质音箱的外形流畅、平滑，并且采用优质的箱体材料。在选购时要仔细观察箱体的各个接缝处是否紧密，箱体材质是否为优质材料，音箱的外形及功能键等布局是否合理。

目前，市场上有的劣质塑料音箱的箱体表面贴有一层木皮花纹，以冒充木质音箱，在选购时需要特别小心。

6. 品牌

音箱的技术含量较高，在选购时应该选择知名品牌的产品。知名品牌的音箱在选料、做工和质保等方面做得更好，产品的质量和性能更有保证，音箱的知名品牌包括 JBL、惠威、漫步者、轻骑兵、雅马哈、三诺、奋达、麦博、现代、飞利浦和冲击波等。

3.8 选购声卡

虽然主板上都集成了声卡，但如果用户对音质的要求较高，则需要配置独立的声卡。

3.8.1 性能指标

声卡的性能指标直接反映了产品的性能，包括声道、采样频率、采样位数及复音数等。

- ★ 声道：声道是衡量声卡档次的一个重要的性能指标，常见的声道有单声道、立体声、4 声道环绕、5.1 声道和 7.1 声道等，各种声道的效果不同。
- ★ 采样频率：每秒钟取得声音样本的次数，是描述声音文件的音质和音调，以及衡量声卡和声音文件质量的标准。采样频率越高，声音失真越小，声音质量越好。
- ★ 采样位数：声卡处理声音的采样精度，采样精度越高，录制和回放的声音还原程度越高，声音越逼真。主流声卡的采样位数一般为 16 位或 24 位。有些声卡声称支持 32 位采样位数，但这只是建立在 Direct Sound 加速基础上的一种多音频流技术，实际采样精度仍然只有 16 位。
- ★ 复音数：声卡能够同时发出的声音数量，复音数越大，音色越好，播放音乐时可以听到的声部越多、越细腻。复音分为硬件支持复音和软件支持复音两种，前者指所有复音数由声卡芯片生成；后者指在硬件支持复音的基础上，通过软件合成来加大复音数。

3.8.2 品牌

与许多硬件设备一样，品牌也是选购声卡时需要考虑的问题。目前市场上的声卡品牌很多，包括创新（Creative）、乐之邦（MUSILAND）、德国坦克（TerraTec）、节奏坦克（TempoTec）、华硕（ASUS）、M-AUDIO、ESI、RME、Turtle Beach、Echo、Auzen 和傲王等，其中创新、乐之邦和德国坦克是主流的品牌。

第4章 电脑组装实战

本章导读

在购买所有的电脑硬件后，便可以组装电脑了。虽然有些销售商会提供组装服务，但掌握电脑硬件的安装方法不但有助于日后对内部硬件设备的维护与故障处理，还有助于自行升级电脑设备。本章将详细介绍电脑的组装过程。

本章要点

★ 组装前的准备
★ 安装主机硬件
★ 连接外部设备

4.1 组装前的准备

组装电脑除了必备的硬件设备以外，还需要准备必要的组装工具和辅助物品，如螺钉旋具（俗称“螺丝刀”）、钳子、镊子等，以保证组装过程能够顺利进行。

4.1.1 准备组装工具

组装电脑时需要用到多种装机工具，包括螺钉旋具、钳子、防静电手腕带和镊子等，在组装前应该准备好这些工具。

1. 螺钉旋具

在组装过程中，螺钉旋具是非常重要的工具，包括十字螺钉旋具和一字螺钉旋具。十字螺钉旋具主要用于固定机箱侧面板、主板、显卡或声卡等硬件上的螺丝钉；一字螺钉旋具使用得比较少，主要用于安装一些带有卡扣的CPU散热器。

机箱内部空间狭小，螺丝钉掉落其中后不易取出，最好准备带有磁性的螺钉旋具。它可以吸住螺丝钉，使用起来更加方便。

2. 尖嘴钳

在组装电脑前需要准备一把钳子，最好是尖嘴钳，以备不时之需。例如，在安装显卡和声卡等板卡时，需要拆除机箱背部的金属挡板。用手操作很不方便，容易划伤手指，使用尖嘴钳能够事半功倍。

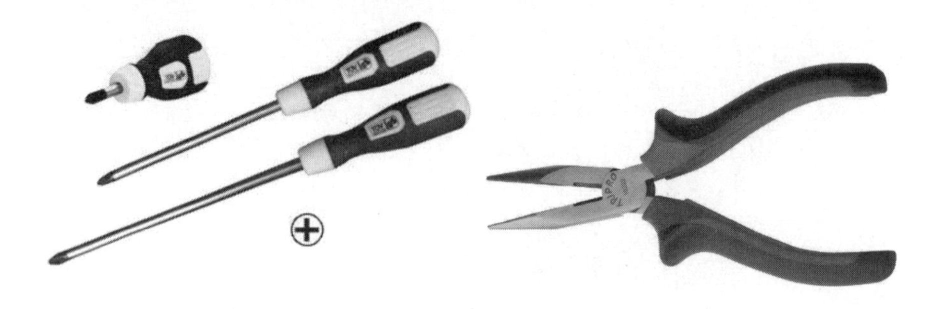

3. 防静电手腕带

防静电手腕带是最常用的放电设备，可以在0.1秒钟内安全地除去人体内产生的静电。它由防静电松紧带、活动按扣、弹簧软线、保护电阻及插头或夹头组成。在使用防静电手腕带时，只需将松紧带戴在手腕上，然后将弹簧软线一端的插头或夹头直接接地即可。

防静电手套也是常用的防静电工具，其作用与防静电手腕带差不多。

4. 镊子

镊子可夹取狭小空间内的物体，经常用于设置硬件上的跳线。

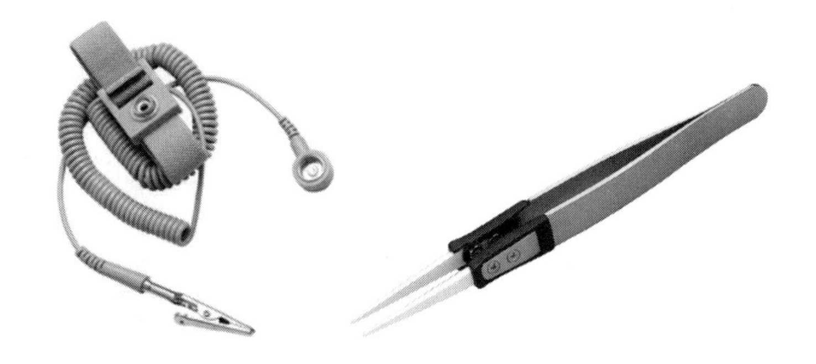

4.1.2 准备辅助物品

除了需要准备装机工具外，还需要准备一些必备的辅助物品，如操作台、电源插座、五金部件、导热硅脂和束线带等。

1. 操作台

在组装电脑时，需要一个面积足够大、高度合适的操作台，这样操作起来才更加顺手。家用的写字台、茶几都可以，只需保证台面平整、干净即可。

2. 电源插座

电源插座用于连接主机、显示器和音箱等设备的电源线，目前电脑的主机电源和显示器采用的电源接头都是3孔插口，因此应该选择3孔插口较多的排型插座。

3. 导热硅脂

导热硅脂是组装电脑时必须准备的工具之一，特别是在安装 CPU 时，将它均匀地涂抹在 CPU 表面，可以提高散热效率。通常在盒装 CPU 的包装盒中，都附带了一小支导热硅脂。如果没有，可以去电脑市场购买，价格不贵。

4. 束线带

在电脑安装完成后，机箱内部的连线比较乱，用束线带可以将这些凌乱的连线有条理地绑扎起来。如果没有专门的束线带，也可以使用橡皮筋或其他绳子代替。

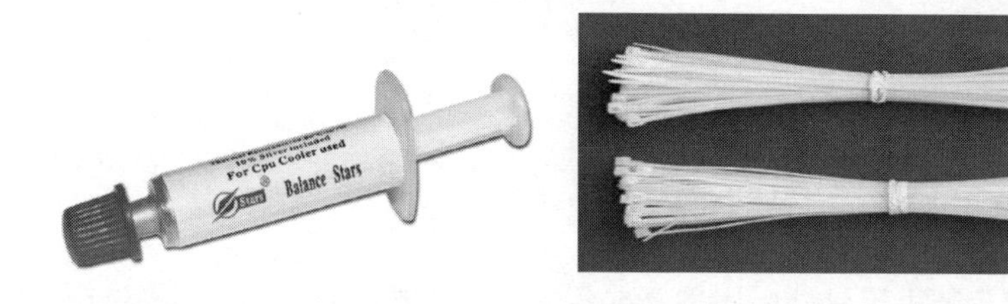

5. 五金配件

在组装电脑时经常会使用到一些零散的五金配件，如小铜柱、螺丝钉等。小铜柱安装在机箱的底板上，用于固定主板，可以避免主板背部的焊点与机箱底板接触而造成短路。

螺丝钉是必不可少的物品，不同硬件需要不同型号的螺丝钉来进行固定。在组装前应准备多种型号的螺丝钉，如细牙螺丝钉用于固定板卡或安装硬盘等设备，粗牙螺丝钉用于安装电源。

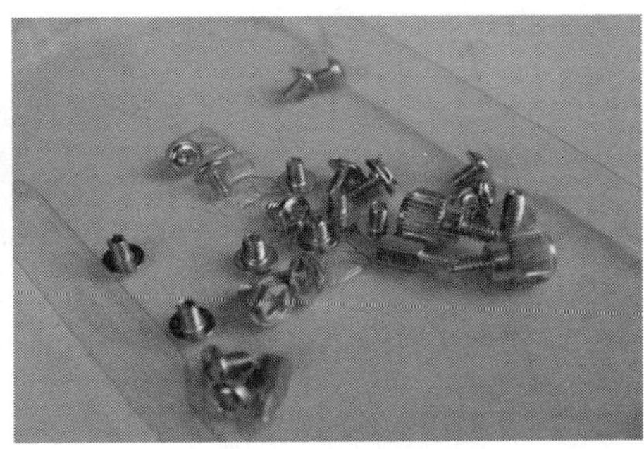

为了避免螺丝钉等五金部件丢失，可以使用一个器皿将这些零件装起来，以便在组装过程中使用。如果找不到专门的器皿，可以使用杯子或者盘子等常见的物品代替。

4.1.3 装机注意事项

在组装电脑前，应该了解组装过程中需要注意的一些事项，以便组装工作能够顺利完成。

1. 轻拿轻放硬件

在组装过程中，如果需要移动某个电脑硬件，应轻拿轻放。以免失手将硬件掉落在地上或者产生碰撞，特别是 CPU 和硬盘等构造精密的硬件。

2. 正确安装硬件

在组装电脑时要采用正确的安装方法，如果遇到不明白的地方，应查阅说明书，而不要强行进行安装。在安装时要注意用力的方向和力度，以免造成硬件设备的引脚折断或变形。若硬件没有安装到位，不要使用螺丝钉强行固定。

3. 避免静电伤害

静电可以说是电子元器件的“天敌”，它很容易将集成电路内部击穿，造成硬件损坏，特别是主板、内存和显卡等电子元器件裸露的硬件。所以在组装前，必须释放人体静电。释放静电的方法包括洗手、触摸金属物体或者戴上防静电手腕带等；此外，由于手和衣服之间的摩擦也会产生静电，所以在安装主板和显卡等板卡时应该用手拿住板卡的边缘部分，避免触及集成电路和芯片。

4. 避免液体沾落

在组装过程中，要严禁液体飞溅打湿硬件，以免造成电路短路，从而烧毁硬件。最好不要将水、饮料等液体摆放在硬件附近，以免失手打翻；此外，还应该避免使用湿手触碰电脑硬件，特别是主板、内存和显卡等电子元器件裸露的硬件。

4.1.4 了解电脑的组装流程

电脑各配件的型号和规格都不尽相同，但基本的组装流程相差无几。组装时应按照以下流程来进行操作，以保证组装工作的顺利进行。

01 取下机箱两侧的面板。

02 在机箱中找到电源的安装位置，将电源安装到机箱中。

03 将主板平放在操作台上，将 CPU 安装到主板上，并安装好 CPU 散热风扇。

04 将内存正确安装到内存插槽中。

05 将主板固定到机箱底板上，并连接好主板电源线。

06 在机箱背部取下与显卡插槽对应的金属挡板，将显卡安装到显卡插槽中。

07 取下机箱前面板上的光驱挡板，将光驱安装到机箱中，并连接好数据线和电源线。

08 安装硬盘并连接好数据线和电源线。

09 连接好机箱信号线，使机箱前面板上的按钮和接口等部件能正常工作。

10 整理机箱内部连线，将机箱两侧的面板复位并用螺丝钉固定好。

11 安装好电脑显示器的底座，并连接好信号线和电源线。

12 连接好键盘、鼠标和音箱等外部设备。

13 连接好外部电源，进行加电自检。

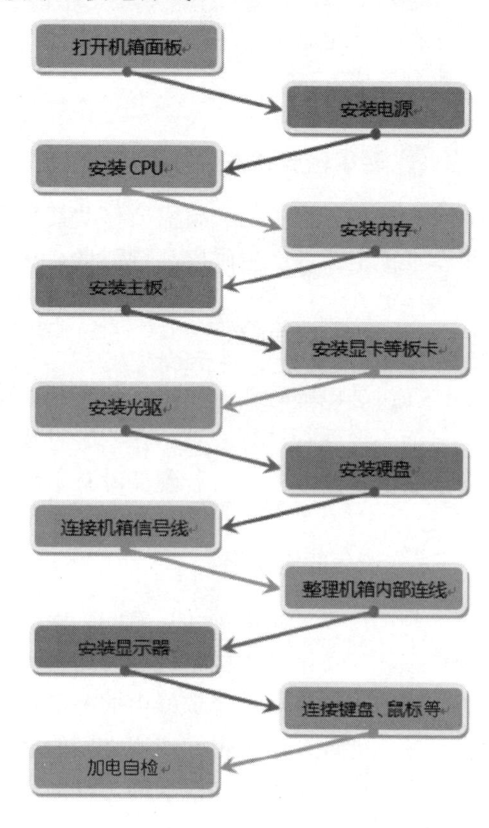

4.2 安装主机硬件

做好相应的准备工作后，就可以开始组装电脑了。首先需要安装的是电脑的主机部分，包括电源、CPU、内存条、主板、显卡、光驱及硬盘等。

4.2.1 安装主机电源

组装电脑的第 1 步是将主机电源固定到机箱中。

步骤 1 **打开机箱**。使用十字螺钉旋具拧下机箱背部的螺丝钉（如果是大头螺丝钉，用手即可拧下）。

步骤 2 **取下机箱两侧面板**。用手扣住机箱侧面板的凹处往外拉，取下机箱的两侧面板。

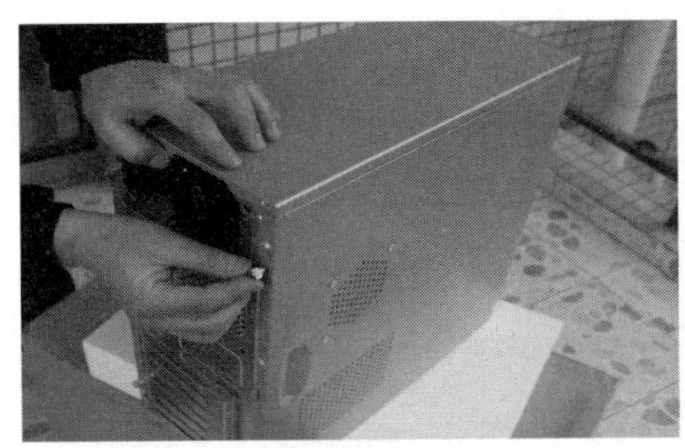

步骤 3 **放置电源**。在机箱内找到电源的安装位置，一般位于机箱背部靠上方处，将主机电源按正确的方向放置到该位置。

步骤 4 **固定电源**。调整电源的位置，使电源上的螺丝孔与机箱背板上的螺丝孔对齐，用十字螺钉旋具和螺丝钉固定好电源。

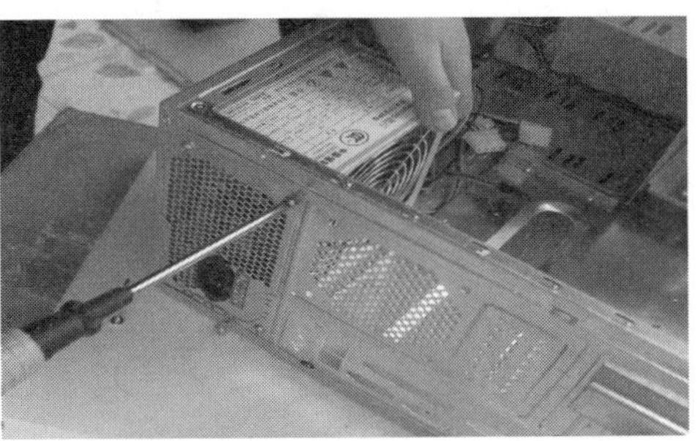

目前很多机箱都采用免工具拆装设计，只需打开相应的机箱面板开关，即可打开机箱面板。

4.2.2 安装 CPU

电源安装完成后将机箱先放到一边，接下来需要将 CPU 及其散热器安装到主板上，AMD CPU 和 Intel CPU 的安装方法不同。

1. 安装 AMD CPU

AMD CPU 采用传统的针脚式接口，安装方法如下。

步骤 1 **拉起固定拉杆**。将主板平放在操作台上，将 CPU 插座旁边用于固定 CPU 的拉杆用手轻轻向外拨动并拉起。

步骤 2 **安放 CPU**。轻轻拿起 CPU，将 CPU 上的三角形标志与 CPU 插座上的三角形标志相重合。调整 CPU 的位置，将 CPU 针脚和 CPU 插座对齐，让 CPU 自由落入插座中。

步骤 3 **固定 CPU**。检查 CPU 是否安装正确，确认无误后用手轻轻压下 CPU 固定杆并将其卡在 CPU 插座边上的卡扣上。

步骤 4 **放置 CPU 散热器**。将适量的导热硅脂挤在 CPU 表面，并用小刷子将其涂抹均匀。将 CPU 散热器按照正确的方向平放在 CPU 上面，使其底部与 CPU 表面能够完全接触。

步骤 5 **固定 CPU 散热器。**调整 CPU 散热器的位置，并用手将散热器两边的卡子压下，直到将散热器固定到主板上。安装完成后用手轻摇一下散热器，看是否固定稳当。

步骤 6 **连接散热器电源线。**在主板上找到 CPU 散热器的 3 针供电插座，将散热器的电源接口插到该插座上。连接完成后，CPU 及其散热器的安装就完成了。

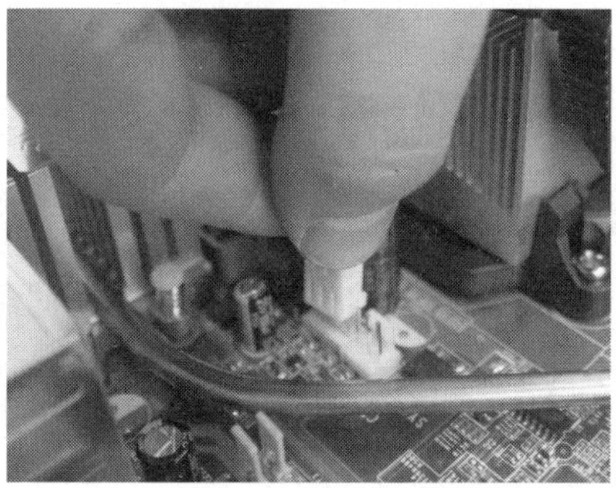

提示

CPU 风扇的供电插座一般在 CPU 插座附近，其旁边一般标注有类似"CPU_FAN"的字样。在连接时，应将电源接口上带有两个凸起的一端对准 3 针供电插座上带有挡片的一端。

2. 安装 Intel CPU

主流的 Intel CPU 均采用触点式接口，安装方法如下。

步骤 1 **取下保护盖。**将主板平放在操作台上，在主板上找到 CPU 插座。插座上有一个保护盖，用于保护插座上的针脚，取下这个保护盖。

步骤 2 **松开固定杆。**用适当的力向下轻压 CPU 插座边上的固定杆；同时将该固定杆往外推，使其脱离固定卡扣。

步骤 3 **拉起固定杆**。压杆脱离卡扣后，便可以顺利地将固定杆拉起。

步骤 4 **提起载荷板**。将用于固定 CPU 的载荷板按反方向提起，并使之与底座的角度大于 90°。

步骤 5 **安放 CPU**。将 CPU 上的缺口对准 CPU 插座上的缺口，将 CPU 垂直放在 CPU 插座上，然后调整好 CPU 的位置。

步骤 6 **复位载荷板**。将用于固定 CPU 的载荷板复位，使之盖在 CPU 上。

在安装 CPU 时，需要特别注意 CPU 的方向。在 CPU 的一角上有一个三角形的标识，CPU 插座的一角上也有一个三角形的标识。只有将这两个三角形标识对齐，才能将 CPU 正确地安装在 CPU 插座上。

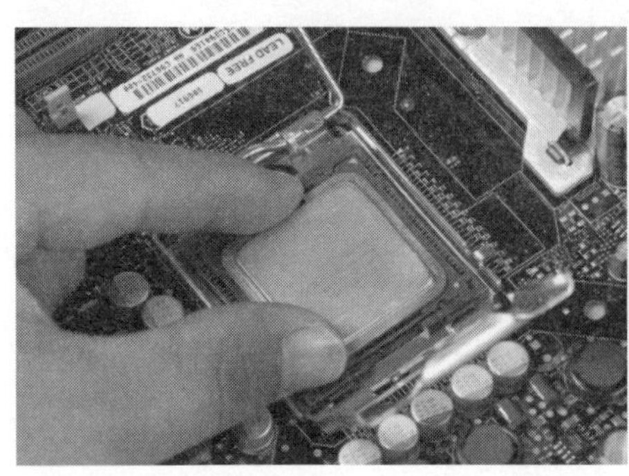

步骤 7 **固定 CPU**。将 CPU 固定杆压下并扣在 CPU 插座边上的卡扣上，使其牢牢地压紧 CPU。

步骤 8 **涂抹导热硅脂**。将适量的导热硅脂挤在 CPU 表面，并用小刷子将其涂抹均匀。

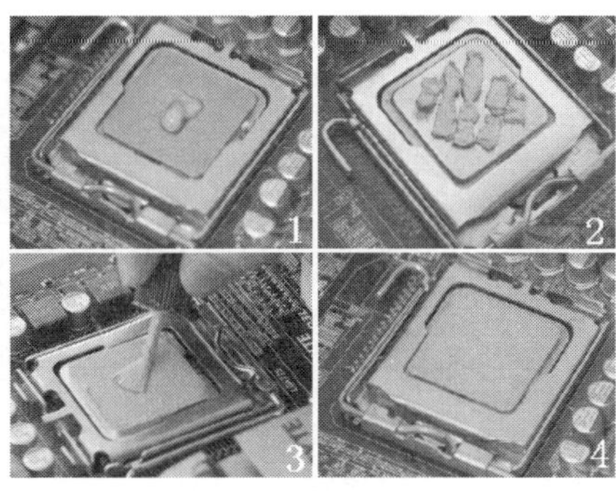

在购买时一些散热器已经涂上了导热硅脂，不用再在 CPU 上涂抹。

步骤 9 **固定 CPU 散热器**。将 CPU 散热器放到 CPU 插座上，并将散热器上的定位柱与主板上的定位孔对齐。逐个地按压定位柱顶部，将散热器固定到主板上。当定位柱被按压到位时，会听到“喀”的一声。

步骤 10 **连接散热器电源线**。检查散热器是否固定稳当，将散热风扇的电源接口接到主板的 3 针供电插座上（一般位于 CPU 插座附近，并带有“CPU_FAN”等字样）即可。

4.2.3 安装内存条

CPU 安装完成后，接着需要将内存条安装到主板上，这里以安装主流的 DDR3 内存条为例介绍。

步骤 1 **调整内存方向**。在主板上找到内存插槽，将插槽两边的卡子向外扳开。用手捏住内存条的两端并调整好方向，并将金手指上的缺口对准内存插槽的凸起部分。

步骤 2 **安装内存**。双手均匀用力将内存条垂直向下压入内存插槽中，安装到位后会发出“嗒”的响声，检查内存条是否已经安装到位。如果有多条内存条，按照以上的方法安装即可。

如果要取出内存条，只需将内存插槽两端的卡子向外扳开，内存条即可自动弹出。

4.2.4 安装主板

将 CPU 和内存条安装到主板上以后，就可以将主板安装到机箱中，操作如下。

步骤 1 **安装小铜柱**。将机箱平放在操作台上，根据主板上螺丝孔的位置，在机箱底板的对应固定孔中安装用于固定主板的小铜柱。

步骤 2 **取下接口挡板**。用手或尖嘴钳将机箱背部的接口挡板掰掉。

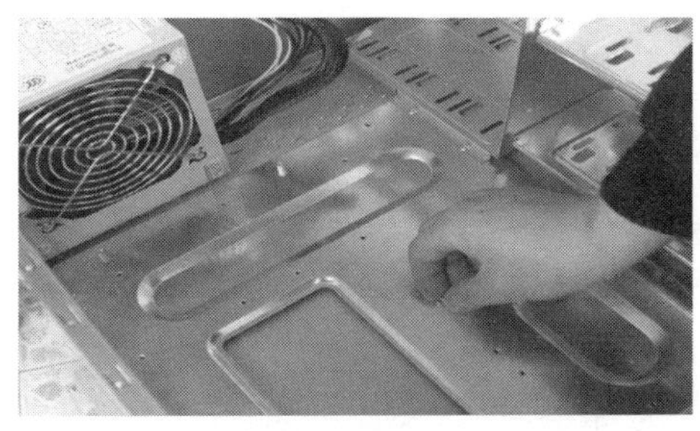

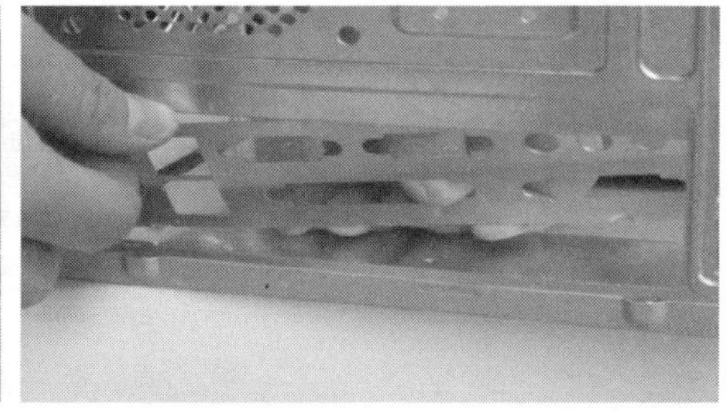

步骤3 **替换接口挡板**。使用主板包装盒中附带的原配I/O接口挡板替换，如果主板上的I/O接口与机箱接口挡板的布局相同，则不需要替换。

步骤4 **调整主板的位置**。将主板放入机箱并调整主板的位置，让主板的I/O接口与接口挡板对齐，并将主板上的螺丝孔与机箱底板上的小铜柱对齐。

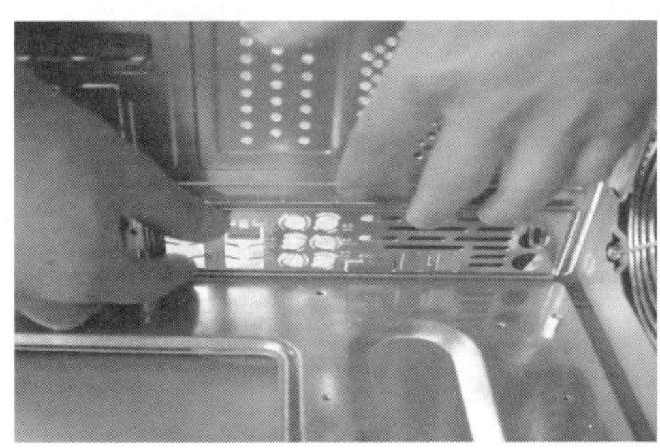

步骤5 **固定主板**。使用十字螺钉旋具和合适的螺丝钉将主板固定到机箱底板上，将主板上的螺丝孔位全部都拧上螺丝钉后，主板的安装工作完成。

步骤6 **连接主板电源接口**。找到长条形的主板电源插座（24孔）和对应的电源接口，将接口上的卡扣对准主板电源插座上的卡座。垂直用力，将24针电源接口插入插座，直到接口被完全卡住为止。

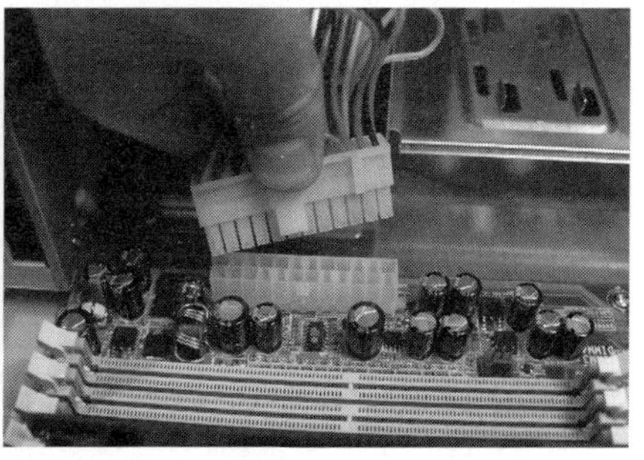

步骤 7 **找到 CPU 供电接口**。在主机电源的众多接口中找到 CPU 供电接口，目前 CPU 供电接口一般为 4 针方形接口。

步骤 8 **连接 CPU 供电接口**。在主板上找到 CPU 电源插座，用手捏住 4 针供电接口，将接口上的卡扣对准插座上的卡座垂直用力插入，直到接口被完全卡住。

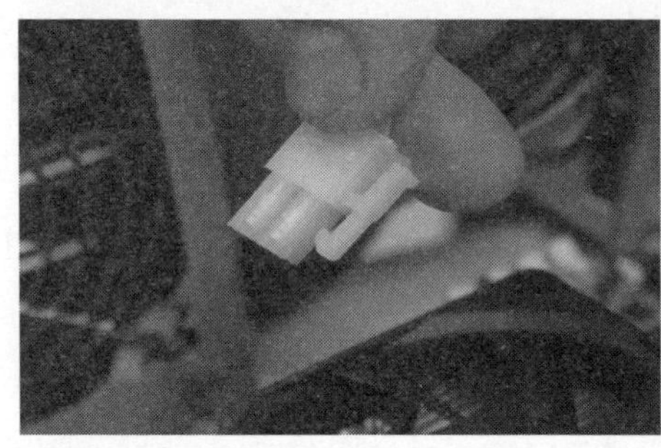

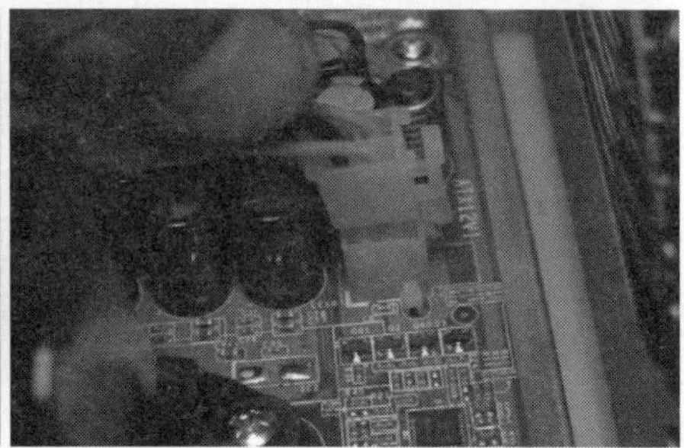

4.2.5 安装显卡

主板安装完成后可以安装显卡、声卡等板卡，各种板卡的安装方法类似，只是连接插槽不同。这里以安装采用 PCI-E 接口的显卡为例进行介绍。

步骤 1 **取下金属挡板**。在主板上找到 PCI-E 显卡插槽，将机箱背部与该显卡插槽对应的金属挡板取下。

步骤 2 **对位显卡接口**。用手捏住显卡的边缘，将显卡的金手指对准主板上的显卡插槽，显卡接口处对准机箱背部拆掉的挡板缺口处。

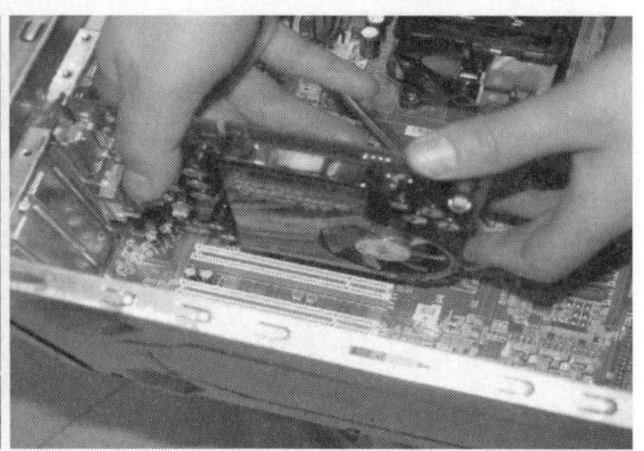

步骤 3 **安装显卡**。用右手扶住显卡，再用左手的大拇指按住显卡的上端并垂直用力将其插入显卡插槽中。

步骤4 **固定显卡**。使用十字螺钉旋具和合适大小的螺丝钉将显卡固定在机箱背板上。

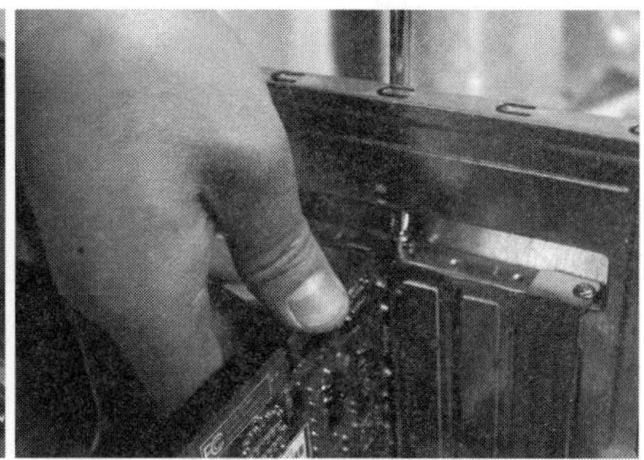

随着显卡能耗的增加，主板供电已经无法支撑显卡正常工作。现在很多显卡都带有6孔或8孔的电源接口，通过连接主机电源上的6针或8针电源接口，可以获得足够的电力。

4.2.6 安装硬盘

主流硬盘均采用SATA接口，下面以SATA硬盘为例介绍具体的安装方法。

步骤1 **安放硬盘**。将硬盘按正确的方向（硬盘接口端朝里，贴有产品标签的一面朝上）插入机箱的硬盘固定架中。

步骤2 **调整硬盘位置**。调整硬盘的位置，让硬盘的螺丝孔与固定架的螺丝孔对齐。

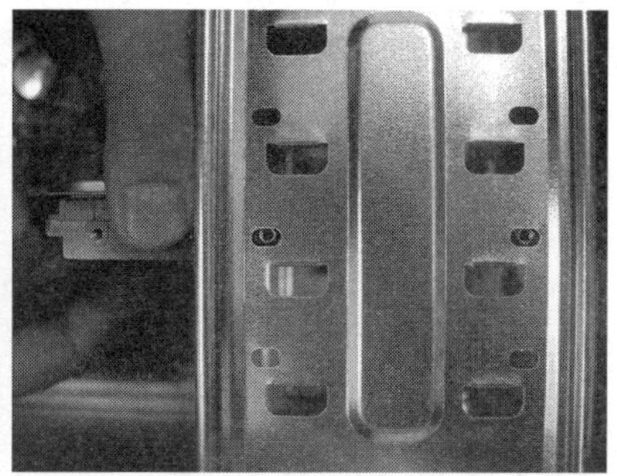

步骤3 **固定硬盘**。使用十字螺钉旋具和合适的螺丝钉将硬盘固定在硬盘固定架上，在固定硬盘时将机箱两侧都拧上螺丝钉。

步骤 4 **连接电源接口**。在主机电源的接口中找到一个“L 型”的 SATA 电源接口，将其按正确的方向连接到 SATA 硬盘的电源接口上。

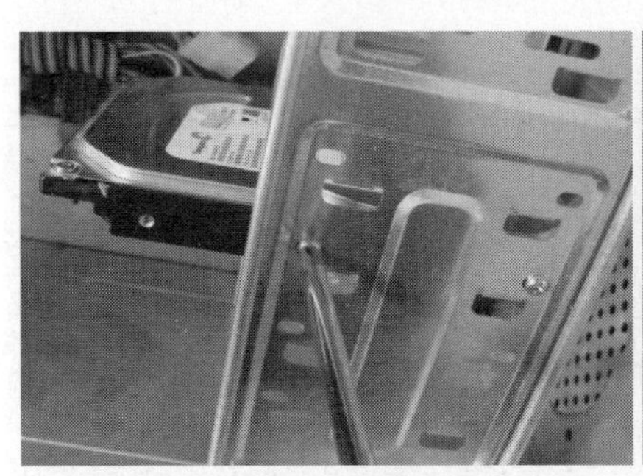

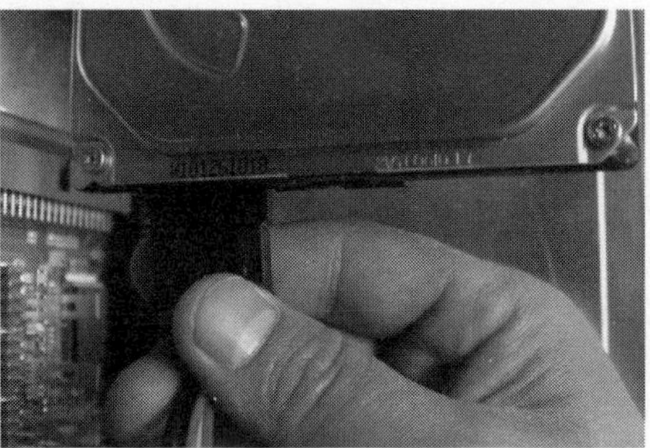

步骤 5 **将数据线连接到主板**。准备好一根 SATA 数据线，在主板上找到 SATA 接口，将 SATA 数据线的一端按正确的方向插入主板的 SATA 接口。

步骤 6 **将数据线连接到硬盘**。将 SATA 数据线的另一端按正确的方向连接到硬盘的 SATA 接口。

SATA 电源接口和数据线接口都采用了防反插设计，只有按正确的方向才能插入硬盘对应的接口。

4.2.7 安装光驱

光驱的安装方法与硬盘基本相同，首先将光驱固定到机箱支架上，然后连接好光驱的电源接口和数据线接口即可。需要注意的是安装光驱不能从机箱内部进行安装，而需要先将机箱前面板上的光驱挡板取下，然后从前面板中将光驱插入机箱中。

4.2.8 连接机箱信号线

主机中的硬件安装完成后，还需要将机箱前面板的各种按钮和接口与主板连接，包括电源按钮、重启按钮、信号灯、前置 USB、前置音频接口等。

1. 连接开关信号线

机箱内有很多开关信号线，包括电源开关线（POWER SW）、重启开关线（RESET SW）、电源指示灯线（POWER LED）、硬盘指示灯线（H.D.D LED）和蜂鸣器线（SPEAKER）等。

★ 电源开关线：用于连接机箱前面板的电源开关按钮，以实现开关机功能，跳线帽上一般带有“POWER SW”字样。

★ 重启开关线：用于连接机箱上的重启开关按钮，以实现热启动功能，跳线帽上一般带有“RESET SW”字样。

★ 电源指示灯线：用于连接机箱上的电源指示灯，以便用户了解电源的工作状态，跳线帽上一般带有“POWER LED”字样。

★ 硬盘指示灯线：用于连接机箱上的硬盘指示灯，以便用户了解硬盘的工作状态，跳线帽上一般带有“H.D.D LED”字样。

★ 蜂鸣器连接线：用于连接主机上的蜂鸣器，以便在硬件异常时发出报警音，跳线帽上一般带有“SPEAKER”字样。

机箱信号线都采用跳线帽的形式，在主板上对应有专门的连接跳线。了解各信号线的功能后，根据主板上的标识将这些信号线分别连接到合适的跳线插座上。建议初学者在连接前仔细查阅主板说明书，以了解各种信号线接口的位置和连接方法。

2. 连接前置USB线

前置USB线用于连接机箱前面板上的USB接口，其跳线帽上一般都带有“VCC”“DATA-”“DATA+”和“GND”等字样。

在主板上找到USB跳线插座，主板上的USB跳线插座很好辨认，其旁边一般都标识有“USB1”“USB2”等字样。将前置USB线按正确的线序连接到主板上的跳线插座上即可。

3. 连接前置音频线

前置音频线用于连接机箱前面板上的前置音频接口，在主板上找到音频跳线插座。该跳线插座旁一般都标识有“AUDIO”字样，将前置音频线按正确的线序连接到主板的跳线插座上即可。

4.2.9 整理连线并合上机箱盖

连接机箱内的各种连线后，各种线缆显得杂乱无章，不利于机箱内部散热，此时还需要对这些线缆进行整理。最后盖上机箱面板，即可完成组装。

步骤 1 **整理内部连线**。将多余的电源线用束线带捆绑起来，并固定到稍靠边的位置，让机箱内部看起来十分整洁。注意不要让各种连线触碰到 CPU 散热器风扇和显卡散热器风扇。

步骤 2 **复位机箱侧面板**。仔细检查各个硬件和线缆的连接情况，如有异常，按照正确的方法重新安装或连接。确认无误后将机箱的两个侧面板复位，并使用螺丝钉固定好。

4.3 连接外部设备

在组装电脑主机的内部硬件后，还需要连接主机与外部设备。通常情况下，需要连接的外部设备包括液晶显示器、鼠标、键盘及音箱等。

4.3.1 连接液晶显示器

目前液晶显示器大多采用 HDMI 和 DP 接口。下面以 HDMI 接口为例介绍显示器的连接方法。

步骤 1 **安装显示器底座**。从液晶显示器的包装箱中取出屏幕与底座，按照说明书中的内容将屏幕固定到底座上。

步骤 2 **连接电源线**。找到显示器电源线，在显示器背部找到电源接口，将电源线连接到该接口。

步骤 3 **连接显示器信号线接口。**在显示器背部找到 HDMI 接口，将配套的 HDMI 数据线的一端连接到该接口。

步骤 4 **连接显卡信号线接口。**将 HDMI 数据线的另一端连接到机箱背部显卡的 HDMI 接口上。

4.3.2 连接键盘和鼠标

键盘和鼠标是电脑中最重要的两种输入设备，在完成内部设备的组装以后就应该将它们连接到主机上，下面以 USB 接口的键盘和鼠标为例进行介绍。

步骤 1 **连接键盘。**准备好键盘和鼠标，将键盘的 USB 接头插入机箱背面的任意一个 USB 接口中。

步骤 2 **连接鼠标。**将鼠标的 USB 接头插入机箱背面的任意一个 USB 接口中。

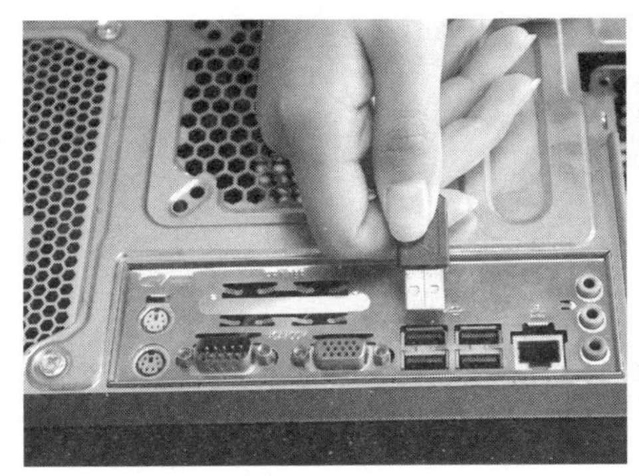

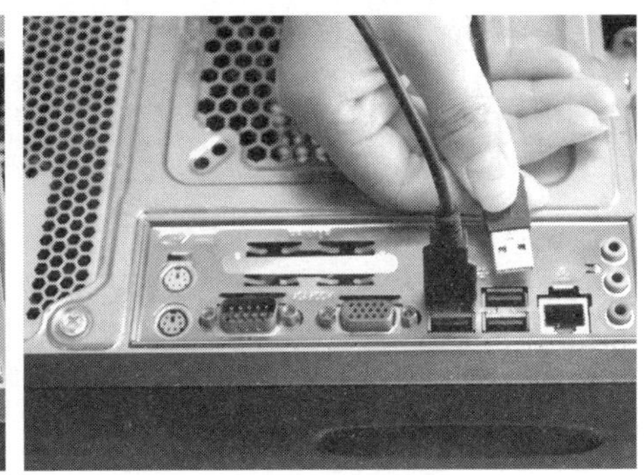

4.3.3 连接音箱

音箱或耳机是电脑必不可少的外部设备，下面以常见的2.1多媒体音箱为例介绍音箱的连接方法。

步骤1 **准备各种连线**。准备好2.1声道音箱附带的双头主音频线及两根音箱连接线，其中双头主音频线用于连接低音炮和声卡；音箱连接线用于连接两个卫星音箱。

步骤2 **连接低音炮**。将双头主音频线按对应的颜色，分别插入低音炮的音频输入孔中。将两根音箱连接线分别插入低音炮的卫星音箱接口中，并将卡扣压下，固定好音箱连接线。

步骤3 **连接卫星音箱**。将音箱连接线的另一头分别连接到两个卫星音箱对应的卡口中，用手指将卡扣压下，固定好音箱连接线。

步骤4 **连接主机音频接口**。将双头主音频线的另一头插入声卡或主板自带的音频输出接口（通常为绿色）上即可。

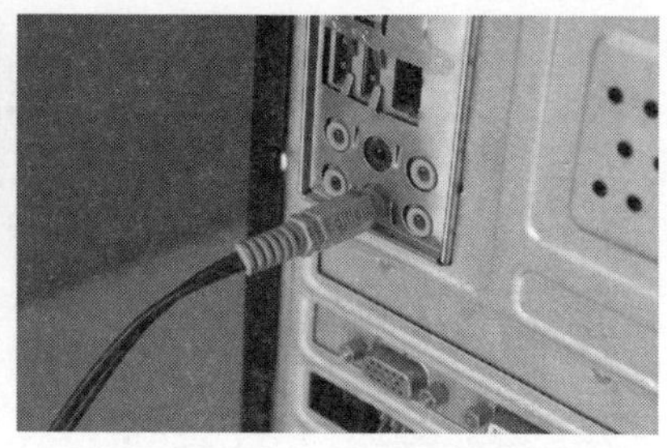

4.3.4 加电测试

外部设备连接完成并确认连接正确后，就可以加电测试，操作如下。

步骤 1 **连接主机电源线**。在机箱的包装箱中找到主机电源线，将其按正确的方向连接到主机背后的电源接口中。

步骤 2 **连接电源插板**。将显示器、主机和音箱的电源线连接到电源插板上，然后将电源插板与室内电源插座连接。

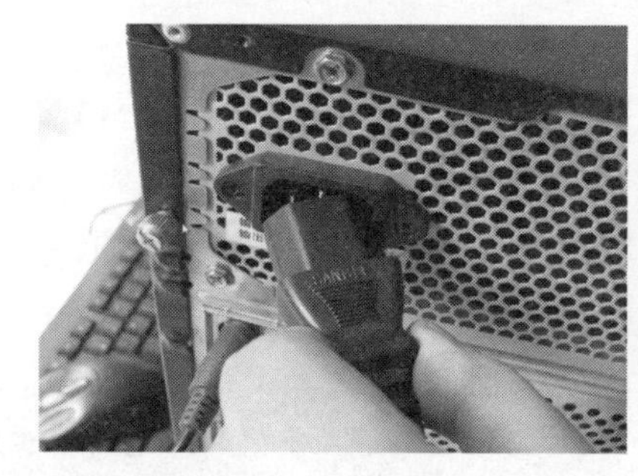

步骤 3 **启动主机**。打开电源插板开关，在电脑主机箱前面板上按下电源开关按钮。

步骤 4 **启动成功**。电脑启动后将听到“嘀”的一声，屏幕上会出现开机自检画面。如果顺利通过了自检，表示电脑组装成功。

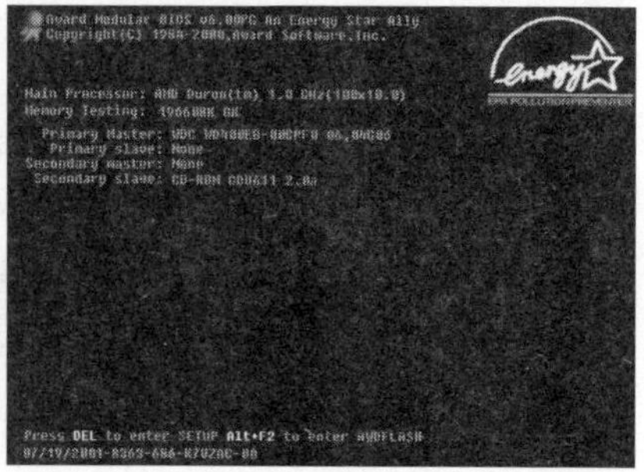

089

| 第5章 |

快速掌握 BIOS 设置

本章导读

电脑组装完成并可以正常启动后，还需要对硬盘进行分区并安装操作系统等。之前，我们有必要了解电脑的 BIOS（Basic Input/Output System，基本输入/输出系统）设置，为后期系统安装及故障处理打下基础。

本章要点

- ★ 认识 BIOS
- ★ 传统 Award BIOS 常用设置
- ★ 最新 UEFI BIOS 设置

5.1 认识 BIOS

BIOS 是电脑系统最基础的管理平台，在电脑系统中起着非常重要的作用，本节主要介绍 BIOS 的作用、分类和进入方式等。

5.1.1 BIOS 的基本概念

BIOS 是对电脑中各硬件设备进行最低级、最直接控制的一组专用程序，主要负责在电脑启动时对各种硬件设备进行初始化设置和检测，以保证系统正常工作。BIOS 程序通常被存放在主板的 CMOS 芯片中，主要保存有关电脑系统最重要的基本输入/输出程序、系统信息设置、开机上电自检程序和系统启动自检程序等。

CMOS 芯片

从功能上看，BIOS 的主要作用如下。

1. 加电自检及初始化

用于电脑刚接通电源时对硬件的检测，功能是检查硬件运行是否良好，通常完整的自检包括对 CPU、内存、ROM、主板、CMOS 存储器、串并口、显卡、硬盘及键盘等进行测试。一旦在自检中发现问题，系统将给出提示信息或发出蜂鸣声警告。

2. 引导程序

在对电脑进行加电自检和初始化完毕后，需要利用 BIOS 引导 DOS 或其他操作系统。BIOS 先从硬盘或光驱开始读取引导记录，若没有找到，则会显示没有引导设备；若找到，则会把电脑的控制权交给引导记录。由其引导电脑进入已安装的操作系统，或光盘中相应的程序界面。

3. 程序服务处理

程序服务处理主要是为应用程序和操作系统服务，为了完成这些服务，BIOS 必须直接与电脑的 I/O 设备打交道。即通过端口发出命令，向各种外部设备传送数据，以及从这些外部设备接收数据，使程序能够脱离具体的硬件操作。

4. 硬件中断处理

在开机时，BIOS 会通过自检程序检测电脑硬件；同时会通知 CPU 各硬件设备的中断号。例如，视频服务的中断号为 10H；屏幕打印的中断号为 05H；磁盘及串行口服务的中断号为 14H 等。当用户发出使用某种设备的指令后，CPU 根据中断号使用相应的硬件完成工作，再根据中断号返回原来的工作。

5.1.2 BIOS 的类型

目前，市面上流行的主板主要采用两种 BIOS 类型，一种是传统的 Award BIOS；另一种是最新的 UEFI BIOS，二者有不同的操作界面和功能。

★ Award BIOS：Award 公司开发的 BIOS 产品，在早期电脑中使用最为广泛。其功能较为齐全，支持许多新硬件，并且采用全英文界面。它只支持键盘操作，普通用户操作的难度较大。

★ UEFI BIOS：2012 年推出的新型 BIOS 模式，UEFI 全称为“统一的可扩展固件接口”，是一种详细描述类型接口的标准。因为硬件发展迅速，因此传统的 BIOS 已经落后。UEFI 模式是一种新的启动模式，它支持全新的 GPT 分区模式，开机速度更快，更安全。UEFI 程序采用 C 语言图形化界面，支持多种语言显示；同时支持键盘和鼠标操作。

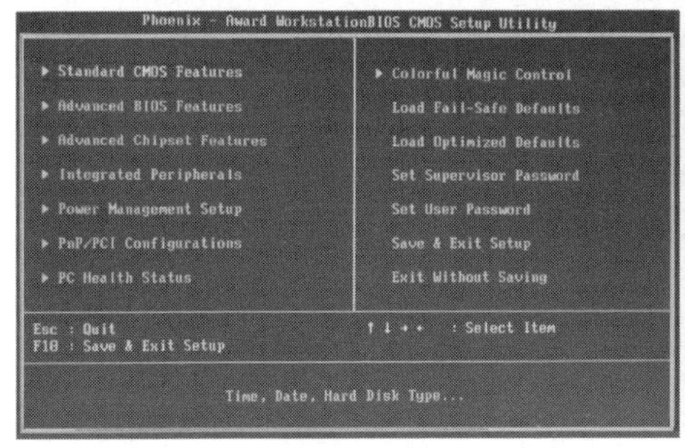

Award BIOS 主界面

华硕 UEFI BIOS 主界面

由于 UEFI BIOS 采用图形化界面设计，因此各个厂商设计的 UEFI BIOS 界面可能有所不同，华硕、微星、技嘉等一线厂商都有自己的个性化 UEFI BIOS 界面。

微星 UEFI BIOS

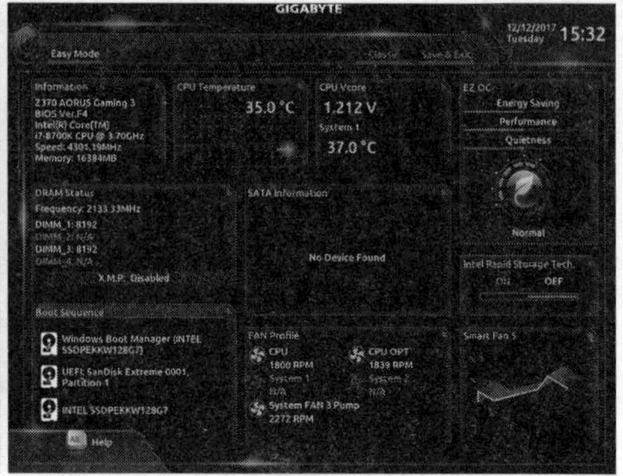

技嘉 UEFI BIOS

5.1.3 ▸ 进入 BIOS 的方法

启动电脑，在开机自检界面会看到“Press DEL to run setup”或“Please Press DEL to enter UEFI BIOS setting”的提示信息，根据提示按 Del 键或 Delete 键即可进入 BIOS 界面。

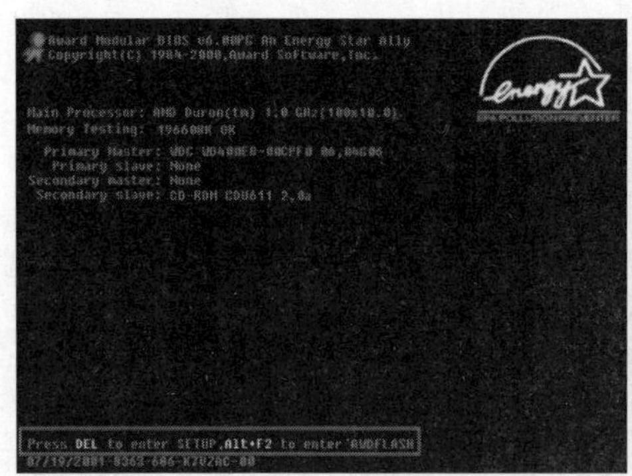

电脑启动自检过程很短，该界面可能一闪而过。如果用户错过了该界面，进入到操作系统启动阶段，则只能重启电脑后再次尝试。

5.2 传统 Award BIOS 常用设置

Award BIOS 是早期电脑中使用最广泛的 BIOS 类型，目前在一些较老的电脑中仍然存在。

5.2.1 主菜单中各选项含义

进入 Award BIOS 后，可以看到主界面中有两栏选项，使用键盘方向键可以在各个选项之间切换。选择需要进入的选项后按 Enter 键，即可进入该选项的子页面。下面我们从上而下、从左至右依次来介绍各选项的作用。

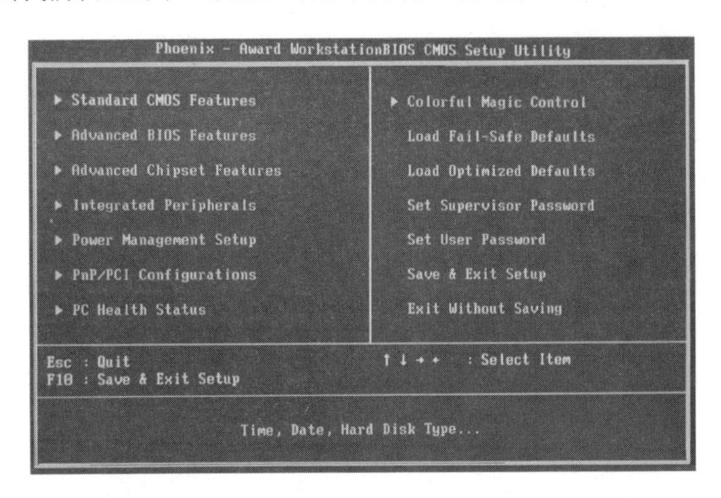

★ Standard CMOS Features：标准 CMOS 设置，对诸如时间、日期、IDE 设备和软驱参数等基本参数进行设置。

★ Advanced BIOS Features：高级 BIOS 设置，对系统的高级特性进行设置。包括病毒防护、系统启动（开机）顺序、CPU 高速缓存、快速检测等系统配置和安全相关的内容进行设置。

★ Advanced Chipset Features：芯片组设置，修改芯片组寄存器的值，优化系统的性能表现。

★ Integrated Peripherals：外围设备设置，设置主板周边设备和端口，包括 IDE 设备、USB 设备、串行/并行端口、网卡等。

★ Power Management Setup：电源管理设置，对系统电源和省电模式进行管理。

★ PnP/PCI Configurations：PnP/PCI 配置设置，对 PnP/PCI 参数进行设置，可以设置即插即用和 PCI 局部总线参数。

★ PC Health Status：电脑健康状态，监控电脑系统的健康状态。

★ Colorful Magic Control：七彩虹主板的专用设置，其他品牌的主板没有该菜单项。

★ Load Fail-Safe Defaults：载入 BIOS 最安全的默认设置，即恢复出厂设置。可以作为稳定的系统使用，但性能表现不佳。

★ Load Optimized Defaults：载入 BIOS 最优化的默认设置，这种设置能够很好地与系统兼容并进行了一定的优化，但可能影响系统稳定。

★ Set Supervisor Password：设置超级用户（管理员）密码。

★ Set User Password：设置用户密码。

★ Save & Exit Setup：保存对 BIOS 的修改，然后退出 BIOS 程序（快捷键为 F10）。

★ Exit Without Saving：不保存 BIOS 的修改，退出 BIOS 程序。

5.2.2 设置启动引导顺序

电脑在启动时会根据 BIOS 中设置的启动顺序来寻找可以启动电脑的设备，默认为硬盘优先。在安装操作系统或进行系统维护时，常常需要运行光盘或 U 盘引导程序来安装或修复系统，此时就需要在 BIOS 设置中将第 1 启动设备设置为光驱或 U 盘，具体操作如下。

步骤 1 **选择选项**。在 BIOS 主界面中移动光标到“Advanced BIOS Features”选项，按 Enter 键。

步骤 2 **选择设置项**。移动光标到“First Boot Device”（第 1 启动设备）选项，然后按 Enter 键。

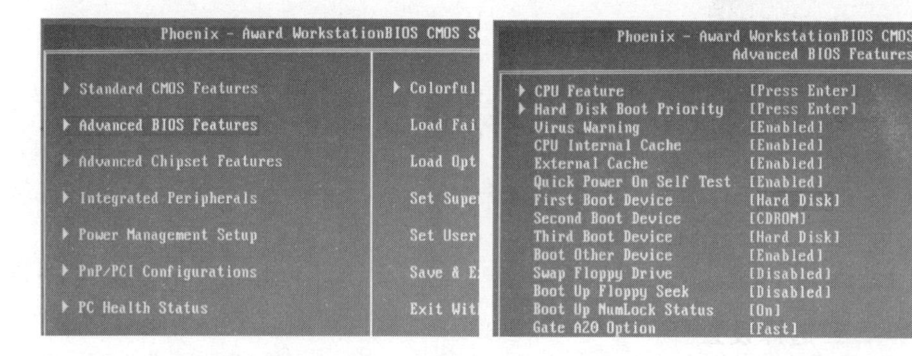

步骤 3 **设置第 1 启动设备**。在弹出的列表框中选择要设置为第 1 启动设备的选项。例如，选择光盘启动，则将光标移动到“CDROM”选项，然后按 Enter 键确认选择。按 Esc 键返回主界面或按 F10 键保存并退出 BIOS。

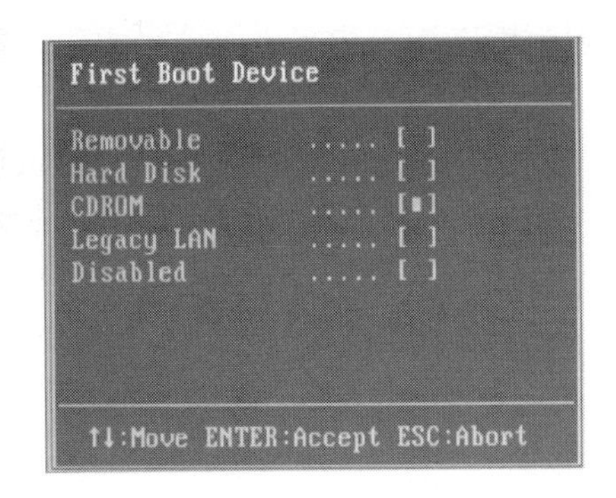

5.2.3 设置 CPU 的报警温度

目前大多数 BIOS 都具有监控电脑健康状态的功能，通过该功能可以查看 CPU 的温度、CPU 风扇转速及工作电压等信息。并可以设置 CPU 的报警温度，当 CPU 达到设定温度时将发出报警声，避免 CPU 因为过热而烧毁。

步骤 1 **选择选项**。在 BIOS 主界面中将光标移动到“PC Health Status”选项，按 Enter 键。

步骤 2 **查看电脑健康状态**。进入“PC Health Status”界面，可以看到“SYS Temperature”（当前主机内部温度）、“CPU Temperature”（CPU 温度）和“CPU Fan Speed”（CPU 风扇转速）等信息。

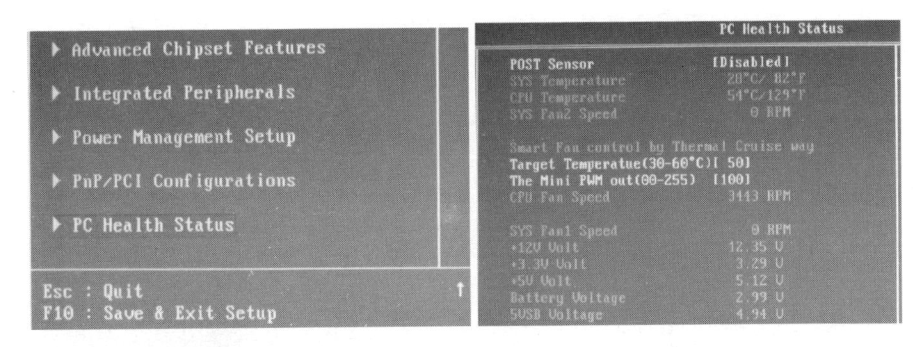

步骤 3 **选择设置项**。将光标移动到“Target Temperature”选项，然后按 Enter 键。

步骤 4 **设定最高警戒温度**。在打开的对话框中输入需要设置的值，如设置为“50”，然后按 Enter 键。按 Esc 键返回主界面或按 F10 键保存并退出 BIOS。

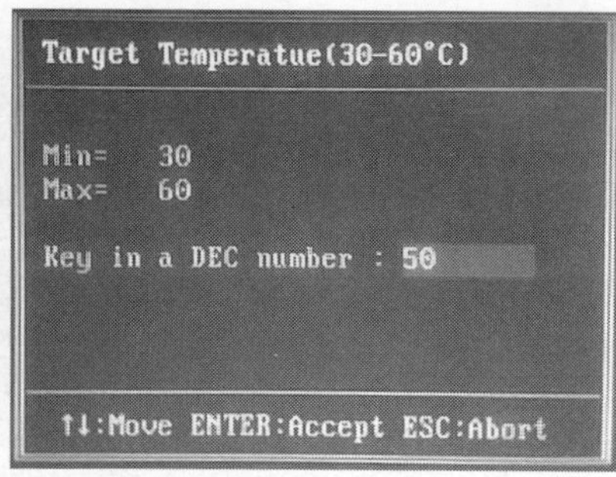

5.2.4 为 BIOS 设置密码

为防止他人擅自修改电脑的 BIOS 参数或使用电脑，可以在 BIOS 中为电脑设置超级用户密码（Supervisor Password）或用户密码（User Password）。

1. 设置超级用户密码

设置超级用户密码可以阻止他人进入操作系统或修改 BIOS 参数，操作如下。

步骤 1 **输入超级用户密码。**在 BIOS 主界面中将光标移动到“Set Supervisor Password”选项，按 Enter 键，在弹出的“Enter Password”对话框中输入要设置的密码（可以是数字、字母和下画线，字母需要区分大小写），完成后按 Enter 键。

步骤 2 **确认超级用户密码。**在弹出的“Confirm Password”对话框中再次输入刚才设置的密码，完成后按 Enter 键确认。

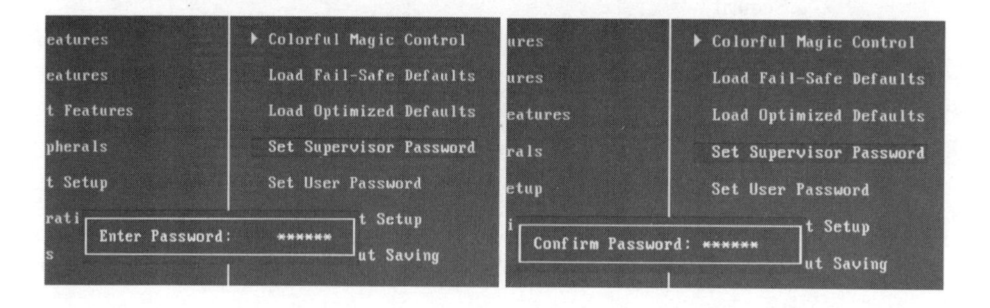

更改 BIOS 密码的方法与设置 BIOS 密码的方法相同，如果要清除 BIOS 密码，只需在更改密码时不输入任何字符，连续按两次 Enter 键确认即可。

2. 启用开机密码验证功能

很多用户已经设置了 BIOS 的超级用户密码，再次开机后却发现并没有提示输入密码，而直接进入了操作系统。原因是系统默认没有开启开机密码检测功能，如果需要在开机时对用户进行密码验证，可以执行以下操作。

步骤 1 **选择选项**。在 BIOS 主界面中移动光标到“Advanced BIOS Features”选项，按 Enter 键。

步骤 2 **选择设置项**。在打开的界面中选中“Security Option”选项，然后按 Enter 键。

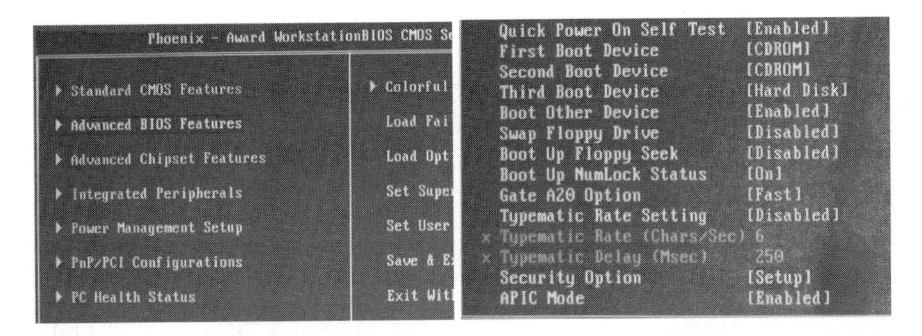

步骤 3 **选择密码功能**。在弹出的对话框中选中“System”选项，然后按 Enter 键。按 Esc 键返回主界面或按 F10 键保存并退出 BIOS。

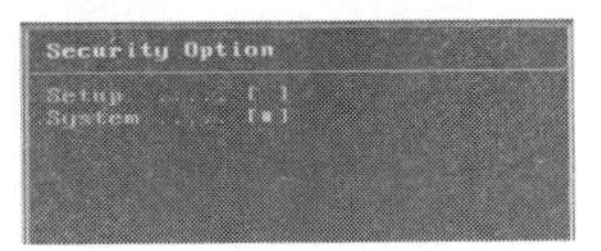

“Security Option”选项默认为“Setup”，此时只有在进入 BIOS 设置时才要求输入密码。如果设置为“System”，则在开机启动系统和进入 BIOS 设置时都需要输入密码。如果未设置 BIOS 密码，该项设置将不起作用。

3. 设置用户密码

设置普通用户密码可防止他人修改 BIOS 设置，但允许进入 BIOS 界面查看内容，具体操作如下。

步骤 1 **输入用户密码**。在 BIOS 主界面中将光标移动到“Set User Password”选项，按 Enter 键。在弹出的“Enter Password”对话框中输入要设置的密码（可以是数字、字母和下画线，字母需要区分大小写），输入完成后按 Enter 键。

步骤 2 **确认用户密码。**在弹出的“Confirm Password”对话框中再次输入刚才设置的密码，完成后按 Enter 键确认即可。

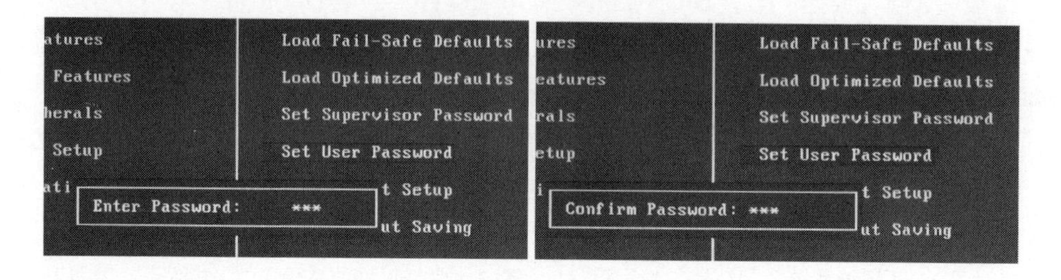

5.2.5 恢复 BIOS 的默认设置

如果 BIOS 设置混乱，可以将其恢复为默认设置，有如下两种恢复方法。

1. 载入安全的 BIOS 默认设置

BIOS 设置主界面中的“Load Fail-Safe Defaults”选项用于载入 BIOS 最安全的默认设置，即恢复出厂设置，操作步骤如下。

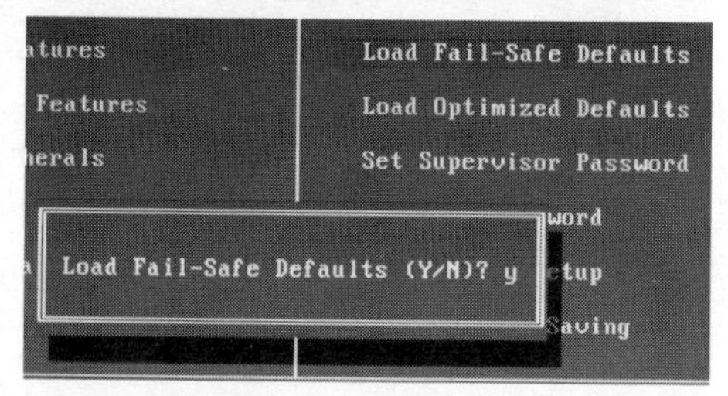

在 BIOS 设置主界面中，将光标移动到“Load Fail-Safe Defaults”选项，按 Enter 键。在弹出的确认对话框中输入“Y”或“y”，再按 Enter 键即可。

安全的 BIOS 设置关闭了电脑硬件的很多特殊性能，使系统工作在一种安全且稳定的模式下，减少了硬件设备引起故障的几率。相对于最优化的 BIOS 设置而言较为保守，一般不推荐使用。

2. 载入最优化的 BIOS 默认设置

通过 BIOS 设置主界面中的“Load Optimized Defaults”选项可以载入 BIOS 最优化的默认设置，这种设置能够很好地与系统兼容，并进行了一定的优化。载入 BIOS 最优化的默认设置的操作步骤如下。

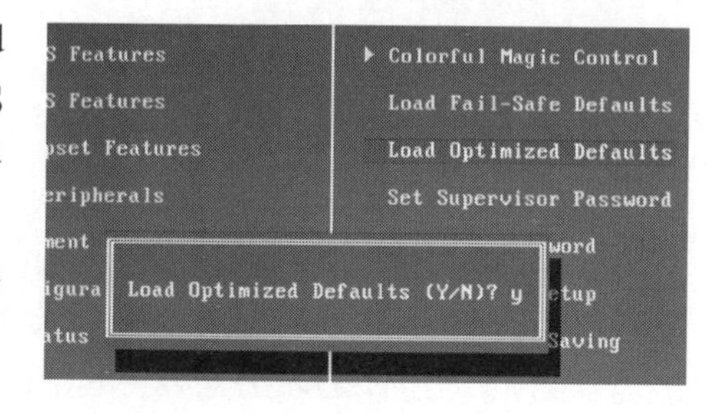

在 BIOS 设置主界面中，将光标移动到“Load Optimized Defaults”选项，按 Enter 键。在弹出的确认对话框中输入“Y”或“y”，再按 Enter 键即可。

在载入 BIOS 的默认设置时，一般优先采用“Load Optimized Defaults”恢复方式。若系统仍然无法正常运行，再采用“Load Fail-Safe Defaults”恢复方式。

5.2.6 保存 BIOS 设置并退出

BIOS 参数设置完成后，还需要保存设置并退出 BIOS 程序。返回 BIOS 设置主界面后，将光标移动到“Save & Exit Setup”（保存并退出）选项，按 Enter 键。也可以在任意 BIOS 界面中按 F10 键，在弹出的对话框中输入“Y”或“y”，然后按 Enter 键。

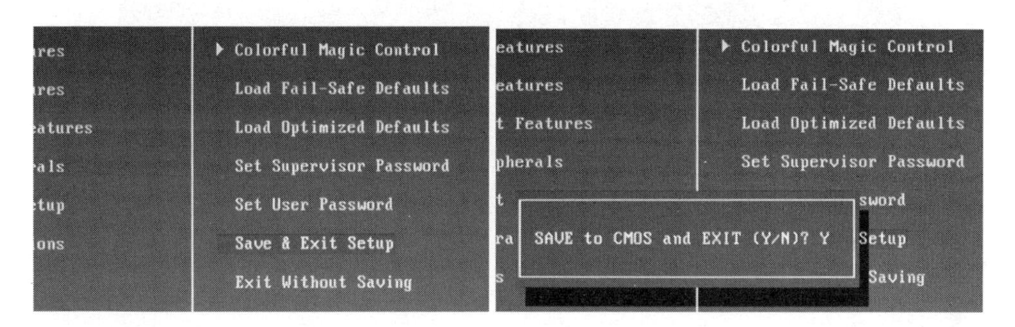

在退出 BIOS 设置时，如果不需要保存之前所做的修改，可以通过 BIOS 主界面中的“Exit Without Saving”选项来退出 BIOS，也可以直接按 Ctrl+Alt+Del 组合键重启电脑。

5.3 UEFI BIOS 设置

UEFI BIOS 是目前电脑主流的 BIOS 类型，采用全中文界面，支持鼠标操作，操作更加方便。

5.3.1 查看与设置基本信息

在 UEFI BIOS 主界面中，我们可以查看电脑的一些基本信息，包括系统时间、CPU 信息、内存信息、风扇信息及程序语言等。

在主界面左上角显示系统日期与时间，如果不正确，可以单击⚙按钮设置；系统时间右侧显示 BIOS 版本、CPU 型号及内存大小等信息；界面右上角显示当前的系统语言，单击其中的下拉按钮，可以选择需要的界面语言。

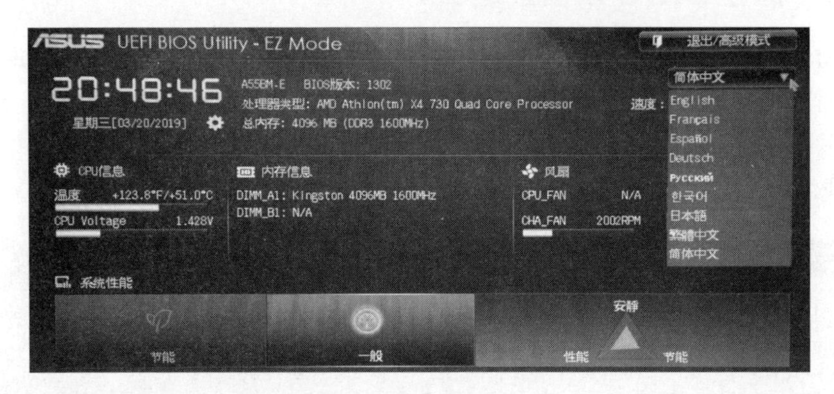

在基本信息栏下方分别为“CPU 信息”“内存信息”和“风扇”，其中参数的含义如下。

★ 温度：表示当前 CPU 温度。
★ CPU Voltage：表示当前 CPU 电压。
★ DIMM_A1：主板第 1 内存插槽信息。
★ DIMM_B1：主板第 2 内存插槽信息。
★ CPU_FAN：CPU 风扇信息。
★ CHA_FAN：机箱风扇信息。

5.3.2 设置电脑启动顺序

电脑的启动设备主要包括硬盘、光盘和 USB 设备等，电脑加电后将会按照 BIOS 中的设置依次在各个设备中寻找引导程序来启动电脑。在 UEFI BIOS 中设置启动顺序的方法很简单，只需在主界面下方的“启动顺序”栏中通过鼠标拖动启动设备图标来调整启动顺序即可。

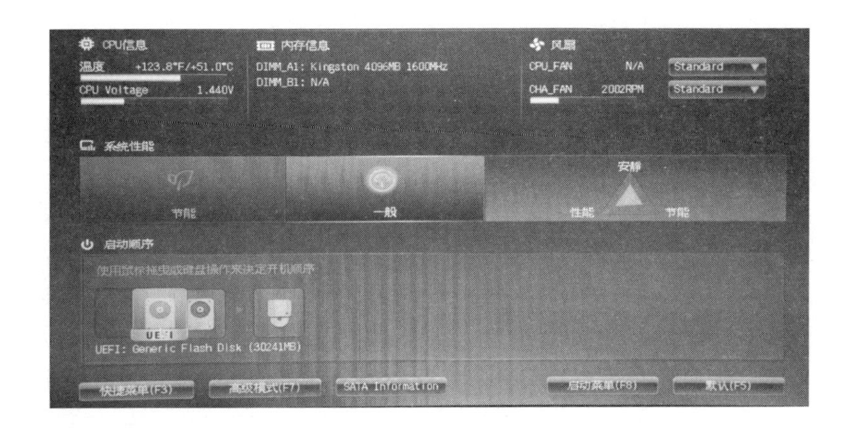

在 UEFI 主界面中只会显示已经连接到电脑的启动设备图标，未连接的设备将不会显示。

除此之外，用户还可以单击 UEFI 主界面右下方的“启动菜单”按钮，或按对应的快捷键（本例中为 F8，不同的主板有所不同），弹出启动设备选择菜单。选择需要的设备后按 Enter 键，电脑重启，并使用所选设备引导系统。

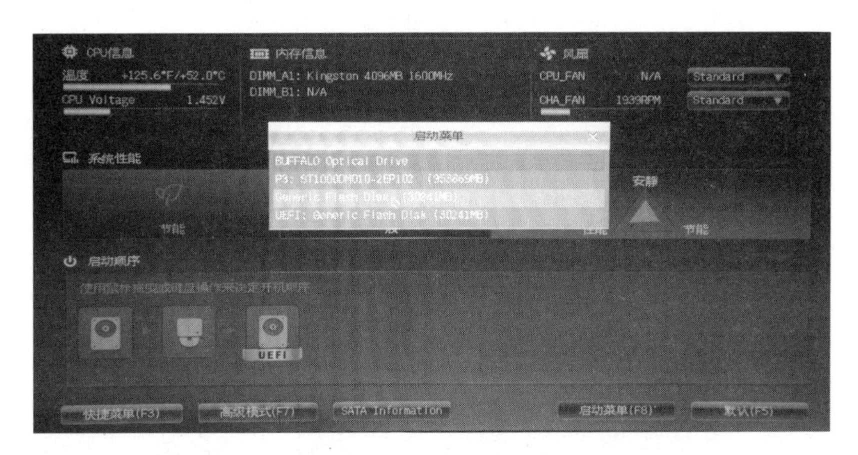

电脑加电后在自检界面中按启动快捷键，弹出启动菜单界面。可以从中选择需要的启动设备引导系统，从而无需进入 BIOS 进行设置。

5.3.3 查看 SATA 设备

单击 UEFI 主界面下方的“SATA Information”按钮，可以查看电脑中所有

SATA 接口的连接情况，通常包括 SATA 硬盘和 SATA 光驱。通过该选项，我们可以判断这些设备是否正常连接到电脑，从而对一些电脑故障进行快速判断。

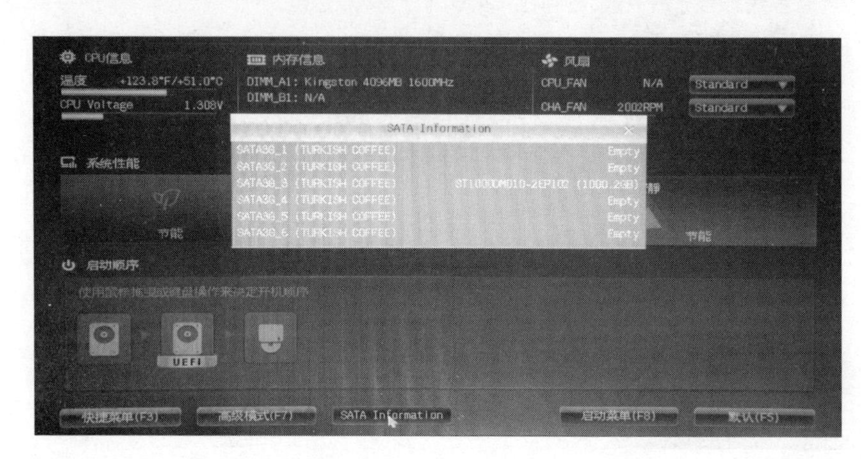

5.3.4 恢复最佳默认设置

如果在设置 BIOS 过程中出现错误又不知道如何恢复，可以单击主界面右下角的“默认”按钮，自动恢复 BIOS 到最佳默认设置状态。

5.3.5 设置 UEFI BIOS 密码

用户可以为 UEFI BIOS 设置密码，从而防止其他用户使用电脑或修改 BIOS 设置。设置 BIOS 密码需要在 UEFI 的高级模式下进行，方法如下。

在 UEFI 主界面中单击下方的“高级模式”按钮，在弹出的对话框中单击“确定”按钮，即可进入 UEFI BIOS 高级模式。

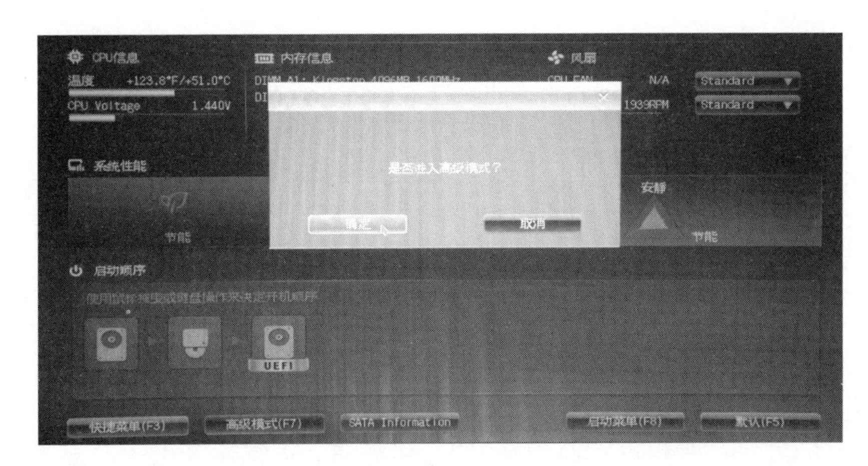

在高级模式界面中切换到“概要”选项卡，选择“安全性”选项。在打开的页面中选择“管理员密码”或“用户密码”选项，在弹出的对话框中连续两次输入密码。按 Enter 键，即可完成密码设置。

管理员密码和用户密码的区别在于设置管理员密码后，用户登录系统或进入 BIOS 设置均需要输入密码。如果只设置用户密码，则开启电脑后无需输入密码，只是在进入 BIOS 时才需要输入密码。

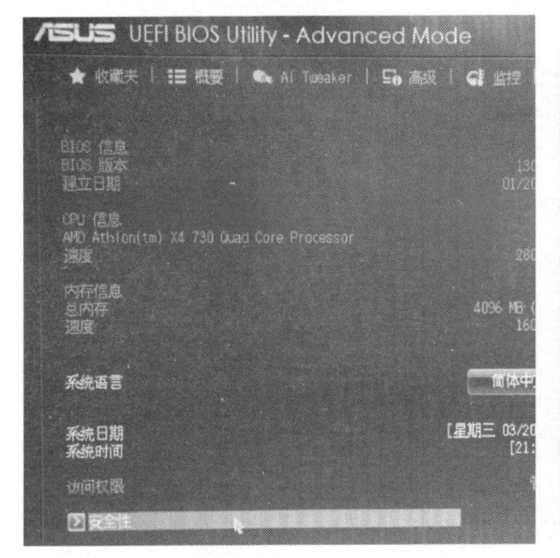

5.3.6 设置断电恢复后电源状态

在 UEFI 高级模式的“高级”选项卡中选择“高级电源管理”选项，然后在打开的页面中的“断电恢复后电源状态”下拉列表中进行设置。

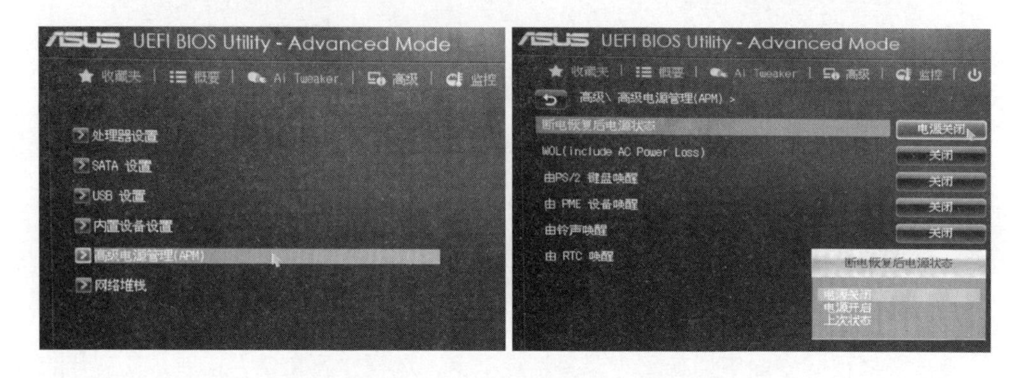

5.3.7 保存 BIOS 设置

在更改 UEFI BIOS 设置后，在 UEFI 主界面或高级模式界面中，单击右上角的退出按钮，或在任意界面中按 F10 键。然后在弹出的“退出”对话框中单击“保存变更并重新设置”按钮保存对 BIOS 的更改，并重新启动电脑。如果不需要保存对 BIOS 的更改，则单击“取消变更并退出”按钮。

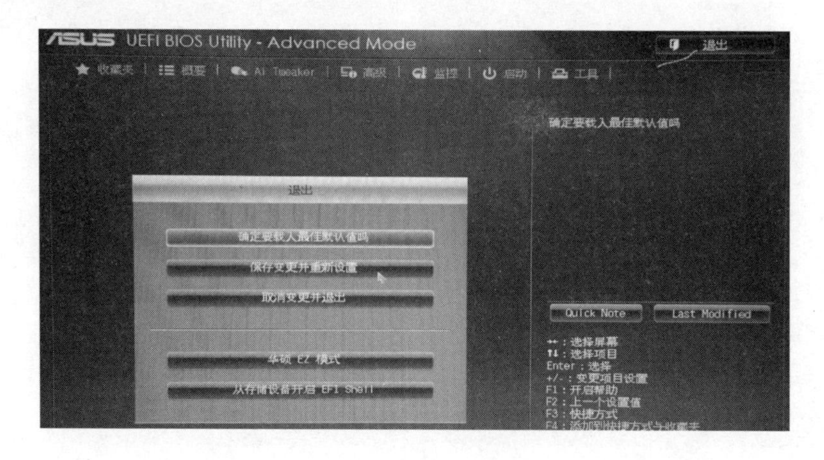

| 第6章 |

硬盘分区

本章导读

一块全新的硬盘需要分区和格式化后才能安装操作系统及存储数据，合理划分硬盘分区可以帮助用户更好地存放和管理数据。如今硬盘的容量越来越大，一些传统的分区方法和分区软件也已经不再适用，本章将详细介绍硬盘分区的相关知识。

本章要点

★ 认识硬盘分区
★ 使用 DiskGenius 进行硬盘分区
★ 在安装 Windows 过程中进行硬盘分区
★ 3 TB 及以上硬盘分区

6.1 认识硬盘分区

首先说明硬盘分区的相关基础知识。

6.1.1 硬盘分区的基本概念

硬盘分区是指将硬盘的物理存储空间划分成多个逻辑区域，各区域之间相互独立。硬盘的分区类型包括主分区、扩展分区、逻辑分区和活动分区等4种类型，各自的作用如下。

★ 主分区：主要用于安装操作系统。由于每个硬盘的MBR（主引导记录）中最多只能够包含4个分区记录，所以1块硬盘最多只能划分4个主分区（如果有1个扩展分区，则最多有3个主分区）。

★ 扩展分区：一种特殊的主分区，只能用于划分逻辑分区，而不能被直接使用。由于MBR最多只能划分4个主分区，而在实际使用中常常需要将硬盘划分为4个以上的分区，因此需要建立扩展分区来增加分区数量，每块硬盘最多只能划分1个扩展分区。

★ 逻辑分区：是从扩展分区中划分出来的分区，主要用于存储数据。各逻辑分区可以作为独立的物理存储器来使用，并且必须在已经建立了扩展分区的基础上才能被建立。

★ 活动分区：用于加载系统启动信息的分区，主分区需要激活为活动分区后，才能正常启动操作系统。如果硬盘中没有一个主分区被设置为活动分区，则该硬盘无法用于启动操作系统。

上述4种硬盘分区类型之间的关系可以用下图来表示。

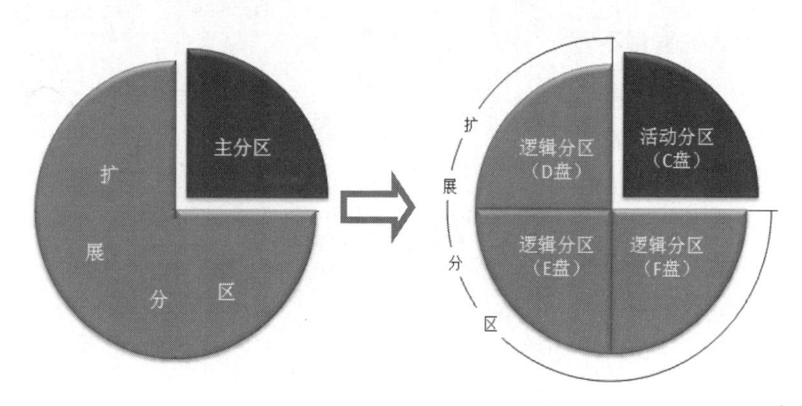

6.1.2 硬盘分区格式

完成硬盘分区后，每个分区还需要分别格式化后才可以使用。硬盘分区格式也称“文件系统”，不同操作系统采用的分区格式可能不同，常见的磁盘分区格式包括 FAT32、NTFS、Ext4 和 SWAP 等。

★ FAT32：微软公司早期推出的一种分区格式，支持的最大单个分区容量为 2 TB（2 048 GB）。最大只支持不超过 4 GB 的单个文件大小，主要应用于 Windows XP 操作系统及移动存储设备。

★ NTFS：微软公司为弥补 FATA32 分区格式的不足而推出的一种分区格式，该分区格式不易产生文件碎片。硬盘空间的利用率和文件读取速度很高，并且通过记录用户操作和权限控制，具有很高的数据安全性。NTFS 格式支持的单个分区最大容量为 2 TB，单个最大文件同样为 2 TB，目前广泛应用于 Windows 7/8/10 等操作系统中。

★ Ext4 和 SWAP：Linux 操作系统的专用分区格式，其中 Ext4 分区用于安装系统和保存文件；SWAP 分区用于与内存交换数据和作为缓存使用。

6.1.3 合理规划磁盘分区

随着技术的发展，1 TB 及以上的大容量硬盘已经普及，在硬盘分区的容量分配上已不会再像以前那样捉襟见肘。但也不可随意均分为几个分区了事，只有对硬盘进行合理分区及使用，才能充分发挥它的性能。

在创建硬盘分区之前，应该规划好分区的数量、每个分区的用途及其容量，以及分区格式和备用分区方案等。

1. 主分区的容量不宜太大

主分区用来作为安装操作系统的系统分区，应当是所有分区中占用空间份额较少的一个。因为系统分区读写频繁，所以磁盘碎片产生的概率大。如果空间过大，则会加重日常硬盘维护工作的负担。例如，安装 Windows 7/10 操作系统只需 20 ～ 30 GB 左右的空间。加上后期系统更新及使用过程中产生的文件，通常划分 50 ～ 60 GB 的空间即可；此外，系统分区不宜用来存储应用程序及其他个人文件，所以不必为其分配过大的空间。

2. 尽量使用 NTFS 分区格式

NTFS 文件系统是一个基于安全性及可靠性的文件系统，除兼容性之外，其他性能远远优于 FAT32。它不但可以支持 2 TB 大小的分区，而且支持对分区、文件夹和文件的压缩，可以更有效地管理磁盘空间。对局域网用户来说，在 NTFS 分区上可以为共享管理、文件夹及文件设置访问许可权限，安全性要比 FAT32 高得多。

3. 划分系统、程序和资料分区

除了系统分区外，还应划分至少一个程序分区和多个资料分区。

★ 系统分区：只安装系统文件、驱动程序和杀毒软件等。

★ 程序分区：用来安装用户日常使用的应用程序，如聊天软件、影音播放软件、图像处理软件和游戏软件等。如果需要安装超大型游戏，应考虑为该分区增加容量或单独划分一个游戏分区。

★ 资料分区：用来存储各种办公文档、图片文件和影音文件，如果文件种类和数量繁多，可根据文件类型和用途划分多个资料分区，具体划分视个人情况而定。

如此一来，硬盘分区用途分明，文件存储也井井有条，还能有效预防文件因系统故障而损坏或丢失。

4. 为下载及备份创建一个分区

不少下载工具在提供高效下载功能的同时，也会对硬盘造成不同程度的损伤。所以如果经常从网络中下载文件，最好专门设一个分区作为下载盘，与其他分区的文件隔离。如此一来，即使该分区出现磨损（如坏道），其他分区的文件也不会受到影响。

如果需要为重要的文件和系统数据备份，除了用移动硬盘或 U 盘外，还可在硬盘中专门分一个分区作为备份盘，用来存储重要文档备份、系统资料备份和系统镜像文件等。

5. 预留备用操作系统分区

若未来可能安装多个操作系统，可划分多个主分区。并且预留一个或两个备用的系统分区，每个备用分区的容量大约为 40 GB 左右即可；另一方面，备用系统分区还可用于安装备用操作系统以防万一。

6. 至少创建一个容量较大的分区

在上述的众多分区中，至少要保证有一个容量较大的分区，用来存储大型文件或安装大型的应用程序。例如，有些用户喜欢收藏高清电影或电视剧，那么一个超大容量的分区是必不可少的。

6.2 使用 DiskGenius 进行硬盘分区

DiskGenius 是一款常用的硬盘分区工具，包含创建、调整、备份、隐藏分区，以及恢复分区表等功能，并支持传统的 MBR 分区表格式及最新的 GPT 分区表格式。本节主要介绍如何使用 DiskGenius 对新硬盘进行分区。

6.2.1 快速分区

快速分区是 DiskGenius 提供的一种分区方式，用其可以一次性创建所有分区，通常用于新硬盘分区或对已有分区的硬盘进行完全重新分区。快速分区时可以设置各分区的大小和类型，并在分区后快速格式化，方法如下。

步骤 1 使用带有 DiskGenius 程序的启动光盘或 U 盘启动电脑，在系统主菜单界面中运行 DiskGenius 程序（也可以在 Windows PE 系统下运行该程序）。

步骤 2 启动成功后，在程序主界面左侧的磁盘列表中选择要分区的硬盘。此时在上方的条形图中显示硬盘空间状态，单击工具栏中的“快速分区”按钮。

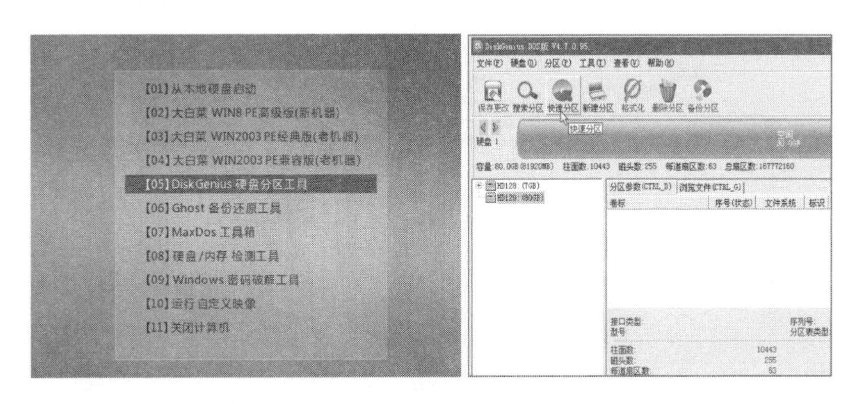

步骤 3 弹出“快速分区”对话框，在左侧的选项组中设置分区表类型和分区数量，在右侧的“高级设置”选项组中设置每个分区的分区格式和容量大小，设置完成后单击“确定”按钮。

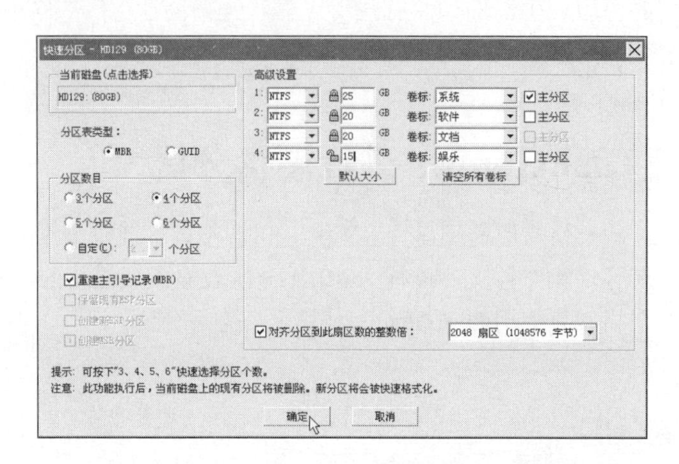

如果要建立多个主分区，可在分区列表中选择相应的“主分区”复选框，在 MBR 分区表模式下最多可以建立 3 个主分区和 1 个扩展分区；此外，MBR 分区表最大只能支持 2 TB 硬盘，大于 2 TB 的硬盘需要选择 GUID 分区表类型。

步骤 4 程序开始执行分区及格式化操作，完成后返回程序主界面。在右侧的分区列表中即可看到详细的分区信息，在上方的条形图中也可以看到硬盘的分区状态。

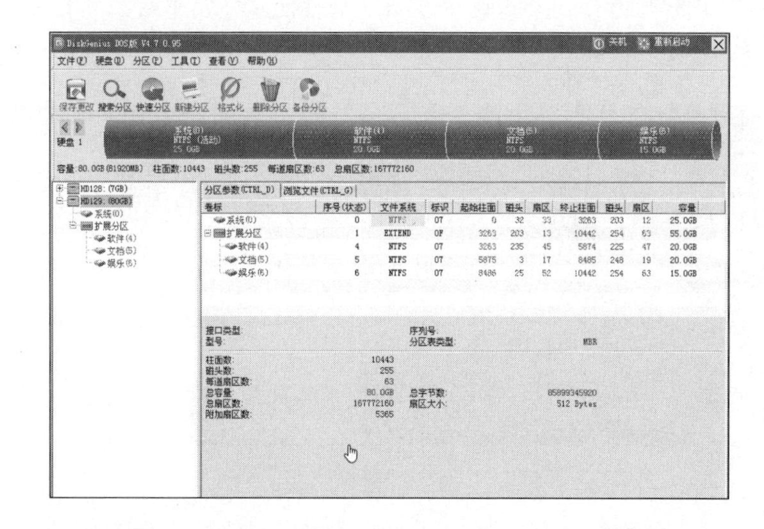

6.2.2 手动分区

手动分区是指依次创建各个分区，相比快速分区方式，该方式更加灵活。手动分区的方法如下。

步骤 1 进入 DiskGenius 程序主界面，在硬盘列表中选择要分区的硬盘，然后单击工具栏中的“新建分区”按钮。

步骤 2 弹出“建立新分区”对话框，选择分区类型。这里首先创建主分区，在下方的选项组中设置格式化类型和分区容量大小，设置完成后单击“确定”按钮。

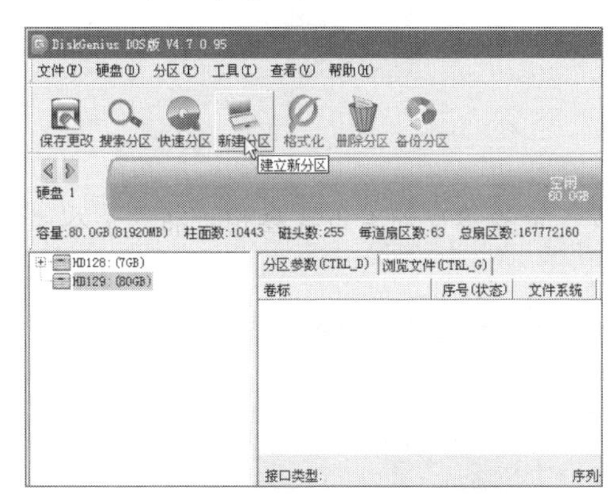

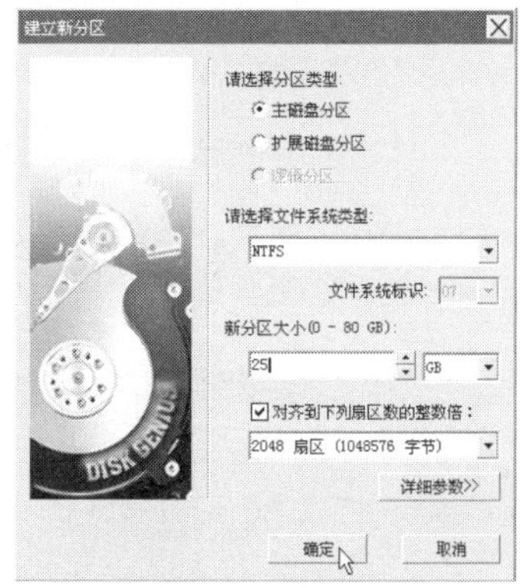

步骤 3 返回程序主界面，已经创建分区。在上方的条形图中选择未分配空间，然后单击“新建分区”按钮。

步骤 4 弹出“建立新分区”对话框，选择“扩展磁盘分区”单选按钮。然后单击“确定”按钮，将剩余空间全部创建为扩展分区。

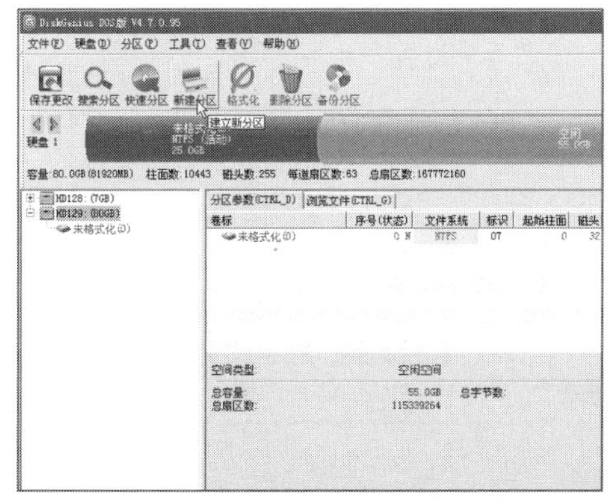

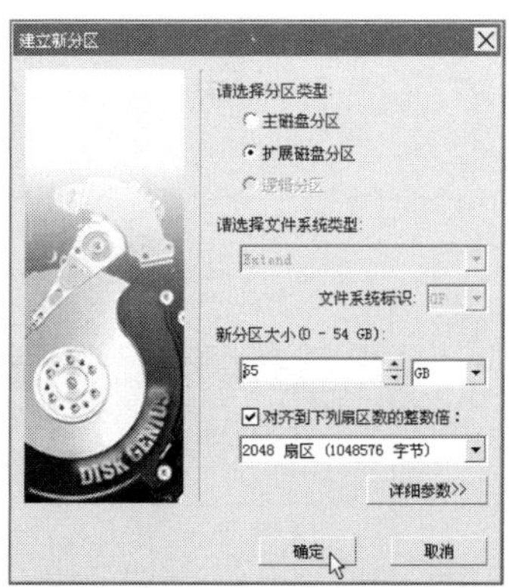

步骤 5　返回程序主界面，在条形图中选中扩展分区，单击“新建分区”按钮。

步骤 6　弹出“建立新分区”对话框，选择“逻辑分区”单选按钮。在下方的选项组中设置格式化类型和分区容量大小，单击“确定”按钮。

步骤 7　返回程序主界面，使用同样的方法创建其他逻辑分区。所有分区建立完成后选中主分区，单击工具栏中的“格式化”按钮。

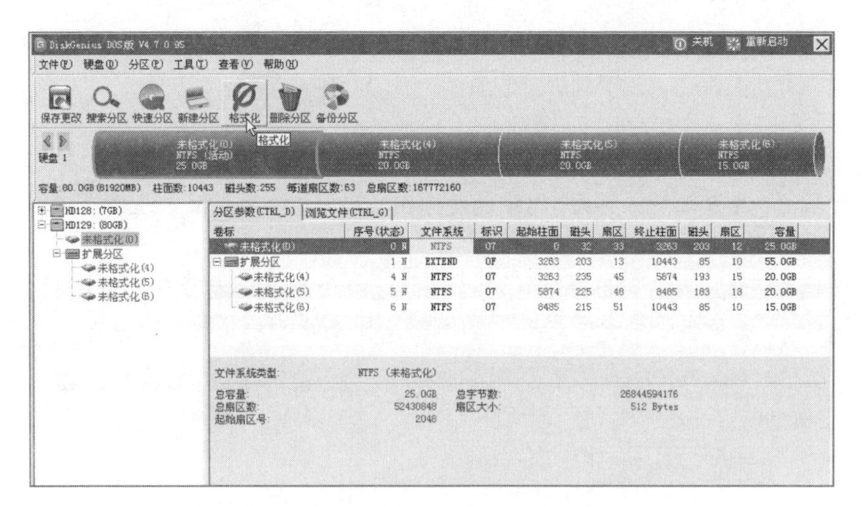

步骤 8　提示需要首先保存更改的分区表，单击“确定”按钮。

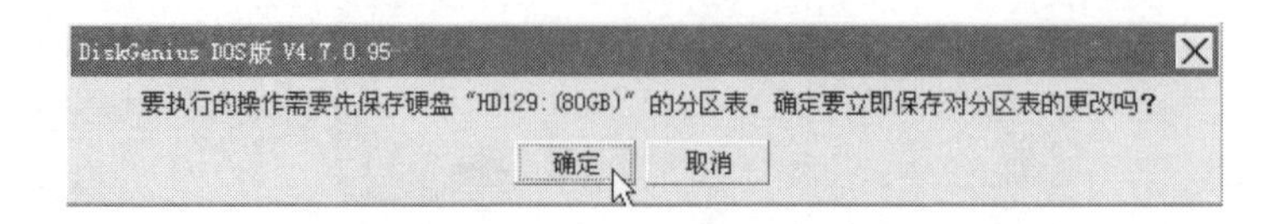

步骤 9 弹出“格式化分区 未格式化（D）”对话框，单击“格式化”按钮。

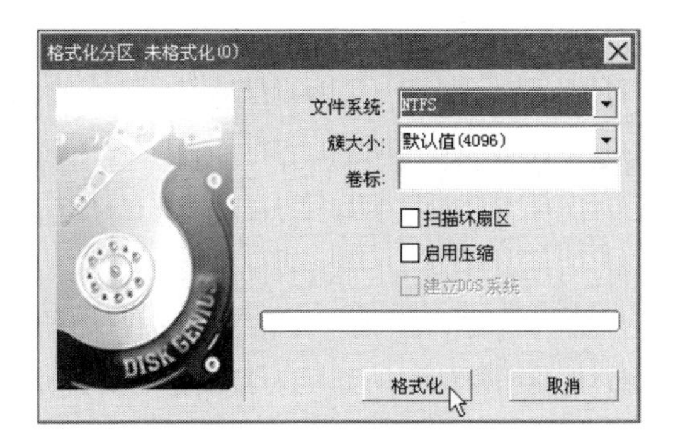

步骤 10 弹出提示对话框，单击“是”按钮。

步骤 11 使用同样的方法格式化其他分区。

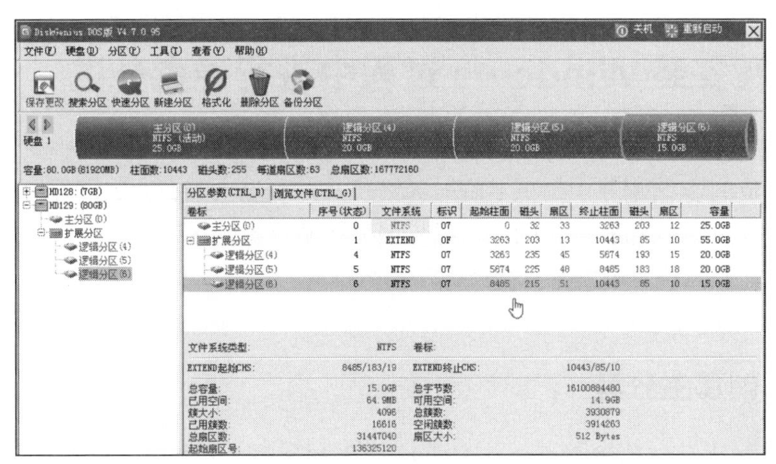

6.2.3 删除分区

如果在分区过程中发现某个分区划分错误，可以将其删除后重新创建。方法是在分区列表中用鼠标右键单击要删除的分区，在弹出的快捷菜单中选择“删除当前分区”命令。

如果需要一次性删除所有分区，则选择“硬盘”→“删除所有分区”命令。

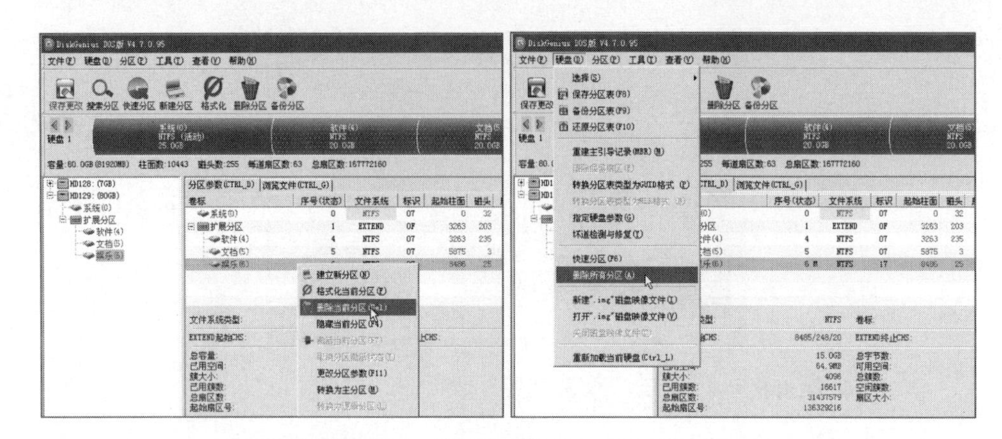

删除分区和格式化分区均会清空该分区中的所有数据，因此用户需谨慎操作；此外，将所有分区删除后重新创建，可以修复一些常见的硬盘和系统故障。

6.3 在安装 Windows 过程中进行硬盘分区

如果用户手上没有可用的分区工具，也可以直接在全新的硬盘中安装操作系统。Windows 安装程序中提供了临时分区工具，不过由于在安装过程中只能创建主分区用于安装操作系统，因此创建扩展分区和逻辑分区需要在操作系统安装完成后进行。

6.3.1 创建主分区

如果在未分区的硬盘中安装 Windows 操作系统，可以在安装过程中临时创建一个主分区用于安装操作系统。Windows 7 及以上操作系统的安装过程基本相同，下面以最新的 Windows 10 操作系统安装为例介绍。

步骤 1　使用系统安装光盘或 U 盘启动电脑，进入操作系统安装向导界面，在系统语言设置页面中单击“下一步”按钮。

步骤 2　在弹出的界面中单击“现在安装”按钮继续。

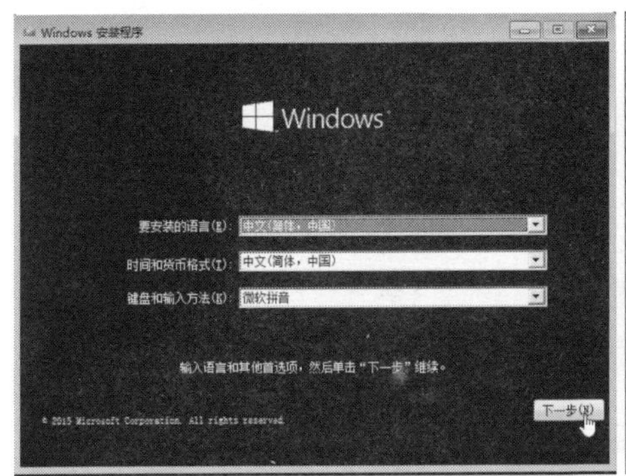

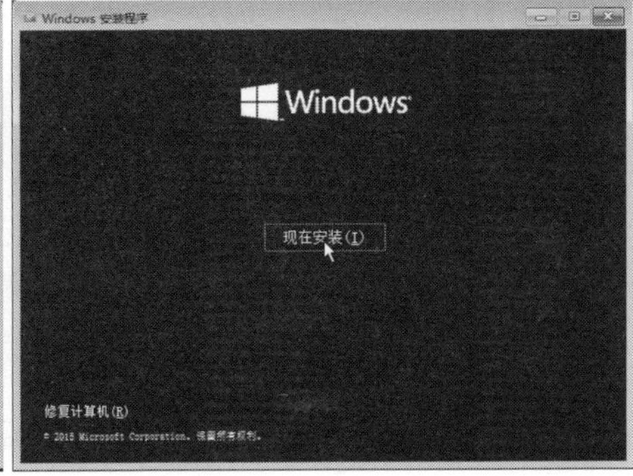

步骤 3　在打开的“输入产品密钥以激活 Windows”对话框中输入产品密钥，然后单击“下一步”按钮。

步骤 4　在打开的“许可条款”对话框中选择“我接受许可条款”复选框，然后单击“下一步”按钮。

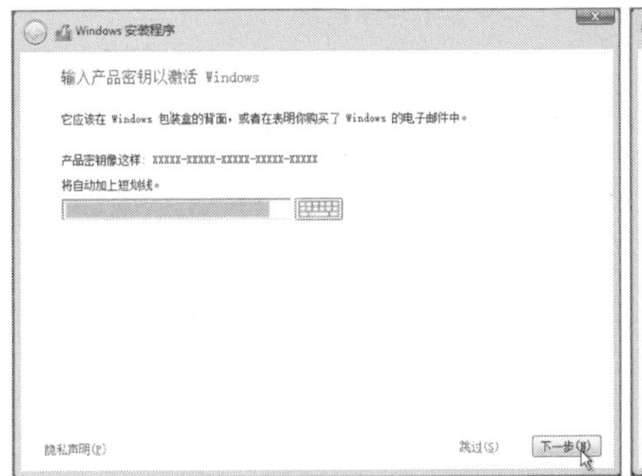

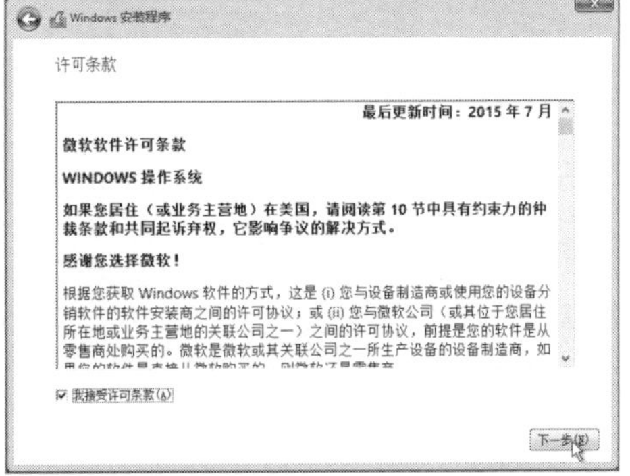

步骤 5　在打开的“你想执行哪种类型的安装？”对话框中单击“自定义：仅安装 Windows（高级）”按钮。

步骤 6　打开“你想将 Windows 安装在哪里？”对话框，单击“新建”按钮。

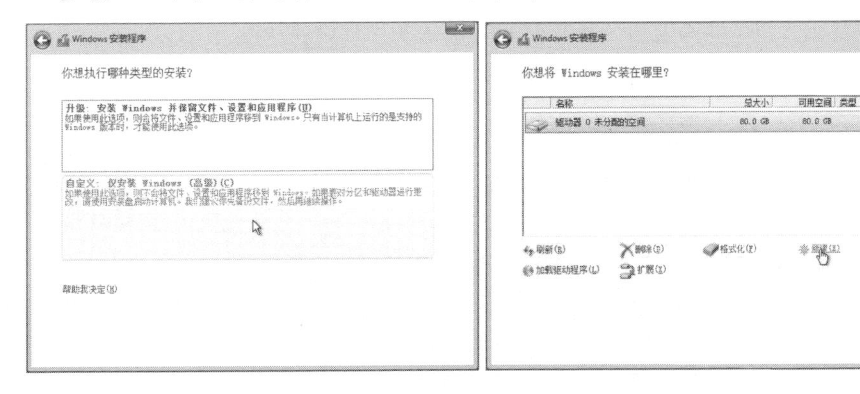

步骤 7 在下方的“大小”数值框中设置分区容量，单击“应用”按钮。

步骤 8 选中新建分区，然后单击“格式化”按钮。

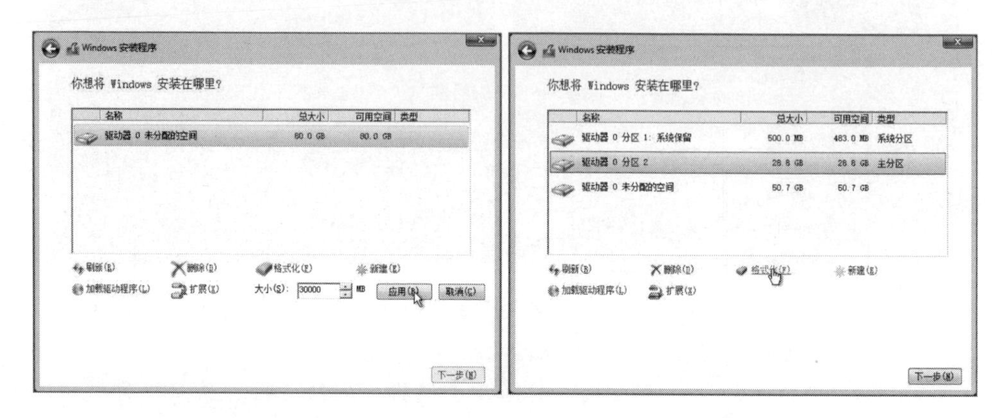

步骤 9 弹出确认对话框，单击“确定”按钮。

步骤 10 格式化完成后，单击“下一步”按钮继续安装操作系统。

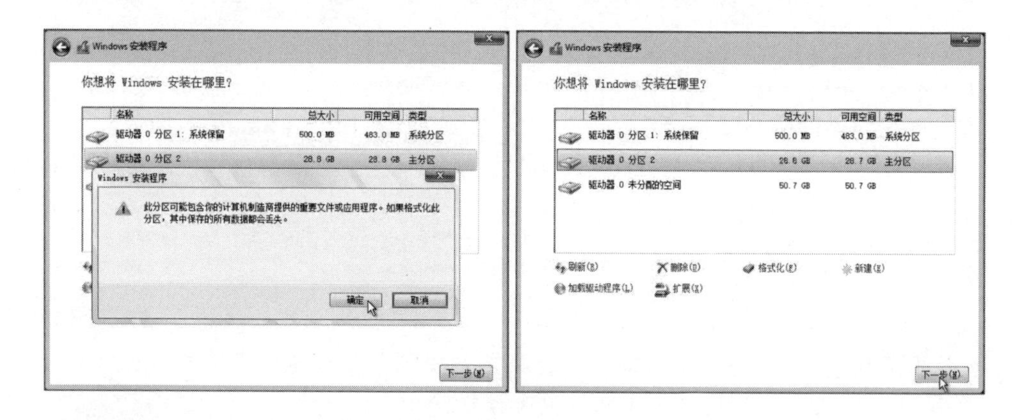

操作系统完整的安装过程将在第 7 章中详细介绍。

6.3.2 创建扩展分区和逻辑分区

安装操作系统后，硬盘中还只有一个分区，我们还需要创建扩展分区和逻辑分区。在 Windows 系统中，用鼠标右键单击“此电脑”图标，选择快捷菜单中的“管理”命令，打开“计算机管理”窗口。选择左侧的“磁盘管理”选项，可以看到硬盘的分区状态，其中未划分空间被标注为黑色状态及“未分配”字样。

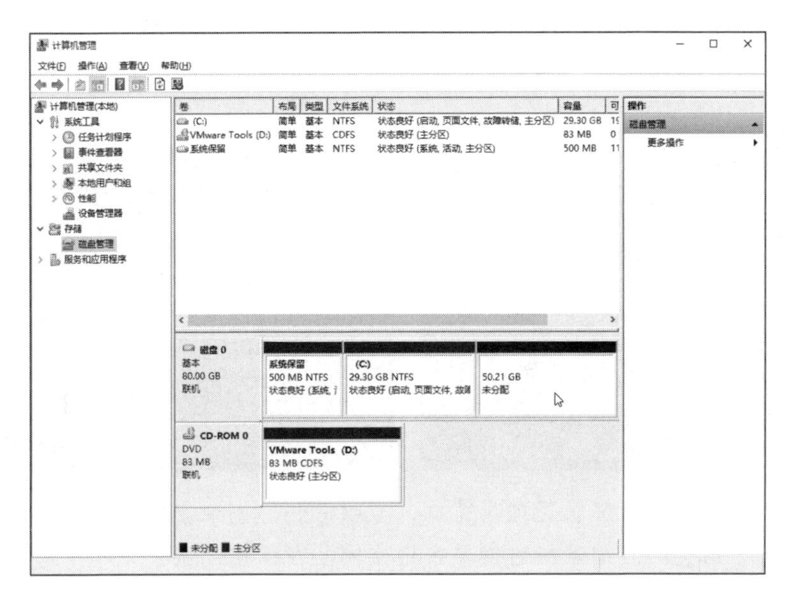

此时如果创建分区，仍然只能创建主分区。因此我们首先需要将剩余空间划分为扩展分区，方法如下。

步骤 1 按下 Win+R 组合键打开“运行”对话框，在“打开”列表框中输入“cmd”命令后单击“确定”按钮，打开命令提示符窗口。

步骤 2 输入“diskpart”命令，按 Enter 键，启动磁盘分区程序。

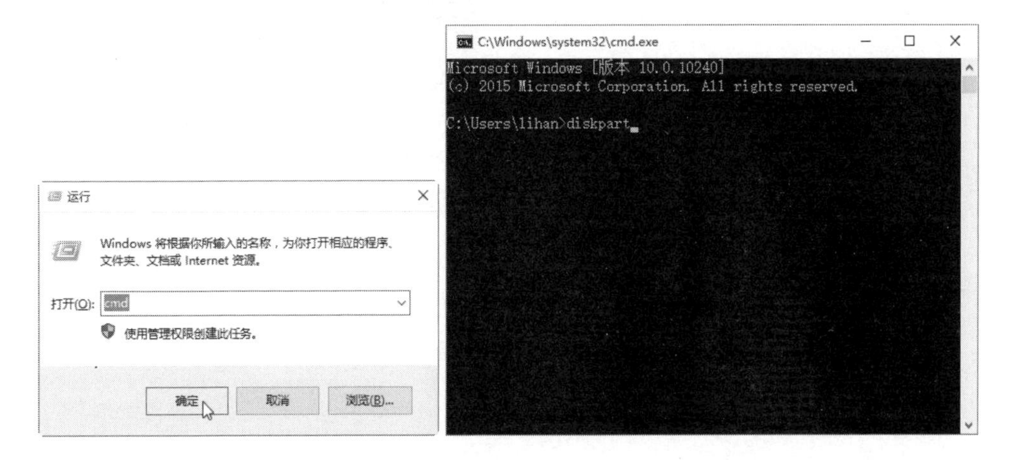

步骤 3　输入“select disk 0”命令，按 Enter 键。选择要操作的磁盘，0 代表第 1 块磁盘，1 代表第 2 块磁盘，依此类推。

步骤 4　输入“create partition extended”命令，按 Enter 键，将该磁盘剩余未分配空间全部划分为扩展分区。

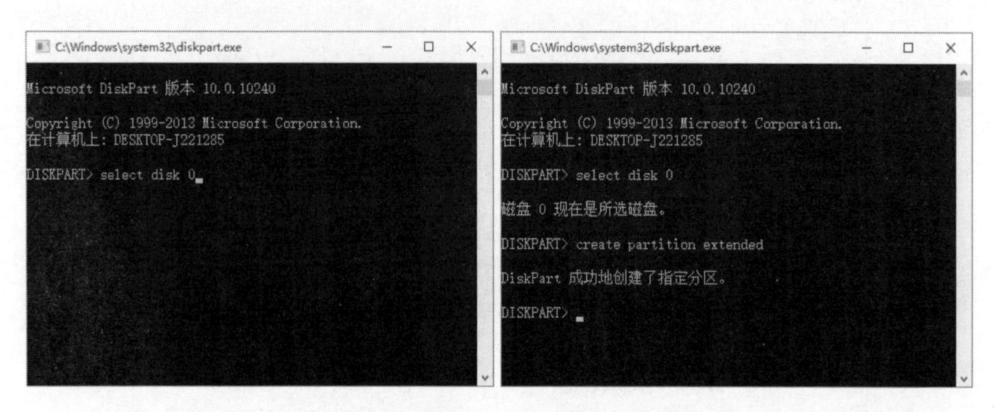

步骤 5　返回“计算机管理”窗口，可以看到，剩余空间已经变为绿色的可用空间。用鼠标右键单击该空间，在弹出的快捷菜单中选择“新建简单卷”命令。

步骤 6　弹出“新建简单卷向导”对话框，单击“下一步”按钮。

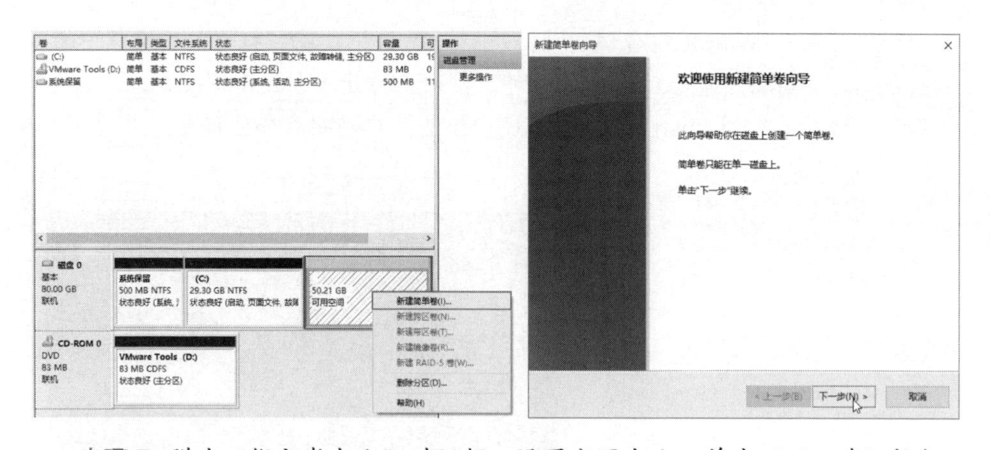

步骤 7　弹出“指定卷大小”对话框，设置分区大小，单击“下一步”按钮。

步骤 8　弹出“分配驱动器号和路径”对话框，为该分区设置盘符，单击“下一步”按钮。

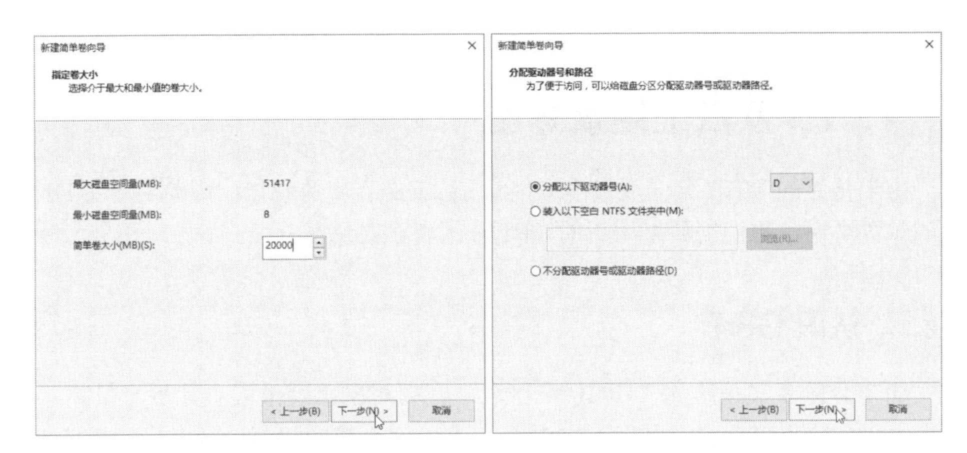

步骤 9 弹出“格式化分区”对话框，设置分区格式等，单击“下一步”按钮。

步骤 10 弹出“正在完成新建简单卷向导”对话框，单击“完成”按钮。

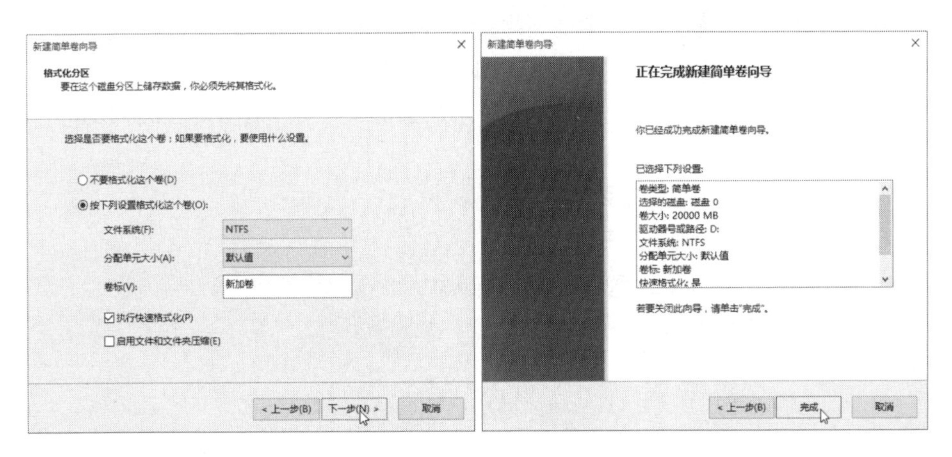

步骤 11 系统创建一个逻辑分区。

步骤 12 使用同样的方法创建其他逻辑分区。

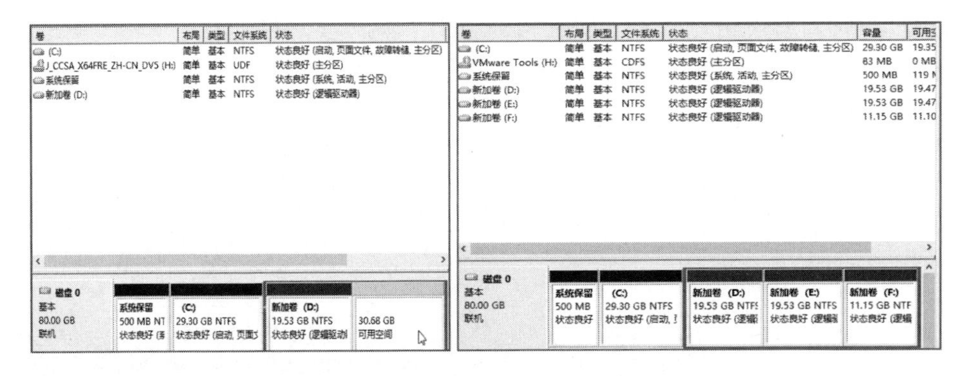

6.4 3 TB 及以上硬盘分区

由于传统的 MBR 分区表最多只能识别 2 TB 容量的硬盘，因此对于 2 TB 以上的硬盘来说，我们需要采用新的 GPT 分区表格式进行分区。

6.4.1 认识 GPT

GPT 分区表又被称为“GUID 分区表”，它对磁盘容量大小几乎无限制，理论上可以创建无限个主分区。不过由于 Windows 系统的限制，最多只能支持 128 个磁盘分区。采用 GPT 分区表分区的磁盘不能，也不需要创建扩展分区和逻辑分区。

GPT 分区的一大优势就是针对不同的数据建立不同的分区，并且为不同的分区创建不同的权限。如其名字一样，GPT 能够保证分区标识的唯一性，所以它不允许复制整个磁盘分区，从而保证了磁盘内数据的安全性。相比传统的 MBR 分区，GPT 有得天独厚的优势。

要使用 GPT 分区表，需要满足以下条件。

★ 主板必须支持 UEFI BIOS。

★ 不能使用 Windows XP 系统，因其无法识别 GPT 磁盘。

★ 系统盘只能安装 64 位操作系统，为数据从盘，支持 64 位和 32 位操作系统。

6.4.2 GPT 分区操作

启动 DiskGenius 程序，在“快速分区”对话框中选择“GUID”单选按钮，以及“创建新 ESP 分区”和“创建 MSR 分区”两个复选框，然后单击“确定”按钮。

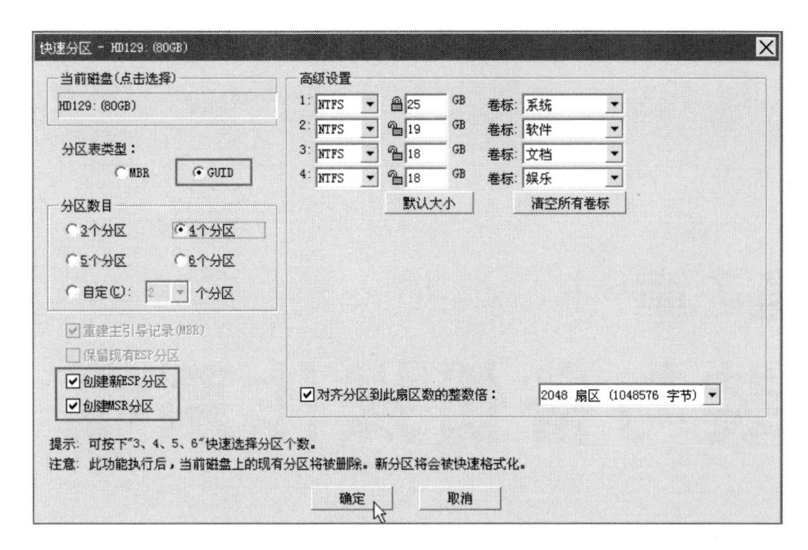

已经使用MBR方式分区的硬盘如果需要转换为GPT分区格式，则选择“硬盘”→“转换分区表类型为GUID格式”命令，转换分区表格式将丢失硬盘中的所有数据。在实际操作时，建议删除所有分区后重新使用GUID格式分区，这样更加安全可靠。

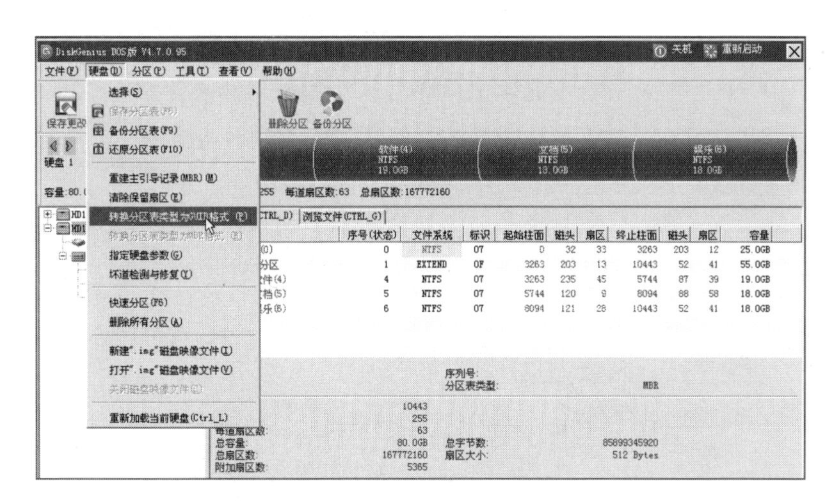

122

第7章 安装与备份操作系统

本章导读

新组装的电脑需要安装操作系统才可以使用，在完成硬盘分区之后，就可以安装操作系统了；此外，在使用电脑的过程中也常常会因为系统故障或感染电脑病毒等原因而需要重新安装操作系统。本章将详细介绍安装操作系统的多种方法，以及备份和还原操作系统的相关知识。

本章要点

- ★ 全新安装操作系统
- ★ 备份与还原操作系统
- ★ 制作启动U盘
- ★ 使用 Windows PE 系统

7.1 全新安装操作系统

全新安装操作系统是指在新硬盘中安装操作系统，或在清除原系统盘中所有数据后重新安装，常见的方式有光盘安装和 U 盘安装两种。

7.1.1 快速选择启动方式

在安装操作系统时，通常需要使用光盘或 U 盘来启动电脑。此时就需要选择启动设备，除了前面介绍的在 BIOS 中设置电脑的启动方式外，目前大多数主板都支持一键选择启动方式。即在电脑启动后按下某个特定按键快速选择（如 F8、F9、F11 和 F12 键等），从而不必进入 BIOS 设置，具体的启动快捷键请参考主板说明书或注意电脑启动界面中的相关提示。

以下是常见主板及品牌电脑的启动快捷键。

主板	启动快捷键	笔记本电脑	启动快捷键	台式机	启动快捷键
华硕	F8	联想	F12	联想	F12
技嘉	F12	宏碁	F12	惠普	F12
微星	F11	华硕	ESC	宏碁	F12
映泰	F9	惠普	F9	戴尔	ESC
昂达	F11	戴尔	F12	神州	F12
梅捷	ESC 或 F12	神州	F12	华硕	F8
七彩虹	ESC 或 F11	东芝	F12	方正	F12
双敏	ESC	三星	F12	清华同方	F12
富士康	ESC 或 F12	IBM	F12	海尔	F12
斯巴达克	ESC	方正	F12	明基	F8

U 盘的启动方式分为传统 BIOS 启动和 UEFI 启动两种方式，如果是在 MBR 分区表格式的硬盘中安装的操作系统，只能使用传统 BIOS 启动方式；如果是在

GPT 分区格式的硬盘中安装的操作系统，只能使用 UEFI 启动方式。在 UEFI BIOS 中，只能设置 U 盘的启动方式为 UEFI 启动。在快速启动菜单中可以选择传统或 UEFI 启动方式。如右图所示，“Generic Flash Disk”选项代表传统启动方式；“UEFI: Generic Flash Disk”选项则代表 UEFI 启动方式。

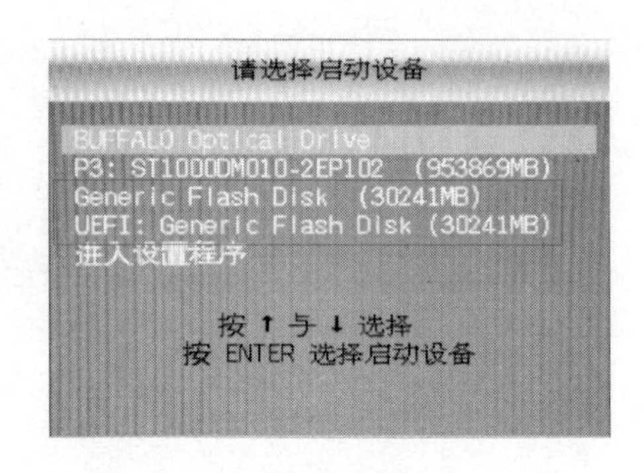

选项的名称会因主板或 U 盘设备的不同而不同，用户只需观察是否带有“UEFI”字样即可。

由于光驱不能支持 UEFI 启动，无论是在 UEFI BIOS 中，还是在快速启动菜单中都只能选择传统启动方式，因此使用光驱只能在 MBR 分区格式的硬盘中安装操作系统。

7.1.2 使用光盘安装 Windows 7 操作系统

Windows 7 操作系统是微软继 Windows XP 之后推出的新一代操作系统，与 Windows XP 相比，系统运行更加稳定；同时支持更多硬件和应用程序，目前仍然是主流的操作系统之一，下面介绍如何使用光盘安装 Windows 7。

步骤 1 将 Windows 7 操作系统的安装光盘放入光驱中，重启电脑，将电脑启动方式设置为光盘启动。

步骤 2 光盘运行后弹出“安装 Windows”窗口，设置安装语言等选项，单击“下一步”按钮。

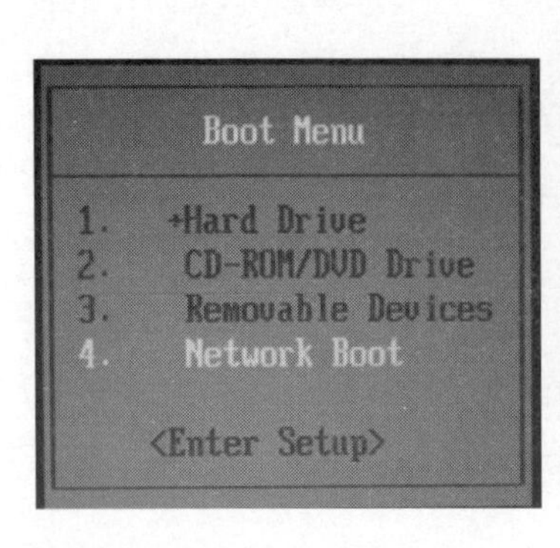

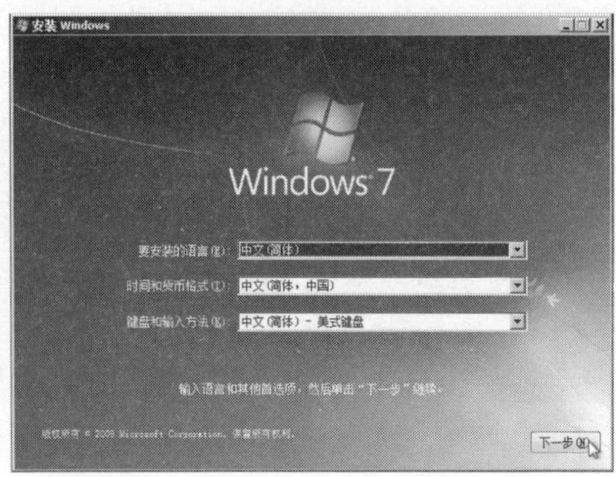

步骤3 在弹出的窗口中单击“现在安装”按钮。

步骤4 弹出“请阅读许可条款”对话框，选择“我接受许可条款”复选框，然后单击“下一步”按钮。

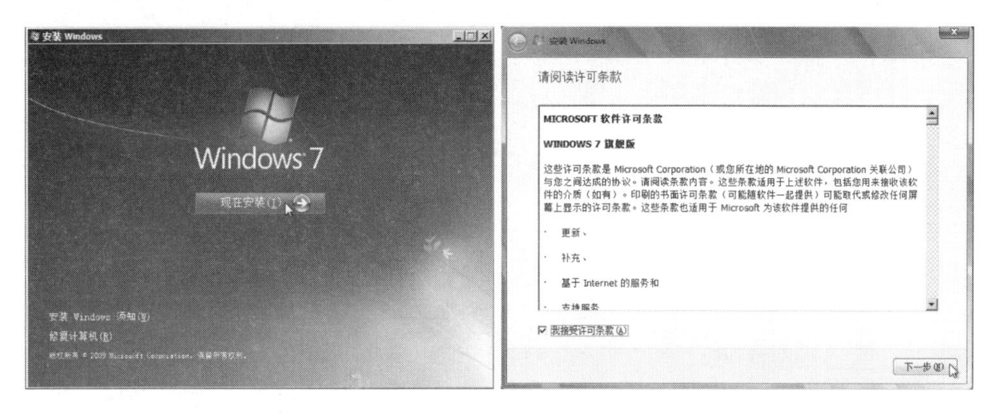

步骤5 弹出“您想进行何种类型的安装？”对话框，选择安装方式。有升级安装和自定义安装两种，本例单击“自定义（高级）”按钮。

步骤6 弹出“您想将 Windows 安装在何处？”对话框，选中要用来安装操作系统的分区，然后单击“格式化”按钮。

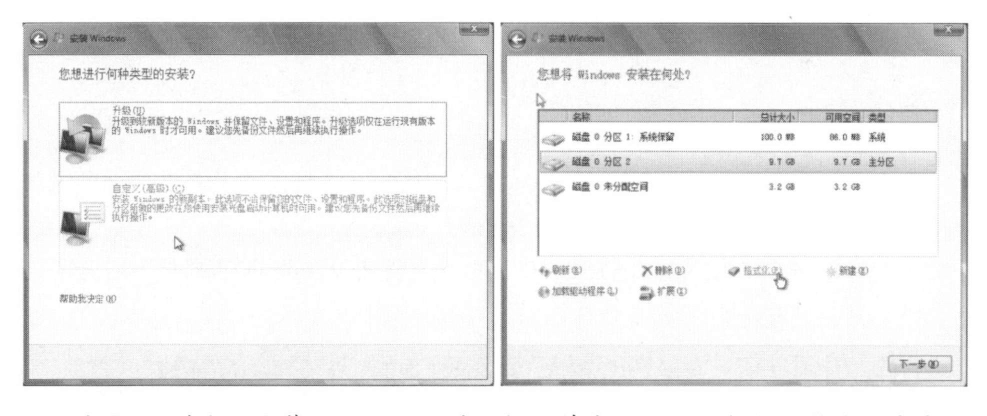

步骤7 弹出“安装 Windows”对话框，单击“确定”按钮，格式化完成后单击“下一步”按钮。

步骤8 弹出“正在安装 Windows…”对话框，安装程序开始复制文件、展开文件和更新等，该过程由安装程序自动完成。

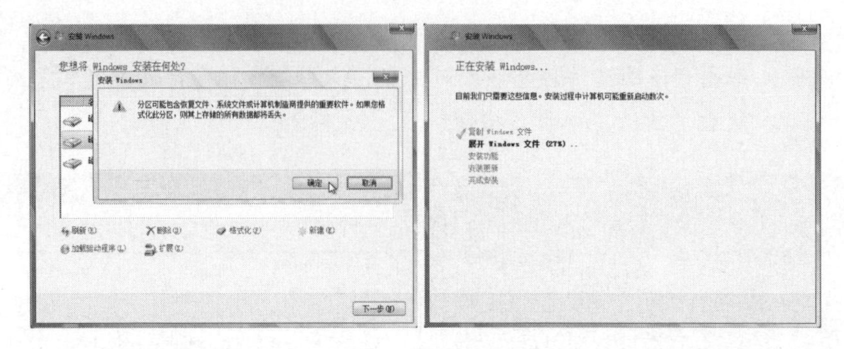

步骤 9　安装完成后自动重启电脑，在随后弹出的界面中设置用户名和计算机名，然后单击“下一步”按钮。

步骤 10　弹出“为账户设置密码”对话框，设置账户密码和密码提示信息，然后单击“下一步”按钮。

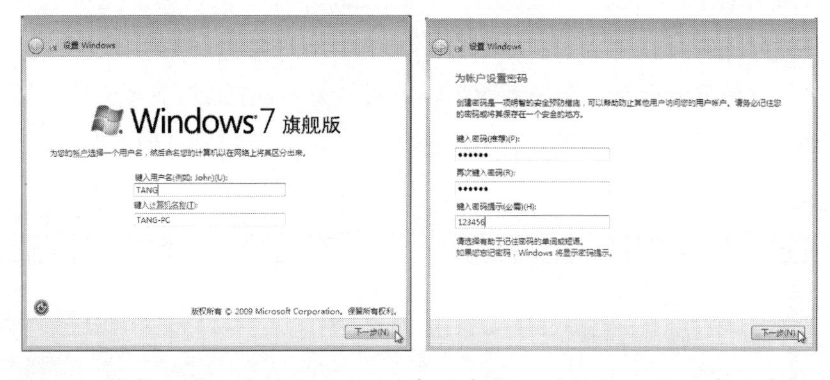

步骤 11　弹出“键入你的 Windows 产品密钥”对话框，输入产品密钥。选择“当我联机时自动激活 Windows”复选框，然后单击“下一步”按钮。

步骤 12　弹出“帮助您自动保护计算机以及提高 Windows 的性能”对话框，然后单击“使用推荐设置”按钮。

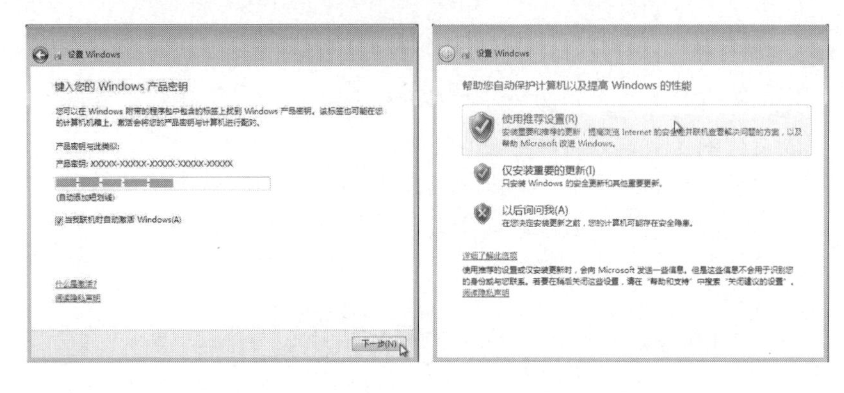

步骤 13 弹出“查看时间和日期设置”对话框，设置系统日期和时间，然后单击“下一步”按钮。

步骤 14 弹出“请选择计算机当前的位置”对话框，设置网络类型，本例选择“工作网络”选项。

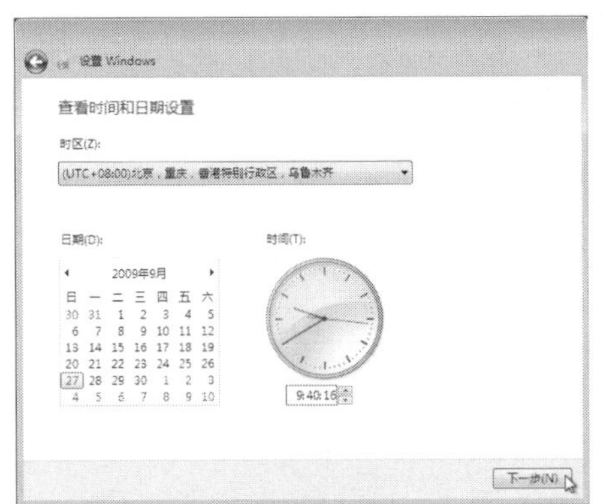

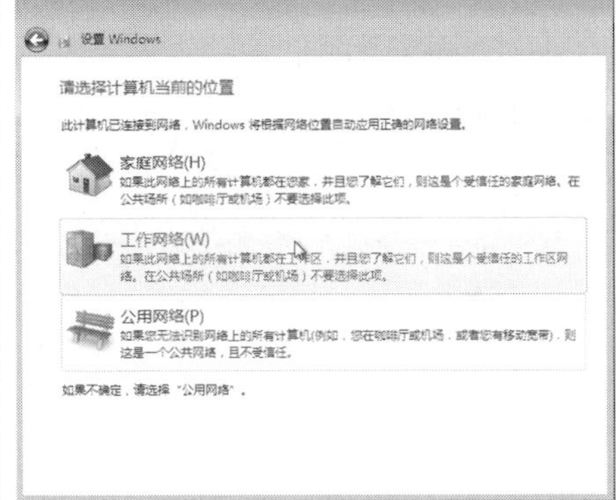

步骤 15 安装程序进入最后设置并开始准备系统桌面，完成后弹出 Windows 7 操作系统界面。

7.1.3 使用光盘安装 Windows 10 操作系统

Windows 10 是微软发布的最后一个 Windows 版本，下一代 Windows 将作为 Update 形式出现。Windows 10 操作系统拥有更为完善的功能，但是对电脑的硬件配置要求并不很高，非常适合个人电脑使用。使用光盘全新安装 Windows 10 的方法如下。

步骤 1　启动电脑，将 Windows 10 操作系统的安装光盘放入光驱，将第 1 启动设备设置为光驱。电脑自动重启，光驱运行后会读取系统光盘并加载安装程序所需的执行文件。

步骤 2　弹出“Windows 安装程序”窗口，设置安装语言等信息后单击“下一步”按钮。

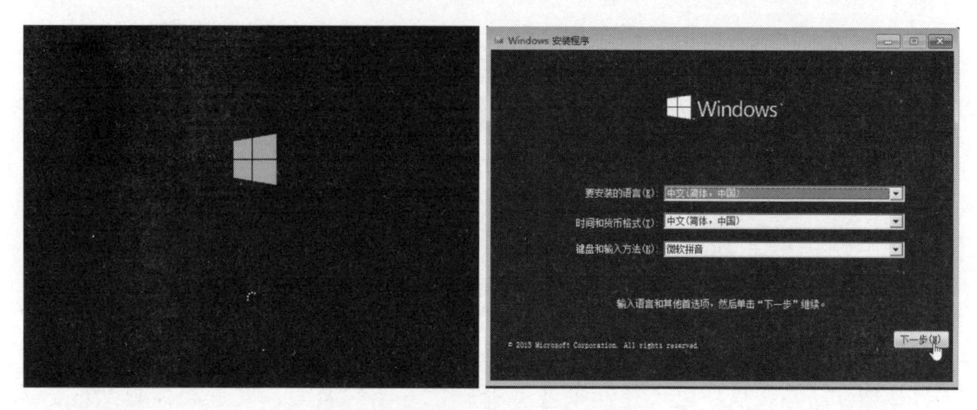

步骤 3　在弹出的窗口中单击“现在安装”按钮。

步骤 4　弹出“输入产品密钥以激活 Windows”对话框，输入产品密钥，然后单击“下一步”按钮。

步骤 5　弹出“许可条款”对话框，选择“我接受许可条款”复选框，然后单击“下一步”按钮。

步骤 6　弹出“您想执行哪种类型的安装？”对话框，选择安装方式，有升级安装和自定义安装两种，本例单击“自定义：仅安装 Windows”按钮。

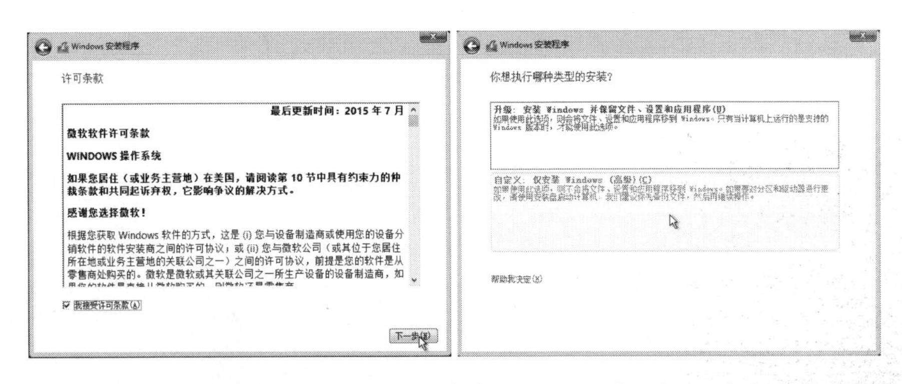

步骤 7 弹出“您想将 Windows 安装在哪里？”对话框，选中要用来安装操作系统的分区，然后单击“格式化”按钮。

步骤 8 在弹出的提示对话框中单击“确定”按钮，格式化完成后单击“下一步”按钮。

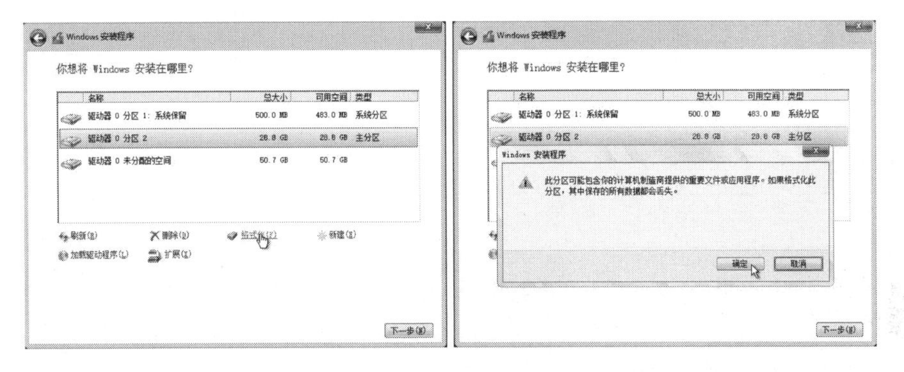

步骤 9 弹出“正在安装 Windows”对话框，安装程序开始复制文件、展开文件和更新等。

步骤 10 安装完成后弹出“现在该输入产品密钥了”界面，在“输入产品密钥”文本框中再次输入产品密钥，然后单击“下一步”按钮。

步骤 11 弹出“快速上手”界面，单击“使用快速设置”按钮。

步骤 12 弹出“谁是这台电脑的所有者？”界面，选择使用环境，本例单击“我拥有它”，然后单击“下一步”按钮。

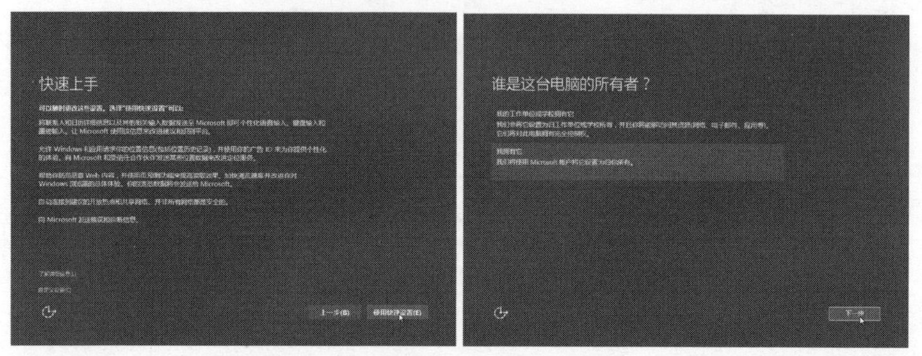

步骤 13 弹出“个性化设置”界面，填写登录信息，然后单击“登录”按钮。如果不需要登录，可单击“跳过此步骤”链接。

步骤 14 弹出“为这台电脑创建一个账户”界面，设置登录名、登录密码、密码提示等信息（可不设置密码），然后单击“下一步”按钮。

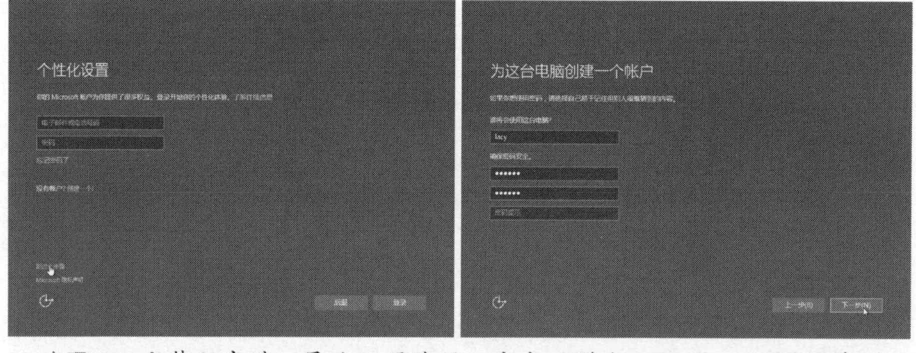

步骤 15 安装程序进入最终配置阶段，完成后弹出 Windows 10 系统桌面。

7.1.4 刻录操作系统安装光盘

安装操作系统首先需要准备系统安装盘，除了在软件市场购买外，拥有刻录光驱的用户还可以自行刻录系统安装盘。刻录光盘不但需要准备刻录光驱和可刻录光盘，还需要使用专门的刻录软件。下面以使用 Nero 软件刻录 Windows 10 操作系统安装光盘为例，介绍刻录方法。

步骤 1 在网上搜索并下载 Windows 10 操作系统的光盘镜像文件（文件后缀名为“.iso”），将其保存到硬盘中。

步骤 2 下载并安装 Nero 软件，在“开始”菜单中运行该软件的组件之一 Nero Express 程序，并将刻录光盘放入刻录光驱中。

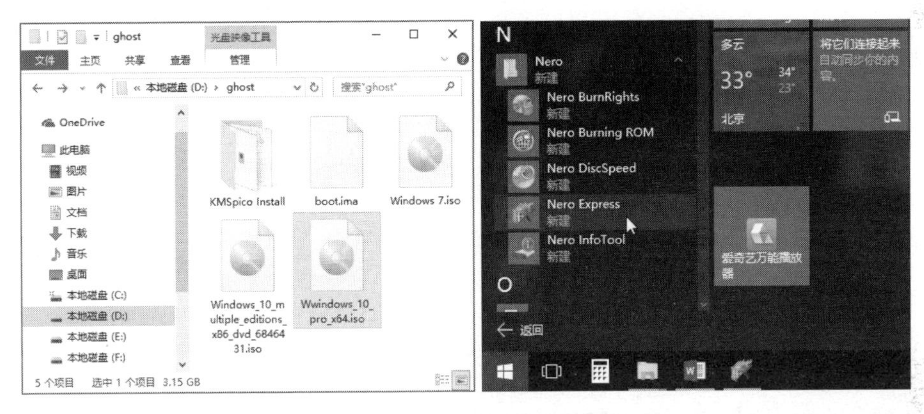

步骤 3 弹出程序主界面，在左侧功能列表中选择“映像、项目、复制”选项，在右侧功能列表中选择“光盘映像或保存的项目”选项。

步骤 4 弹出“打开”对话框，选中准备好的操作系统光盘镜像文件，然后单击“打开”按钮。

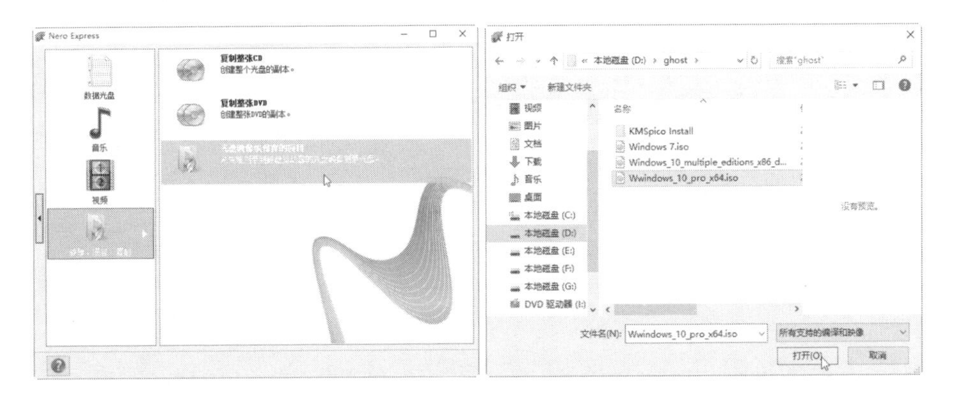

步骤 5 弹出“最终刻录设置”窗口，在“当前刻录机”下拉列表中选择刻录机设备，然后单击“刻录”按钮。

步骤 6 程序开始刻录数据，此时不要执行任何操作。

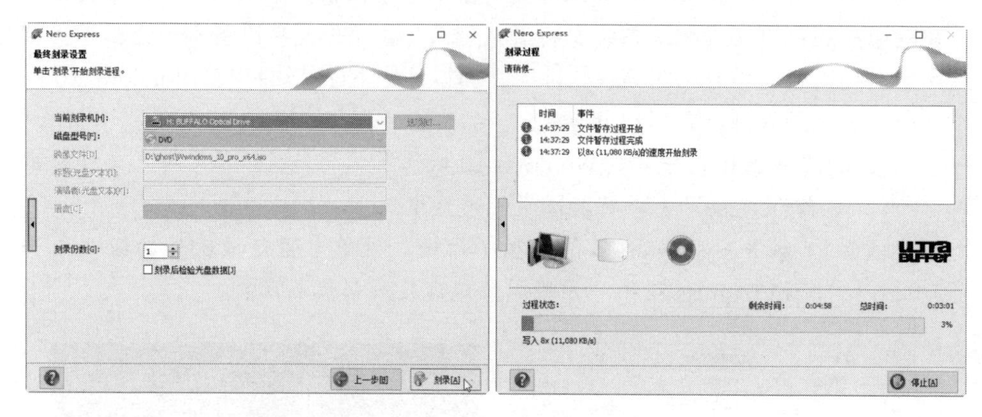

步骤 7 刻录完毕后弹出提示对话框，单击“确定”按钮。

步骤 8 在弹出的对话框中单击“下一步”按钮。

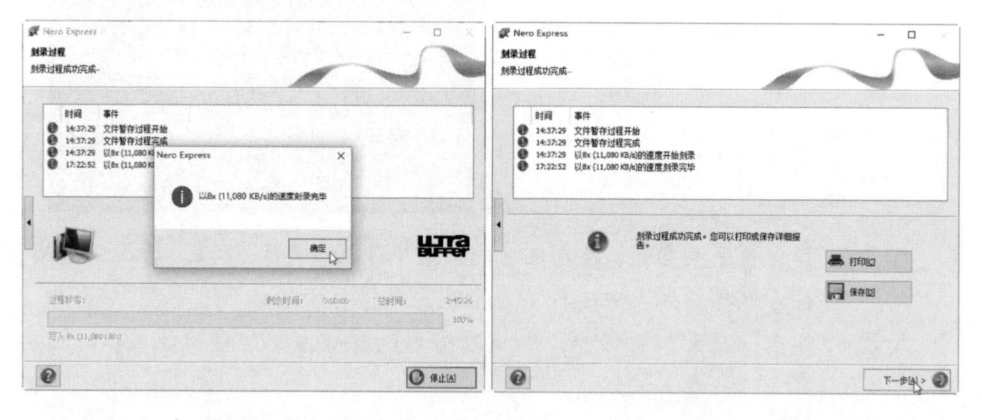

步骤 9 在弹出的窗口中单击右上角的“关闭”按钮，然后在弹出的提示对话框中单击“否”按钮即可。

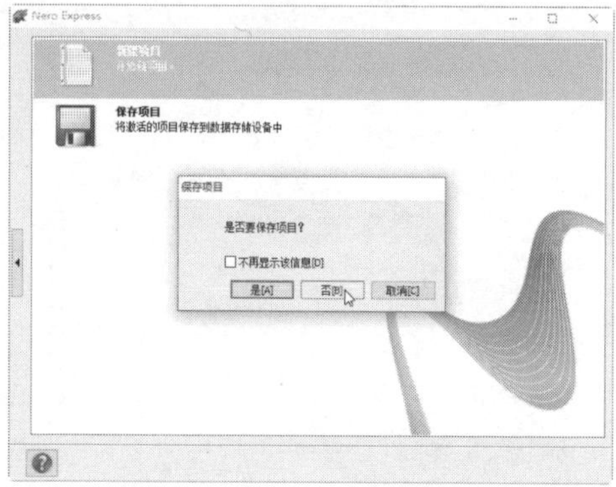

7.1.5 使用 U 盘安装操作系统

要使用 U 盘安装操作系统，首先需要制作 U 盘系统安装盘，下面介绍如何使用 UltraISO 软件制作 U 盘系统安装盘。

步骤 1 准备好操作系统的镜像文件及存储空间大于 4 GB 的 U 盘，然后下载并安装 UltraISO 软件（本例使用 UltraISO 9.7 版本）。

步骤 2 将 U 盘插入电脑 USB 接口，运行 UltraISO 软件，在程序主界面中选择“文件”→“打开”命令。

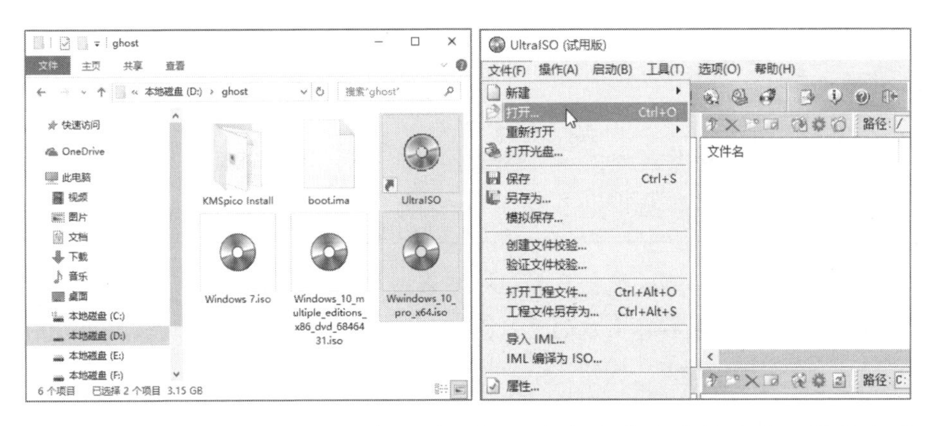

步骤 3 弹出“打开 ISO 文件”对话框，选中要装载的操作系统镜像文件，然后单击“打开”按钮。

步骤 4 载入光盘映像后，在程序主界面中选择“启动”→“写入硬盘映像”命令。

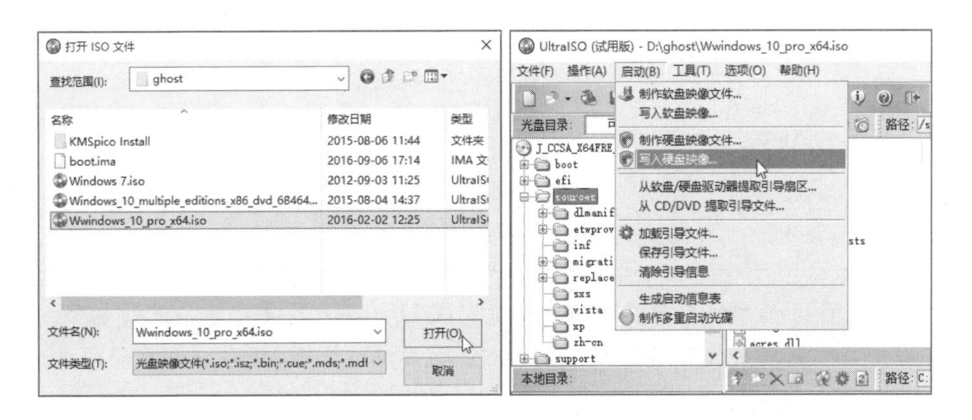

步骤 5　弹出“写入硬盘映像”对话框，在“硬盘驱动器”下拉列表框中选择U盘或移动硬盘的盘符，在“写入方式”下拉列表框中选择“USB-HDD+”选项，完成后单击“写入”按钮。

步骤 6　弹出提示对话框，提示将删除移动设备中的所有数据，单击“是”按钮。

步骤 7　程序开始写入数据，并显示完成进度。

步骤 8　写入完成后在上方的“消息”下拉列表框中将显示“刻录成功”信息，单击“返回”按钮。

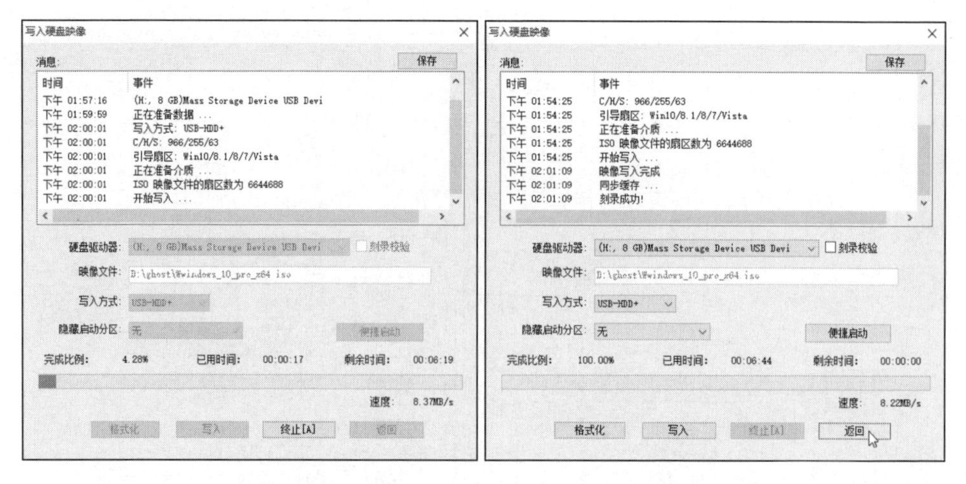

步骤 9　U盘系统安装盘制作完成后，将U盘插入需要安装系统的电脑，根据需要选择启动方式为传统U盘启动方式或UEFI U盘启动方式。

步骤10 启动成功后，系统开始加载U盘中的光盘镜像，加载完成后即可进入操作系统安装向导界面，之后的安装过程和使用光盘安装完全相同。

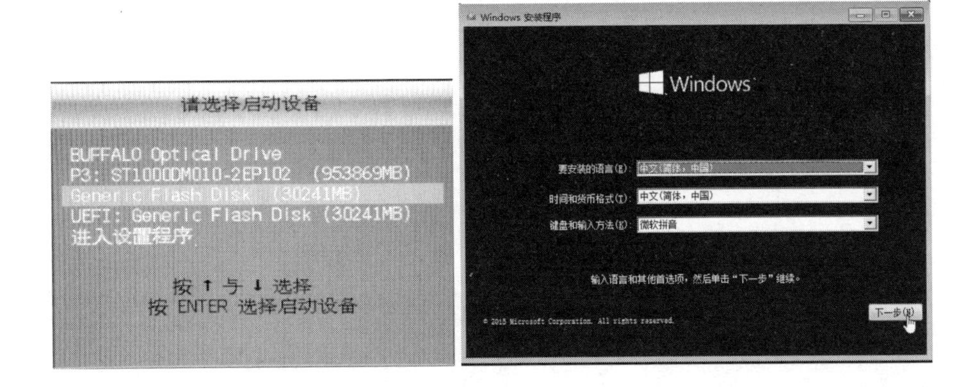

7.2 备份与还原操作系统

当操作系统出现故障且很难恢复时，常常需要重新安装。然而安装操作系统是一个相当费时的过程，除了安装操作系统，还要安装驱动程序和常用软件等，通常需要几个小时的时间。如果事先备份了操作系统，则在出现故障时只需还原即可，通常只需要几分钟的时间。

7.2.1 选择备份系统的时机

只有当操作系统在最佳状态下运行时，所备份的操作系统的稳定性及安全性才能得到保证，处于最佳状态的操作系统应具备以下几个条件。

★ 刚刚安装操作系统。
★ 安装了本机所有硬件的驱动程序，并且所有设备运行正常。
★ 已经安装了常用的工具软件，如Office、WinRAR、QQ及输入法等。
★ 对操作系统完成了病毒查杀，并确保其中没有病毒、木马和流氓软件等。
★ 操作系统及软件运行正常。

7.2.2 使用 Ghost 备份操作系统

Ghost 是一款在 DOS 下运行的操作系统备份和恢复软件，备份操作系统就是将系统分区的全部信息写入到 Ghost 镜像文件中。

步骤 1 设置电脑启动方式为光盘启动或 U 盘启动，使用带有 Ghost 程序的启动光盘或启动 U 盘启动电脑，在光盘或 U 盘主界面中运行 Ghost 程序。

步骤 2 程序加载完成后弹出 Ghost 的版本信息界面，单击“OK”按钮。

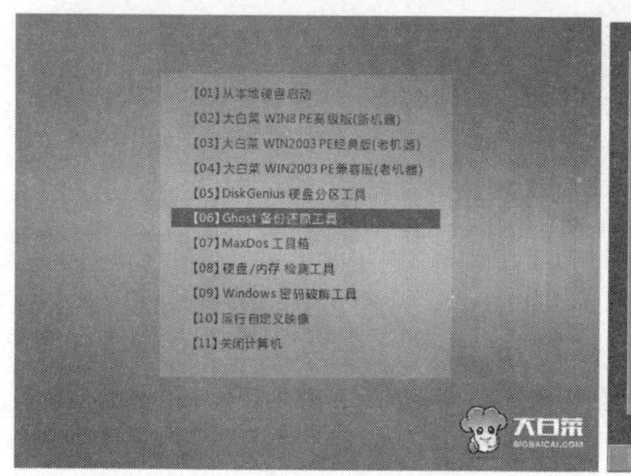

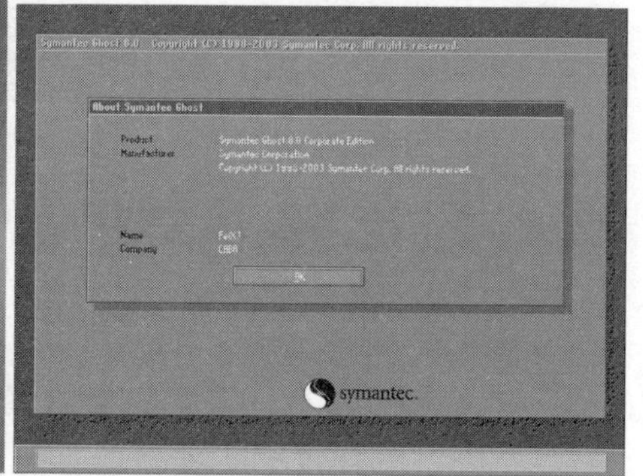

步骤 3 在程序主菜单中依次选择“Local”→“Partition”→“To Image”命令。

步骤 4 提示选择要操作的硬盘，选中后单击“OK”按钮。

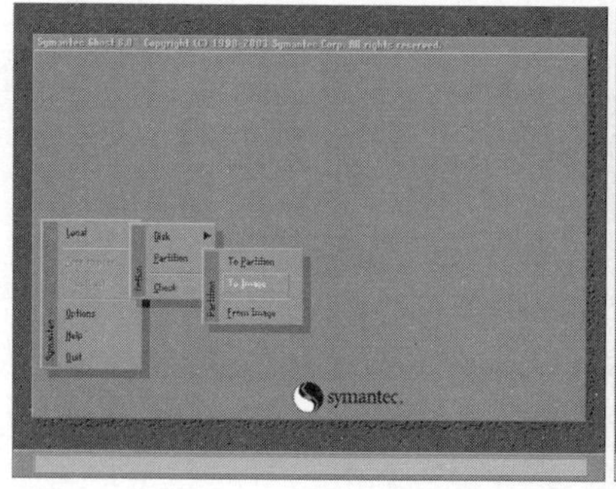

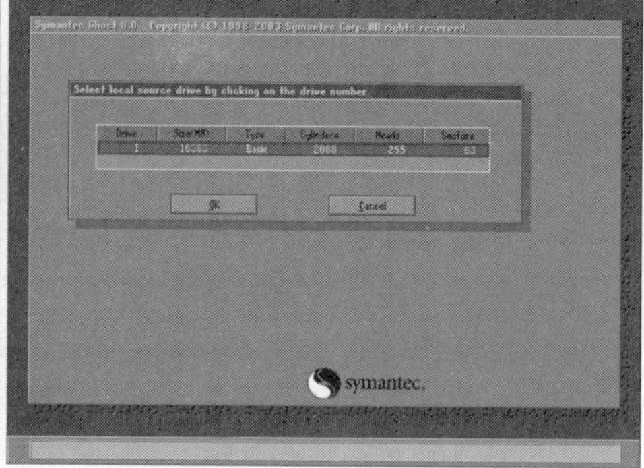

“Partition”子菜单中有3个选项，其中“To Partition”选项表示将某分区的内容复制到其他分区中；“To Image”选项表示将某个分区的内容备份为镜像文件；“From Image”选项则表示从镜像文件恢复到分区。

步骤5　提示选择要备份的系统分区，本例选择第1分区，然后单击“OK”按钮。

步骤6　在弹出的对话框中设置镜像文件的保存路径及文件名，单击“Save”按钮。

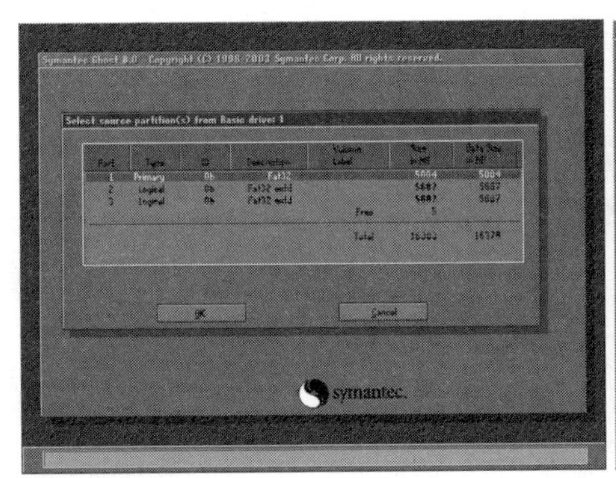

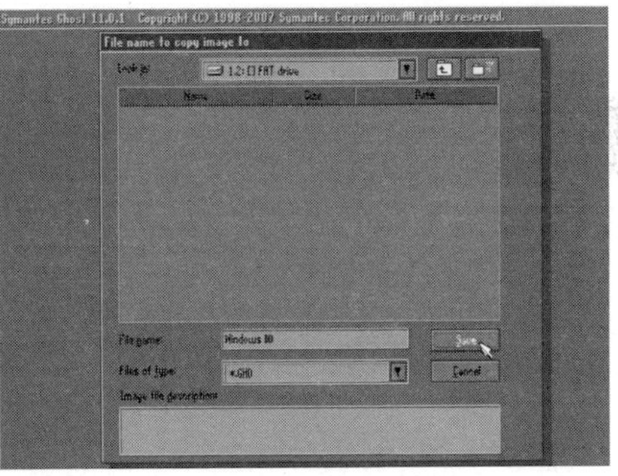

备份系统前应该为存放Ghost镜像文件的磁盘分区预留足够的硬盘空间，并且镜像文件应存放在非系统盘中。

步骤7　在弹出的对话框中询问是否需要压缩镜像文件，其中“No”表示不压缩；“Fast”表示低度压缩；“High”表示高度压缩，这里单击“Fast”按钮。

步骤8　弹出确认对话框，单击“Yes”按钮，开始备份操作系统。

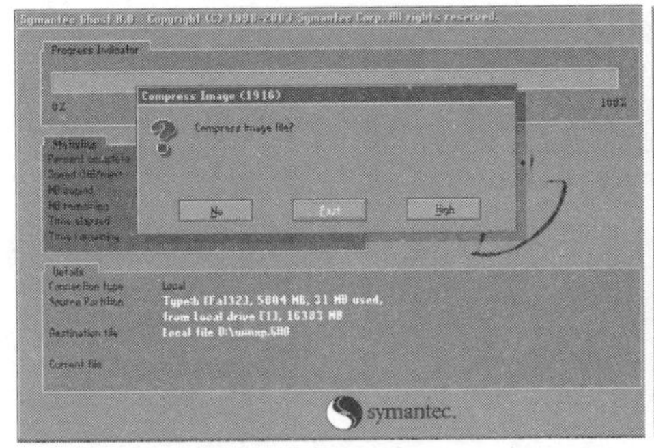

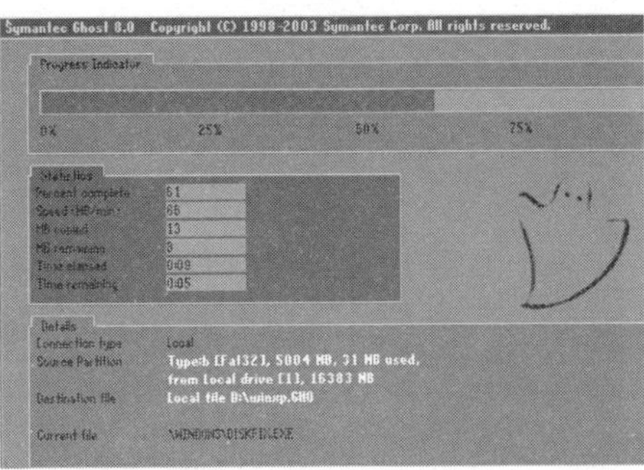

步骤 9　备份完毕后单击“Continue”按钮返回 Ghost 程序主界面，按下 Ctrl+Alt+Del 组合键重新启动电脑。

步骤 10　备份完成后，可以在设置的镜像文件保存路径中看到新生成的系统分区镜像文件。

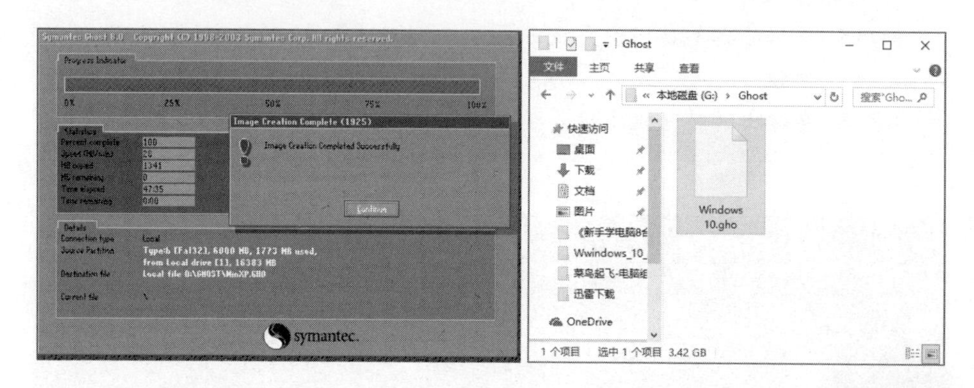

7.2.3 使用 Ghost 还原操作系统

使用 Ghost 程序还原操作系统的方法如下。

步骤 1　运行 Ghost 程序，弹出 Ghost 的版本信息界面，单击“OK”按钮。

步骤 2　选择“Local”→“Partition”→“From Image”命令。

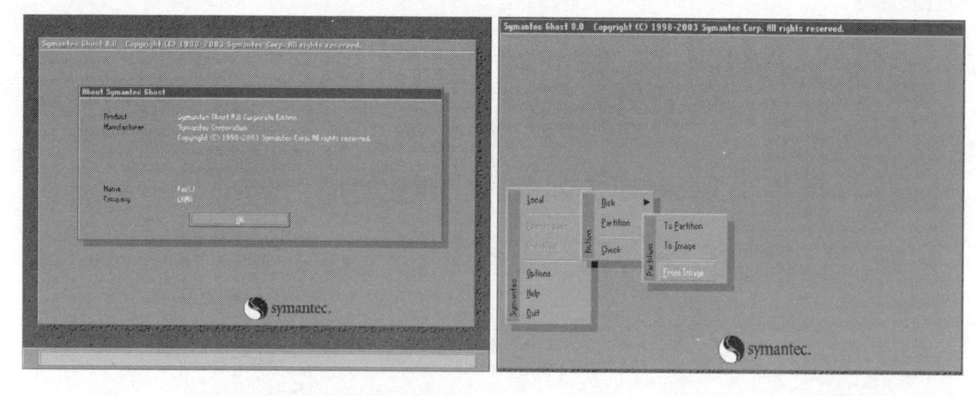

步骤 3　在弹出的对话框中选择镜像文件的存放位置，并选中要还原的镜像文件，然后单击“Open”按钮。

步骤 4　程序提示从镜像文件中选择源分区，单击“OK”按钮进入下一步。

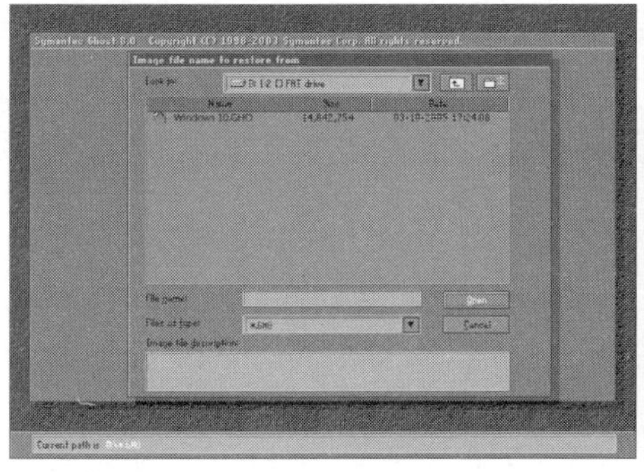
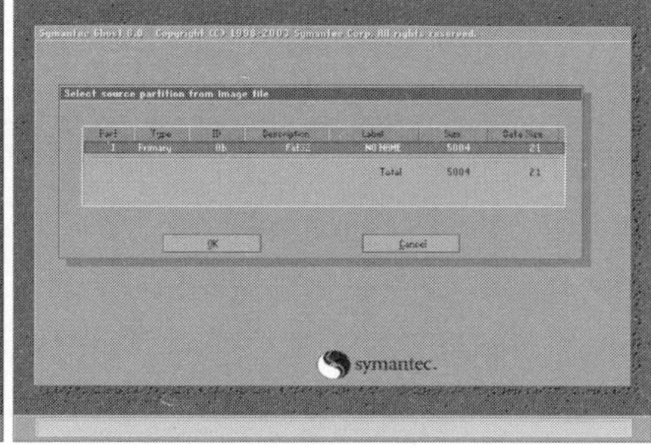

步骤 5 程序提示选择恢复到的目标硬盘，单击“OK”按钮。

步骤 6 程序提示选择需要恢复到的目标分区，这里选择主分区（Primary），然后单击“OK”按钮。

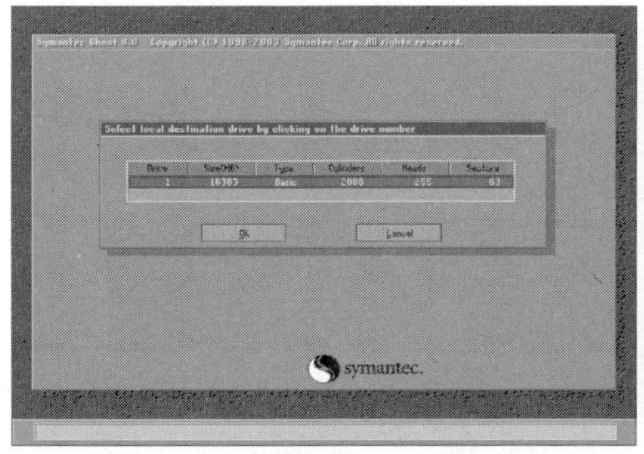

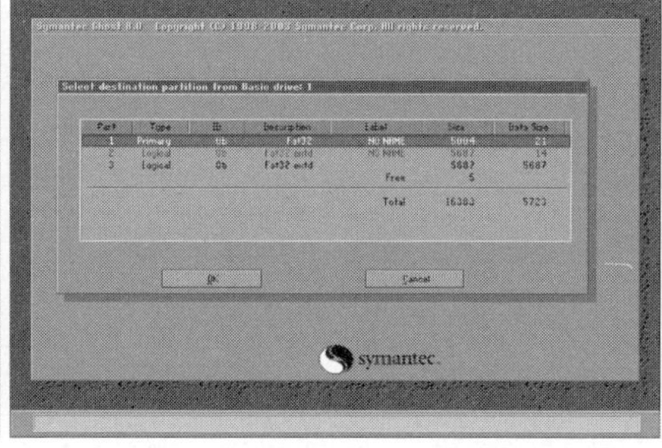

步骤 7 弹出确认对话框，单击“Yes”按钮。

步骤 8 程序开始还原系统分区，结束后弹出提示对话框，单击“Reset Computer”按钮重启电脑即可。

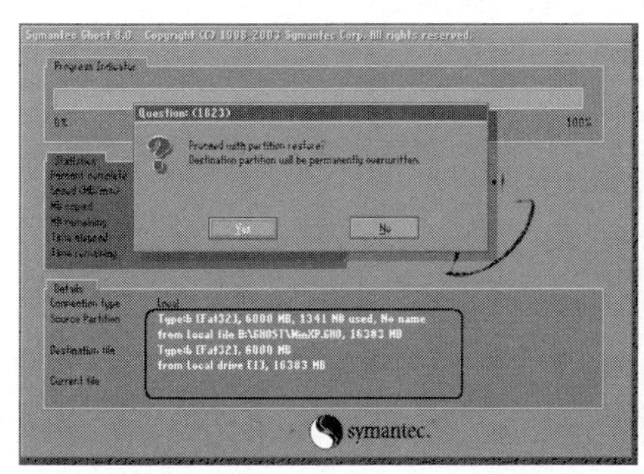

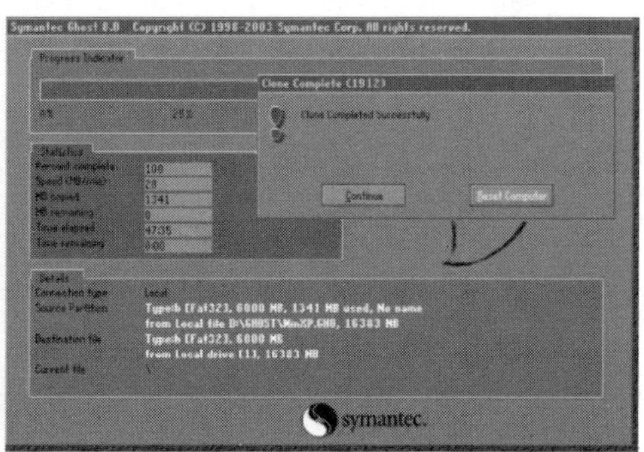

7.2.4 使用一键 Ghost 备份操作系统

一键 Ghost 是一种以 Ghost 为基础的傻瓜式操作系统备份和还原工具，它与 Ghost 程序的功能完全相同。区别在于 Ghost 程序只能在 DOS 下运行，而一键 Ghost 可以在操作系统中运行，操作更加简便。下面以“OneKey Ghost”程序为例，介绍如何使用一键 Ghost 工具备份操作系统。

步骤 1 下载并运行“OneKey Ghost”程序，在程序主界面中选择“备份分区”单选按钮，然后单击“保存”按钮。

步骤 2 弹出“另存为”对话框，设置备份文件的保存路径和文件名，单击“保存”按钮。

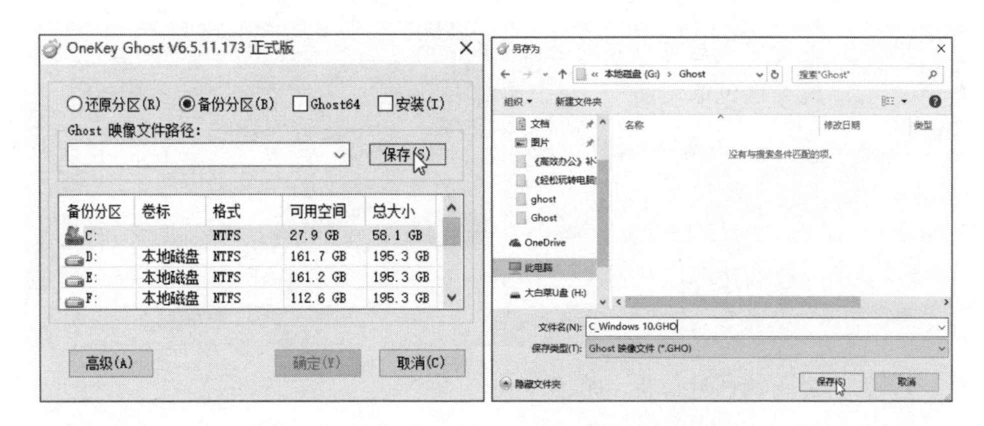

“OneKey Ghost”软件分为 32 位和 64 位两个版本，用户应根据需要备份的操作系统版本选择使用。备份文件的文件名及存放路径不能包含中文字符，否则软件将无法识别。

步骤 3 返回程序主界面，在分区列表中选择需要备份的操作系统所在分区，通常选择 C 区，然后单击“确定”按钮。

步骤 4 弹出提示对话框，单击“是”按钮确认备份。

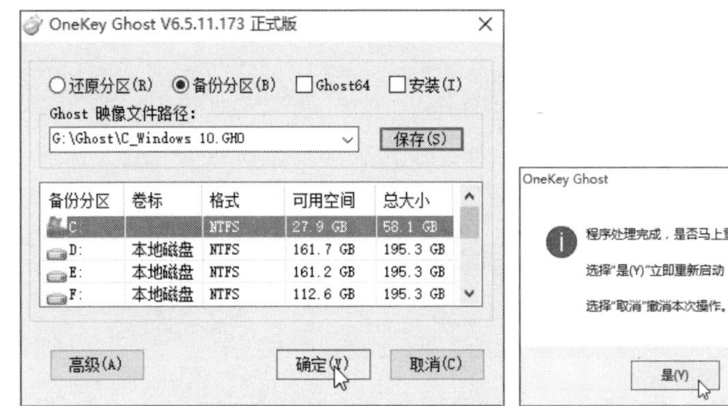

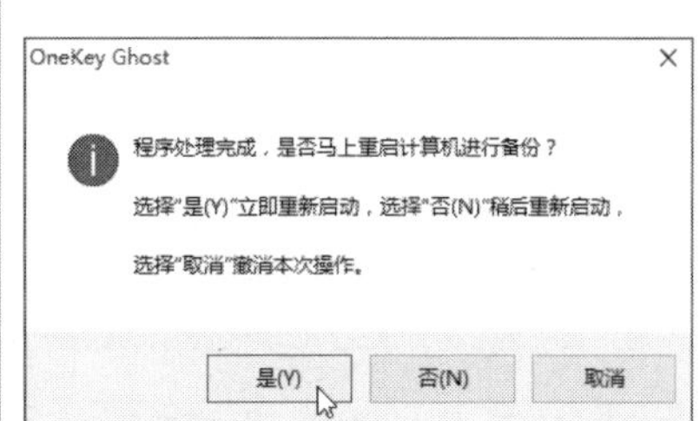

步骤 5　程序将自动重启电脑，并自动启动 Ghost 程序备份操作系统备份，完成后自动重新启动电脑并引导操作系统。

步骤 6　备份完成后可以在前面设置的镜像文件保存路径中看到新生成的系统分区镜像文件。

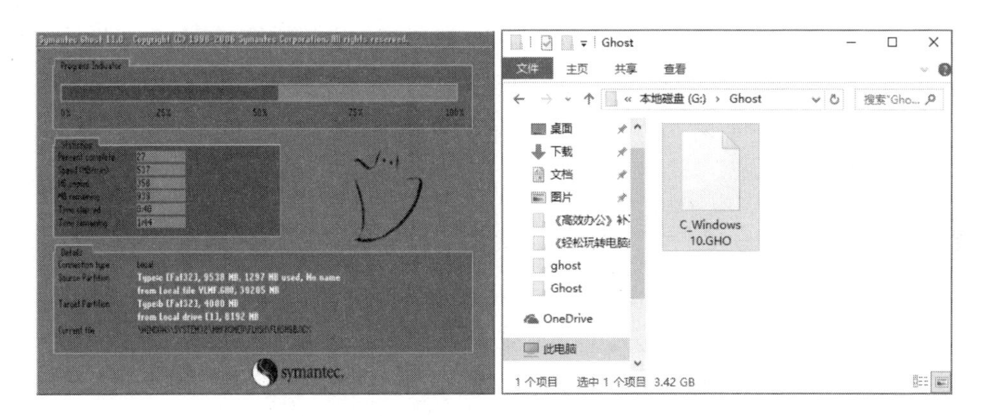

7.2.5 使用一键 Ghost 还原操作系统

如果电脑能正常启动并显示操作系统桌面，则可以使用一键 Ghost 程序来还原操作系统，方法如下。

步骤 1　运行“OneKey Ghost”程序，在主界面中选择“还原分区”单选按钮，然后单击“打开”按钮。

步骤 2　弹出“打开”对话框，选中保存的备份文件，然后单击“打开”按钮。

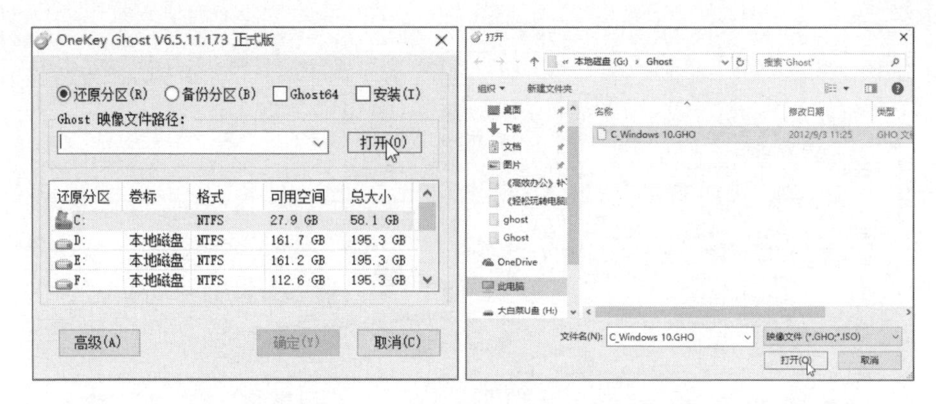

步骤 3 在分区列表中选择要还原的系统分区，然后单击“确定”按钮。

步骤 4 弹出提示对话框，单击“是”按钮。

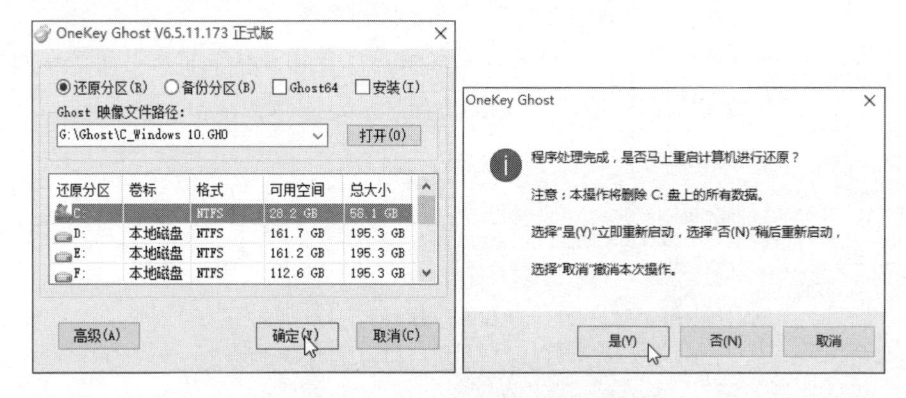

步骤 5 程序将自动重启电脑，并且自动运行 Ghost 程序还原操作系统，还原完成后将重启电脑并引导操作系统。

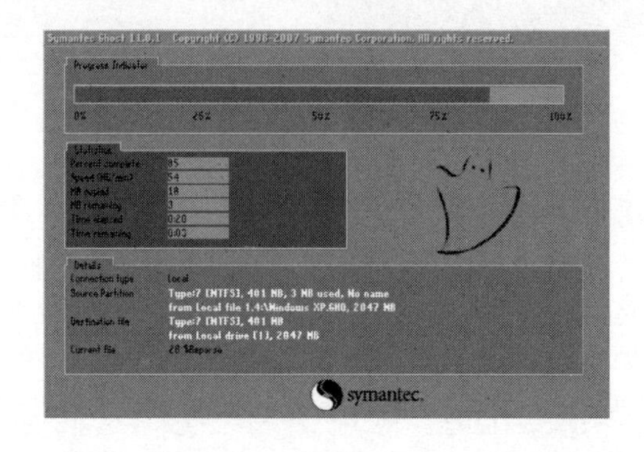

7.3 制作启动 U 盘

启动 U 盘是指能够引导电脑启动的 U 盘，其中通常集成了电脑维护常用的工具软件，如硬盘分区工具软件 DiskGenius、系统备份工具软件 Ghost、Windows PE 系统、密码破解工具软件等。启动 U 盘的功能和启动光盘相同，但制作、使用和携带都更加方便，因此成为电脑维护人员必备的装机和维护工具。

7.3.1 制作启动 U 盘

制作启动 U 盘通常使用第三方软件，制作过程非常简单，常见的制作软件有“U 启动”“U 深度”“大白菜”“雨林木风”等。这些软件的功能和制作方法基本相同，下面以大白菜 U 盘启动盘制作软件为例介绍如何制作启动 U 盘。

步骤 1 安装并运行大白菜 U 盘启动盘制作软件，在主界面中选择“默认模式”，在“选择设备”下拉列表框中选择 U 盘设备，然后单击“开始制作”按钮。

提示

主界面中提供了 3 种模式可供选择，其中“默认模式”即制作启动 U 盘；“ISO 模式”是指将光盘 ISO 镜像文件写入 U 盘或刻录到光盘中，可用于制作系统安装 U 盘或刻录系统安装光盘；“本地模式”用于制作本地急救系统。

步骤 2　弹出提示框提示将清除 U 盘中的所有数据，单击“确定”按钮。

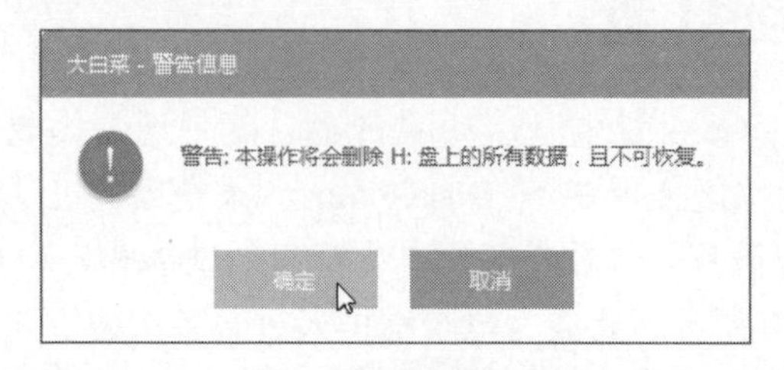

步骤 3　程序开始制作启动 U 盘，请耐心等待。

步骤 4　制作完成后弹出提示对话框，询问用户是否进行模拟启动测试 U 盘启动情况，单击“是”按钮。

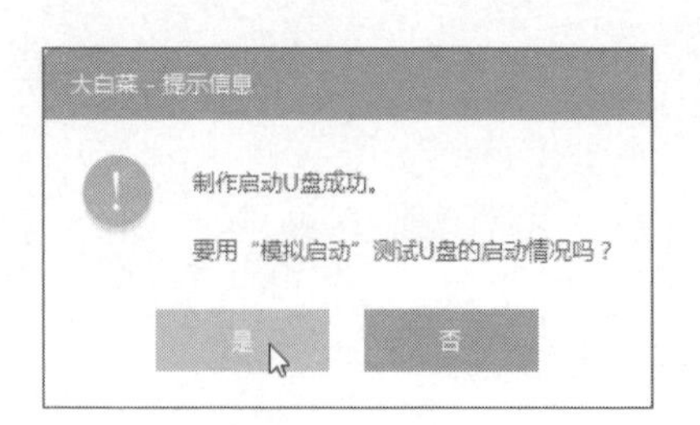

步骤 5　弹出虚拟机窗口，模拟使用 U 盘启动电脑。如果成功进入 U 盘系统主界面，则表示启动 U 盘制作成功。

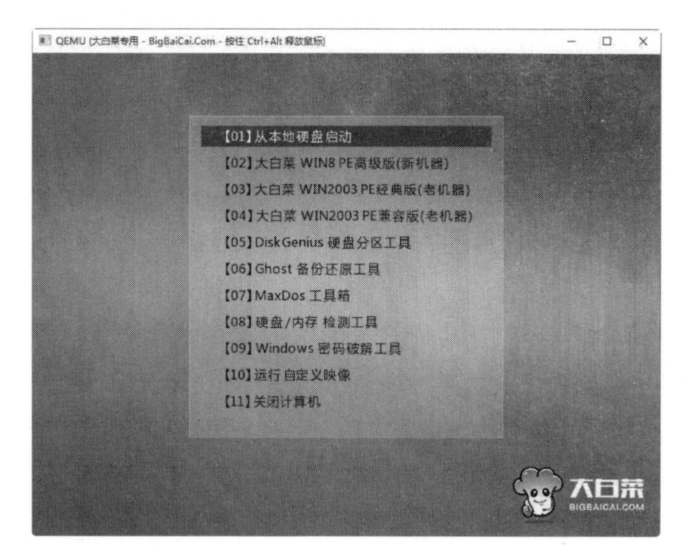

7.3.2 创建本地急救系统

本地急救系统是指将 Windows PE 系统集成到本机硬盘中，并在系统启动菜单中创建启动菜单项，从而无需使用 U 盘启动电脑也可以进入 Windows PE 系统。创建本地急救系统的方法如下。

步骤 1 运行大白菜U盘启动盘制作软件，在主界面中选择“本地模式”，在“等待时间”文本框中输入系统启动菜单等待时间，默认为“3 秒”。在“启动密码”文本框中输入启动密码（可留空），单击“开始制作”按钮。

步骤 2　弹出确认对话框，单击“确定”按钮。

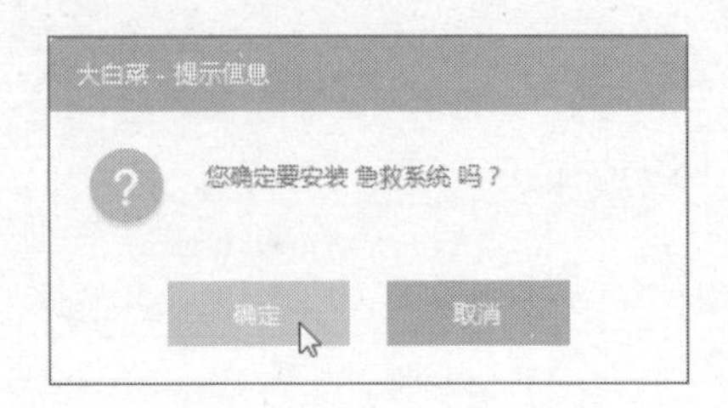

步骤 3　软件开始制作，请耐心等待。

步骤 4　制作完成后弹出提示对话框，单击“确定”按钮即可。

本地急救系统制作完成后，主界面中的“开始制作”按钮变为“卸载”按钮。如果需要删除本地急救系统，单击该按钮。

步骤 5　重新启动电脑，选择从硬盘启动，进入系统启动界面后会看到系统启动菜单。选择“DaBaiCai Windows PE”命令，电脑重启后即可进入 Windows PE 系统。

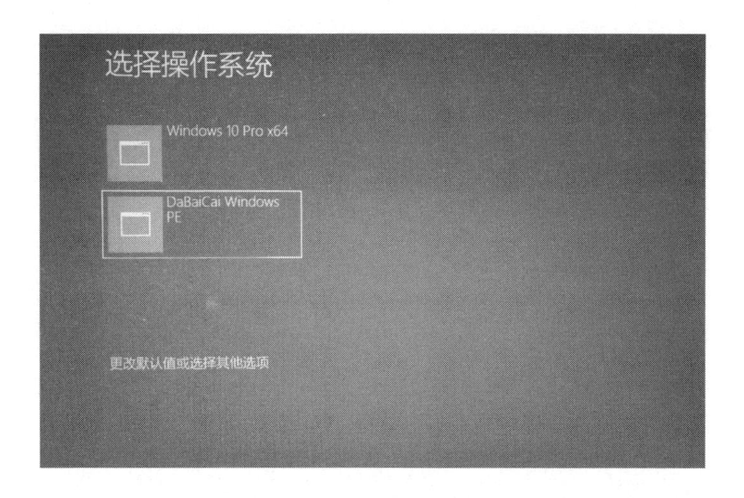

7.4 使用 Windows PE 系统

Windows PE 系统是电脑维护或维修过程中经常使用到的一款工具，它可以脱离硬盘中的操作系统独立运行，并模拟 Windows 环境，以方便用户备份数据或维护系统。

7.4.1 概述

Windows PE 俗称“微系统”，是只集成了操作系统必须的功能和服务的最小系统。该系统可以直接从启动光盘或启动 U 盘运行，以充当临时操作系统，以便用户在无法正常进入操作系统时处理系统故障。

在 Windows PE 中用户不但可以管理电脑中的文件，还可以维护硬盘分区、安装操作系统，以及使用 Ghost 备份和还原操作系统等。Windows PE 主要包括 Win2003 PE 和 Win8 PE 两个版本，在 Win2003 PE 版本下只能安装 32 位操作系统；在 Win8 PE 版本下可以安装 64 位和 32 位操作系统。

在 Windows PE 中安装操作系统的方法主要有使用虚拟光驱安装、使用 WinNTSetup 工具安装、使用一键 Ghost 工具安装等。

使用启动 U 盘启动电脑后，在主菜单界面中选择“大白菜 WIN8 PE 高级版”命令，电脑重启后即可自动进入 Windows PE 系统。显示桌面后将自动弹出“大白菜 PE 装机工具”窗口（即一键 Ghost 工具），使用该工具可以 Ghost 备份或还原系统分区，或安装 Ghost 版本的操作系统等。

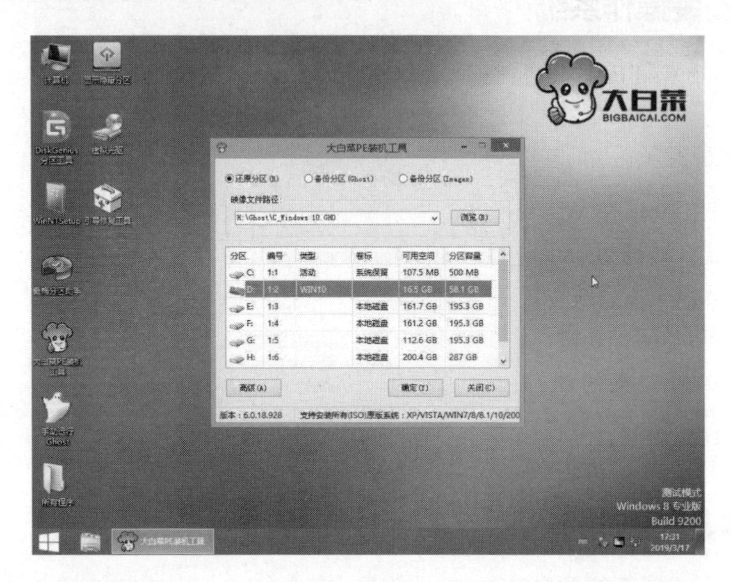

如果不需要使用该工具，可以将其关闭。系统桌面上提供了多种工具图标，用户可以根据需要使用。双击打开“所有程序”文件夹，可以看到该系统中内置的所有系统维护工具。

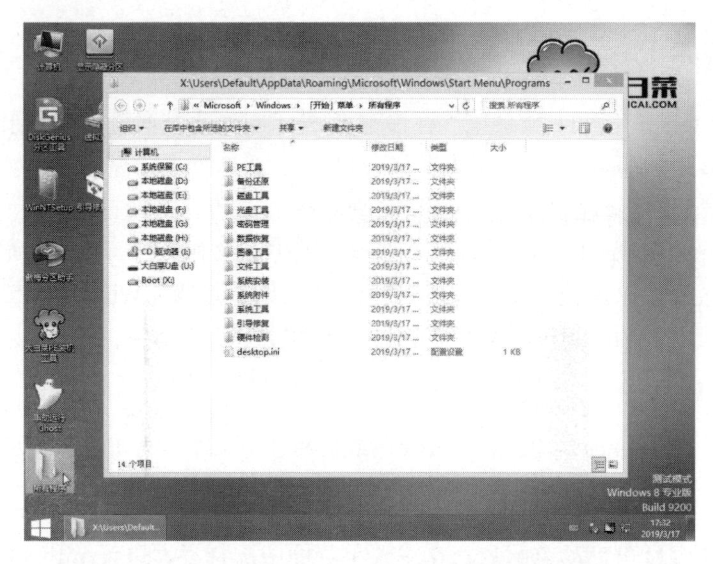

如果要退出 Windows PE 系统，单击左下角的“开始”按钮，在弹出的“开始”菜单中选择“重启电脑”命令即可。

7.4.2 安装操作系统

在 Windows PE 中安装操作系统有如下两种常用方法。

1. 直接安装

直接安装是指在 Windows PE 系统中运行操作系统安装程序的方式，使用这种方式可以直接通过存储在硬盘或 U 盘中的操作系统光盘镜像文件来安装操作系统，而无需准备系统安装光盘或系统安装 U 盘。下面以在 Windows PE 操作系统中安装 Windows 10 操作系统为例介绍。

步骤 1 在硬盘的非系统分区或 U 盘中存储操作系统镜像文件，进入 Windows PE 操作系统，在“计算机”窗口中双击该镜像文件将其打开。

步骤 2 在打开的窗口中双击运行“setup.exe”程序。

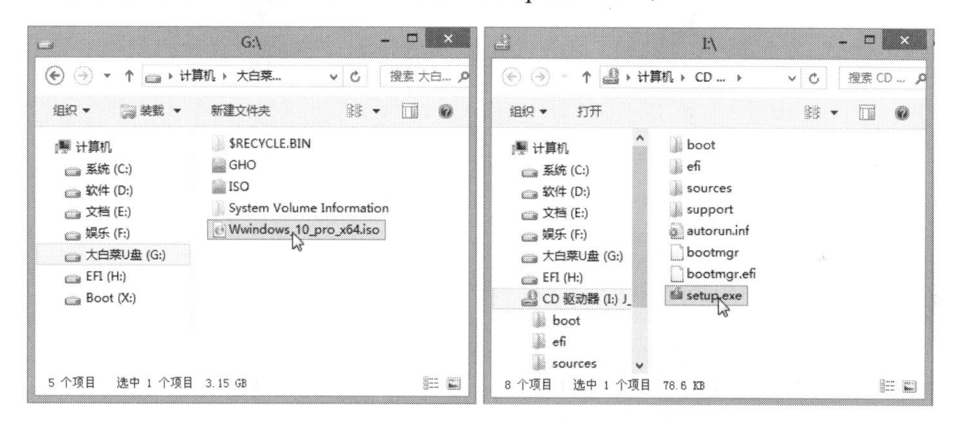

步骤 3 稍后将弹出操作系统安装向导对话框，后面的安装过程与光盘安装完全相同，不再赘述。

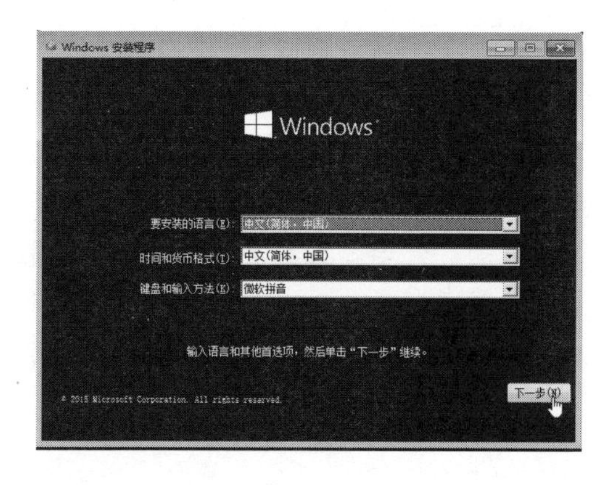

虽然在原操作系统中也可以直接运行操作系统安装程序，但由于无法格式化系统分区，因此只能进行覆盖安装。而覆盖安装会导致原有的一些系统故障仍然存在，所以一般不建议如此处理。

2. 使用 WinNTSetup 工具安装操作系统

WinNTSetup 是一款 Windows 系统硬盘安装工具，可以直接从硬盘安装系统，不需要光盘。它还附加一些系统优化功能，如破解系统主题、无人值守安装、增加驱动、调整优化注册表选项等。

在使用 WinNTSetup 安装操作系统前应先完成硬盘分区操作。

步骤 1　进入 Windows PE 系统，运行 WinNTSetup 程序。

步骤 2　进入程序主界面，单击“选择 Windows 安装源”选项组中的“选择”按钮。

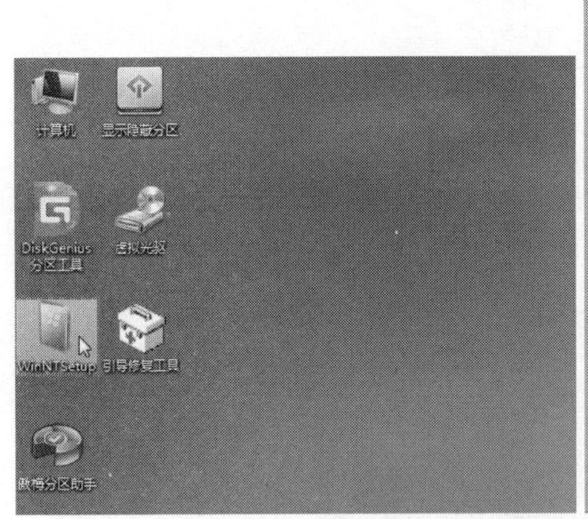

步骤 3　弹出“选择 install.wim(swm, esd, iso) 文件”对话框，选中硬盘或 U 盘中的操作系统光盘镜像文件，然后单击“打开”按钮。

步骤 4　返回程序主界面，需要选择引导驱动器和安装驱动器，引导驱动器即活动分区，通常程序会自动识别；安装驱动器即系统分区，需要手动选择，单击“选择安装驱动器”选项组中的“选择”按钮。

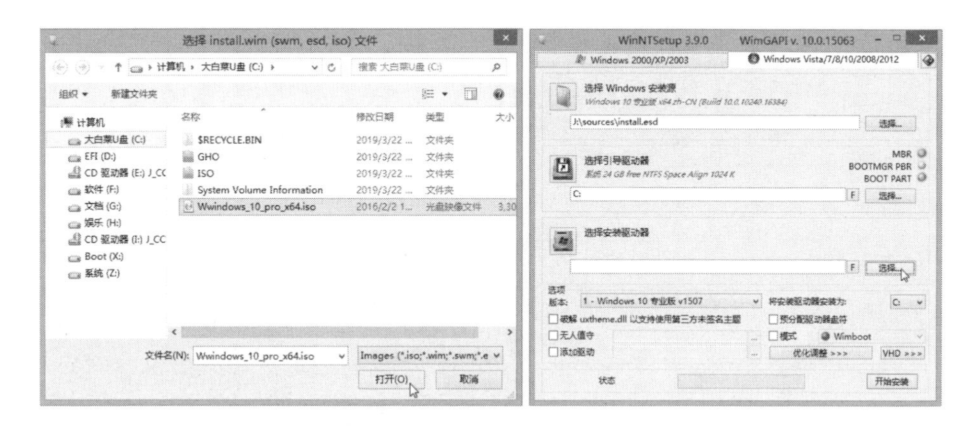

步骤 5　弹出“选择要安装 Windows 的驱动器”对话框，选中要安装操作系统的分区，然后单击“选择文件夹”按钮。

步骤 6　返回程序主界面，单击“开始安装”按钮。

步骤 7　弹出“都准备好了吗？”对话框，确认设置无误后，单击“确定”按钮。

步骤 8　程序开始安装操作系统，并显示安装进度。

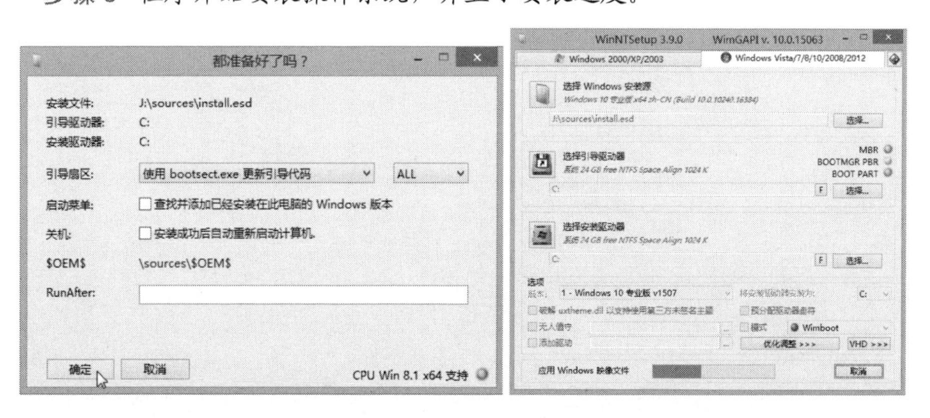

步骤 9 安装完成后提示需要重新启动电脑，单击“重启”按钮。电脑重启后从硬盘启动电脑，后面的过程与光盘安装完全相同，用户只需根据提示完成即可。

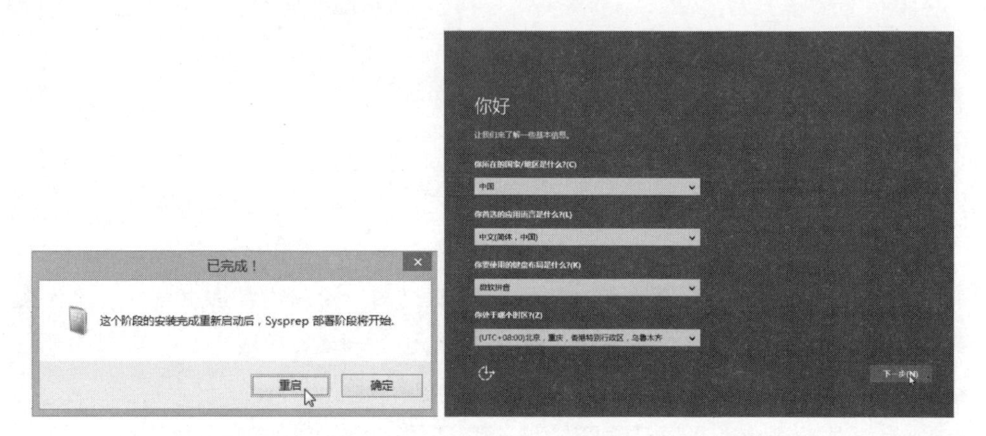

第8章 硬件检测与性能评测

本章导读

对于新组装的电脑，最关心的莫过于电脑的性能与硬件的真伪，本章介绍硬件检测与性能评测方面的知识。

本章要点

★ 查看硬件基本信息
★ 使用鲁大师管理电脑硬件
★ 使用 AIDA64 检测硬件
★ 常用硬件性能评测工具

8.1 查看硬件基本信息

安装操作系统后，可以通过系统自带的功能查看硬件的基本信息，以快速掌握硬件的基本情况。用鼠标右键单击桌面上的“此电脑”（或“计算机”）图标，在弹出的快捷菜单中选择“属性”命令，在弹出的“系统”窗口中即可查看CPU和内存的基本信息。

在“系统”窗口中单击左上角的“设备管理器”链接，在弹出的“设备管理器”窗口中可以查看更为完整的硬件信息，展开需要查看的选项即可显示相关的硬件信息。

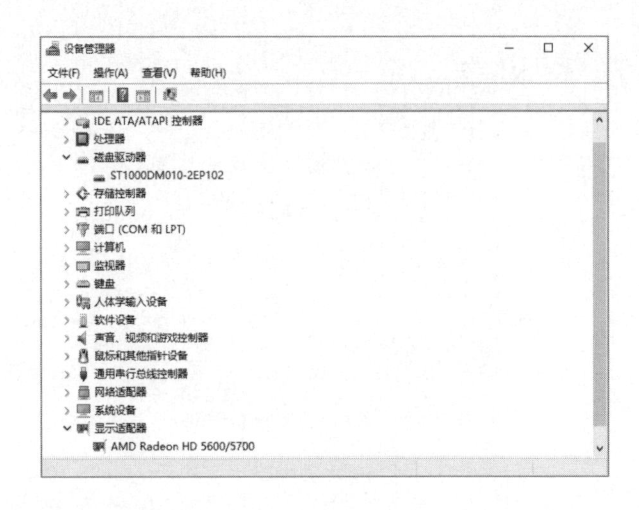

在“设备管理器”窗口中还可以查看未识别的设备，如果某种设备前出现黄色标识或显示“未知设备”，则表示该设备未被识别，需要更新其驱动程序。

8.2 使用鲁大师管理电脑硬件

鲁大师是一款专业的硬件检测和维护工具软件，具有实时的关键性部件监控预警、全面检测电脑硬件、评测电脑性能、修补修复漏洞、系统一键优化、系统一键清理、驱动程序更新，以及硬件温度监测等实用功能。

8.2.1 查看硬件详细信息

鲁大师对硬件的检测非常准确，并且能提供厂商信息和硬件参数等，让电脑配置一目了然，拒绝奸商蒙蔽。使用鲁大师检测电脑硬件信息的方法如下。

启动鲁大师程序，在程序主界面中单击上方的“硬件检测”按钮，在下方的“电脑概览”选项卡中即可看到电脑所有硬件的品牌和型号。

在左侧的功能列表中切换到“硬件健康”选项卡，可以查看硬件的生产或使用时间，从而反映出电脑的新旧程度。

在左侧功能列表中依次选择“处理器信息”“主板信息”“内存信息”“硬盘信息”“显卡信息”“显示器信息”“其他硬件”选项卡，可以查看各个硬件的详细信息和参数。例如，在“处理器信息”选项卡中，可以查看 CPU 的型号、主频、核心数、核心代号、生产工艺、插槽类型，以及缓存等信息。

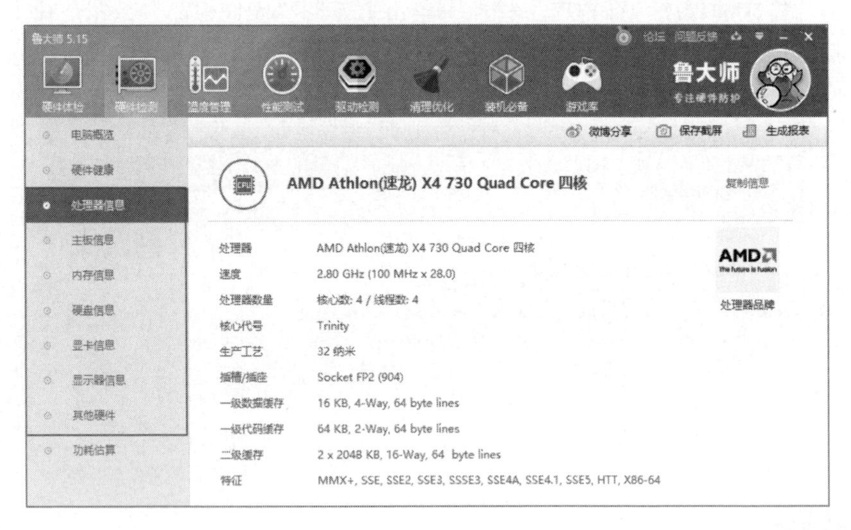

8.2.2 计算电脑总功耗

如果想知道自己电脑各配件的功耗及总功耗，可以使用鲁大师程序的功耗估算功能查看，方法如下。

在鲁大师程序主界面中单击上方的“硬件检测”按钮，在左侧的功能列表中切换到“功耗估算”选项卡。程序会自动选择该电脑的各硬件型号，然后显示各硬件的功耗并计算出电脑的总功耗。

如果在型号列表中没有某个硬件型号的参考数据，则需要手动在“型号”下拉列表框中选择相近的型号代替。

8.2.3 温度管理与压力测试

温度是影响电脑能否正常运行的关键因素，使用鲁大师可以方便地查看各硬件的实时温度，以便掌握电脑硬件的运行情况，方法如下。

在鲁大师程序主界面中单击上方的“温度管理”按钮，在打开的界面中即可查看各个硬件的温度。其中检测报告栏显示各硬件的实时温度，包括 CPU 温度、显卡温度、硬盘温度、主板温度和风扇转速等信息。在下方的图表框中，单击图例框中的功能扩展按钮，可以查看各硬件的最低温度、最高温度和平均温度。

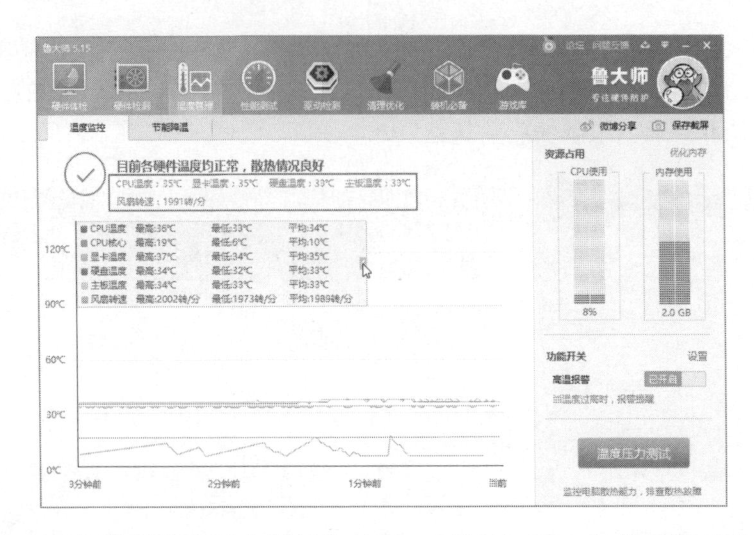

单击右下角的“温度压力测试”按钮，可以让 CPU 在高负载下运行；同时显示温度变化，从而检测 CPU 散热性能。如果在 3 min 的测试时间内温度没有超过 80℃，则说明散热功能正常。

8.2.4 电脑性能评测

使用鲁大师可以对电脑性能进行综合评分，通过测试可以了解电脑能够胜任的工作。也可对比两台电脑的性能高低，方法如下。

在鲁大师程序主界面中单击上方的“性能测试”按钮，在打开的界面中单击“开始评测”按钮。

鲁大师将测试 CPU、显卡、内存和硬盘性能，在此期间用户不要操作电脑，测试完成后将显示各硬件评分和电脑总评分。

8.3 使用 AIDA64 检测硬件

AIDA64（曾用名为“AIDA16”“AIDA32”“EVEREST”）是一款老牌软硬件系统信息测试工具，可以详细地显示电脑多方面的信息。它不仅提供了诸如协助超频、硬件侦错、压力测试和传感器监测等多种功能，而且还可以对处理器、系统内存和磁盘的性能进行全面评估。

8.3.1 检测硬件的详细信息

使用 AIDA64 检测硬件详细信息的方法如下。

步骤 1　运行 AIDA64 软件，在左侧列表中展开“计算机”选项。在子目录中选择“系统概述”选项，显示电脑的主要信息。

步骤 2　选择“传感器”选项，在右侧窗格中可以看到电脑的传感器、温度、风扇及电压等参数信息。

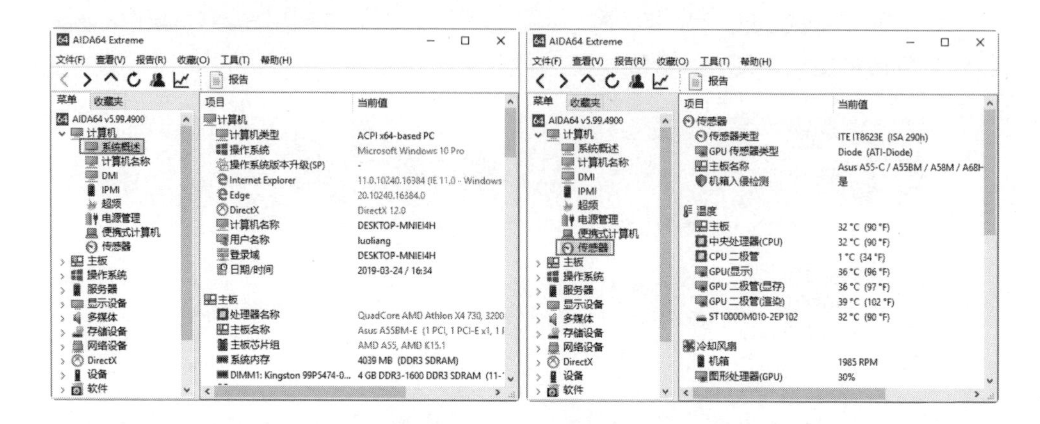

步骤 3 选择“主板”选项下的“中央处理器（CPU）”选项，在右侧窗格中显示 CPU 的详细信息。

步骤 4 选择“主板”下的“SPD”（配置串行探测）选项，在右侧窗格中显示内存模块、内存计时的信息。

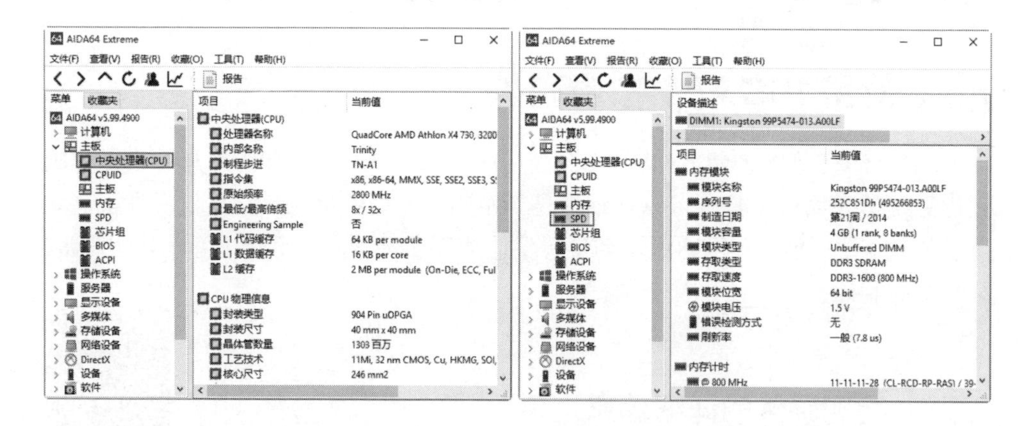

步骤 5 选择“存储设备”下的“Windows 存储”选项，显示当前电脑主机连接的存储设备。如选择一个硬盘，在下方窗格中显示该硬盘的详细信息。

步骤 6 选择“逻辑驱动器”选项，可以查看电脑中的硬盘分区情况。

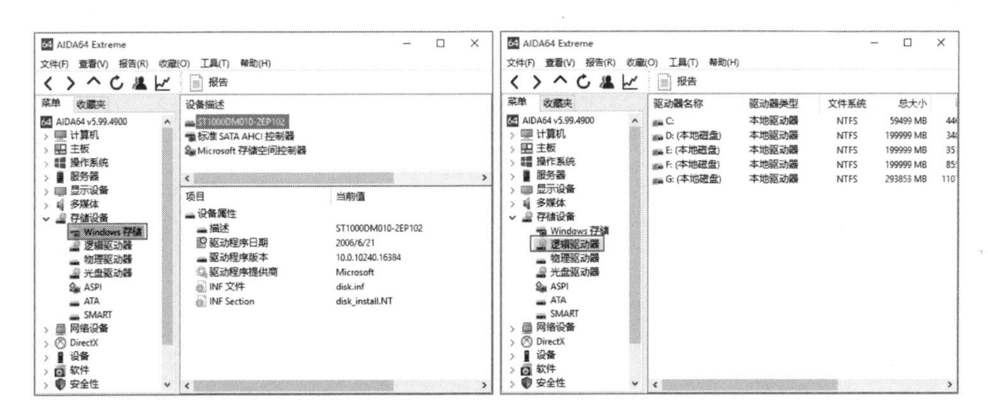

步骤 7 选择"性能测试"选项，在右侧窗格中显示可测试选项，如"内存读取"选项。

测试完成后，在右侧窗格中显示与相关型号的 CPU、主板及内存的对比情况。

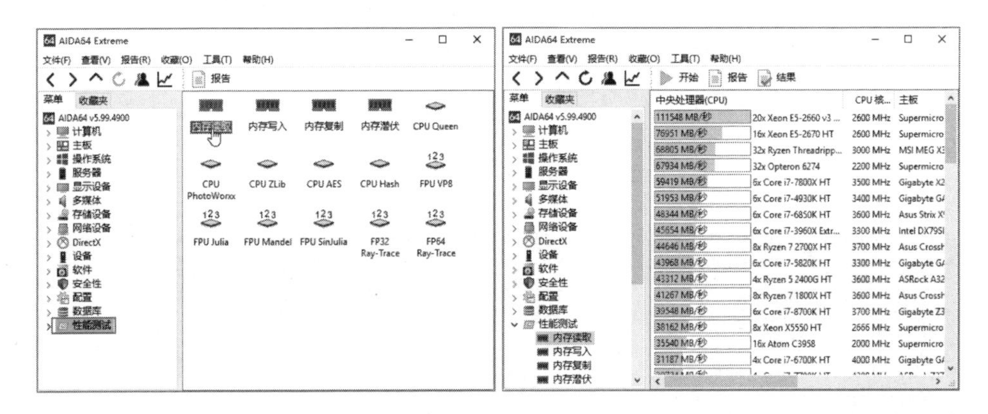

8.3.2 测试硬件性能

AIDA64 集合了多种测试工具，可以用来测试硬盘、内存、图形处理器、显示器等。

1. 测试磁盘

测试磁盘的方法如下。

步骤 1 选择"工具"→"磁盘测试"命令。

步骤 2　在弹出对话框的“About”下拉列表中选择要测试的项目，如选择“Linera Read”（线性读取速度），并选择要测试的硬盘（若只有一块硬盘，则不用选择）。

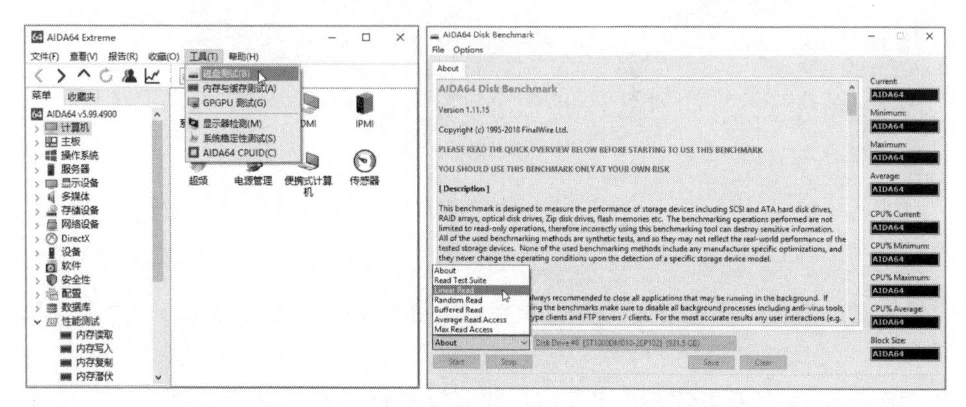

步骤 3　单击左下角的“Start”按钮。程序开始测试硬盘的读取速度，并以曲线显示速度测试情况，右侧窗格显示“Curent”（当前速度）、“Maxmum”（最高速度）及“Aerage”（平均速度），单击“Stop”按钮可停止测试。

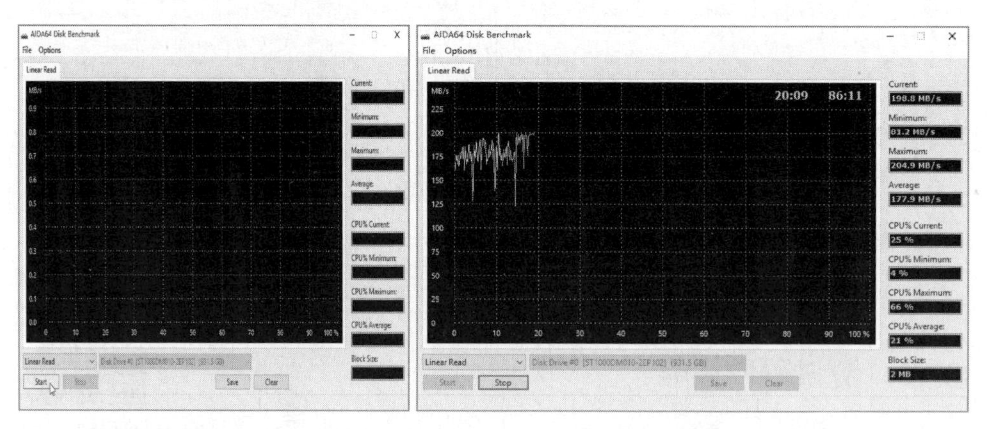

2. 测试内存与缓存

测试内存与缓存的方法如下。

步骤 1　选择“工具”→“内存与缓存测试”命令，弹出内存与缓存测试界面。

步骤 2　单击下方的“Start Benchmark”（开始检测）按钮，程序开始测试各项参数，并以“Please Wait”（请等待）字样标示测试进度，测试完成后在相应的参数框中显示测试结果。

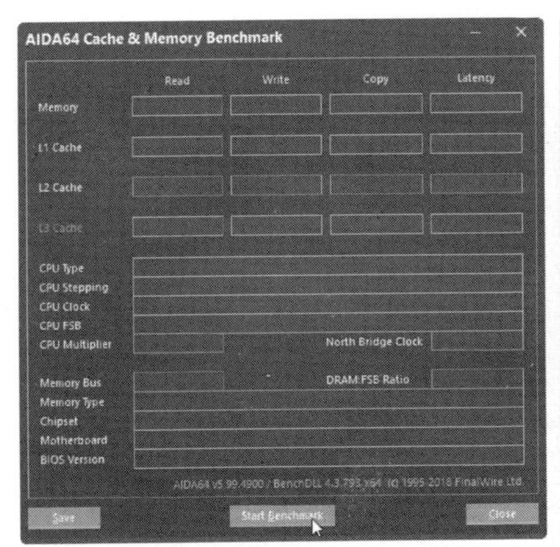

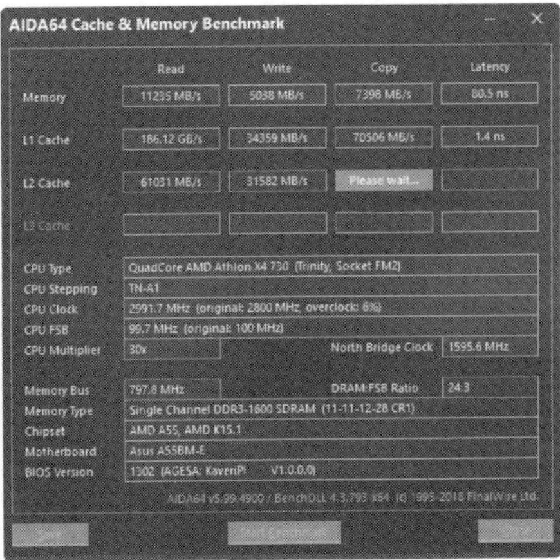

3. 测试图形处理器

GPGPU 指通用计算图形处理器，其测试方法如下。

步骤 1　选择“工具”→“GPGPU 测试”命令，弹出测试界面，默认选择“GPU”和“CPU”复选框。

步骤 2　单击下方的“Start Benchmark”（开始检测）按钮，程序开始测试并显示测试结果，包括 GPU 和 CPU 在内存读、写、复制，以及单精度和双精度的浮点运算等信息。

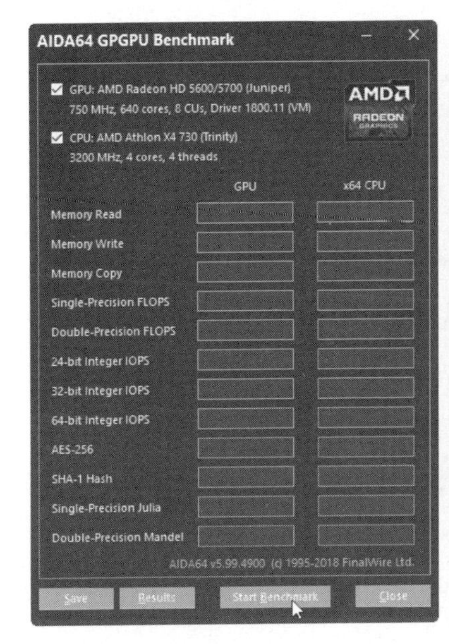

4. 测试显示器

测试显示器主要测试显示器是否有坏点、色彩是否正常等，测试方法如下。

步骤 1 选择“工具”→“显示器测试”命令，在弹出的对话框中选择“Selection”→“Tests for LCD Monitors”（测试液晶显示器）命令。

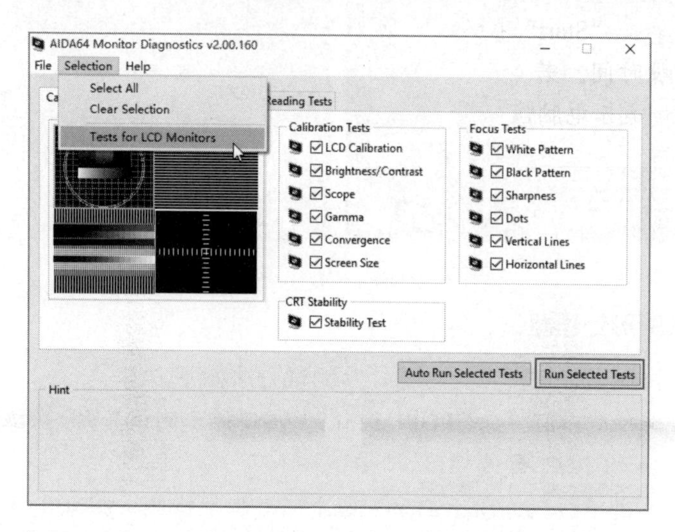

步骤 2 单击“Run Selected Tests”（运行选定的测试）按钮。程序开始通过显示多种画面来测试显示器的相应指标，测试过程中可以通过按下空格键来切换测试画面。

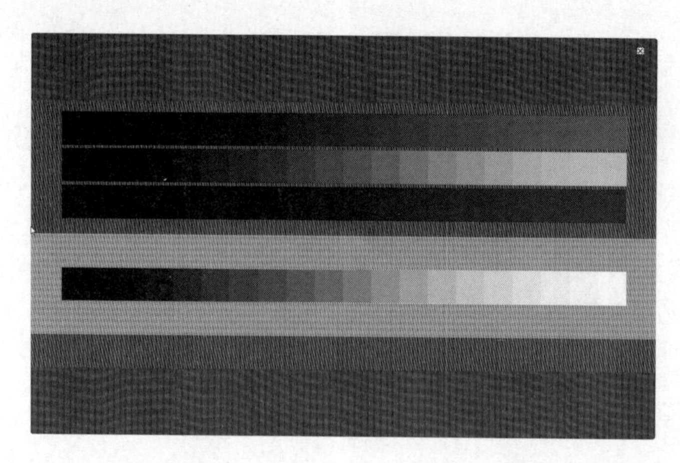

5. 测试系统稳定性

测试系统稳定性的方法如下。

步骤1 选择“工具”→“系统稳定性测试”命令，打开测试窗口，下方的图形区域中显示CPU的温度和占用率动态图。

步骤2 单击“Start”按钮开始测试，软件会给CPU 100%的负载并持续一段时间。若CPU温度能一直稳定在一个小范围，且不超过80℃，则表示电脑散热情况良好。

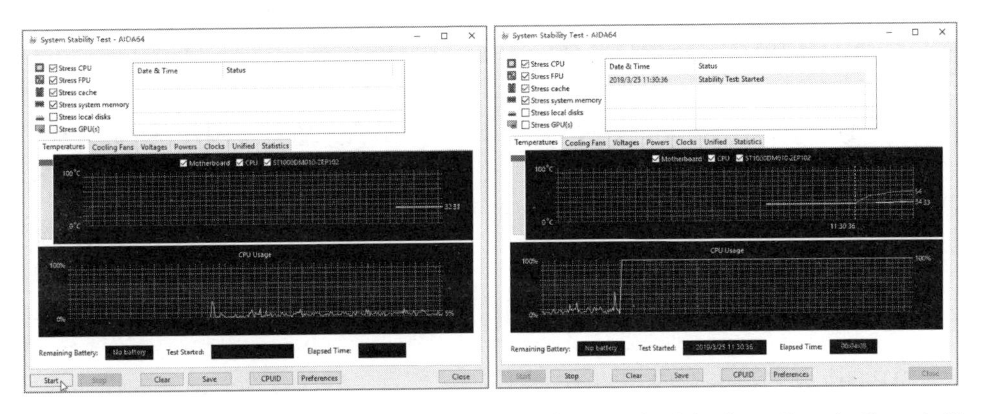

步骤3 打开“Cloks”选项卡，可以查看CPU实时频率记录。如果一直保持最高频率不降，则表示电脑稳定性良好。因为有些电脑，尤其是笔记本电脑，CPU温度超过一个临界温度就会强制降频。单击下方的“Stop”按钮可以停止测试。

步骤4 打开“Statistics”选项卡，可以查看实时风扇转速记录、电压记录、功耗记录及统计数据等。

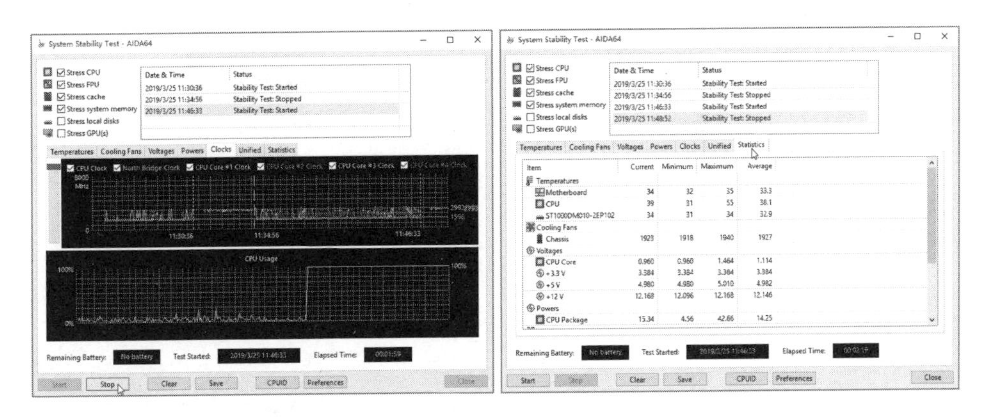

6. 测试 CPU

选择“工具”→“AIDA64 CPUID”命令，在弹出的对话框中显示 CPU 的详细信息，包括型号、核心代号、插槽类型、时钟频率、倍频、外频、工作电压、高速缓存，以及指令集等。

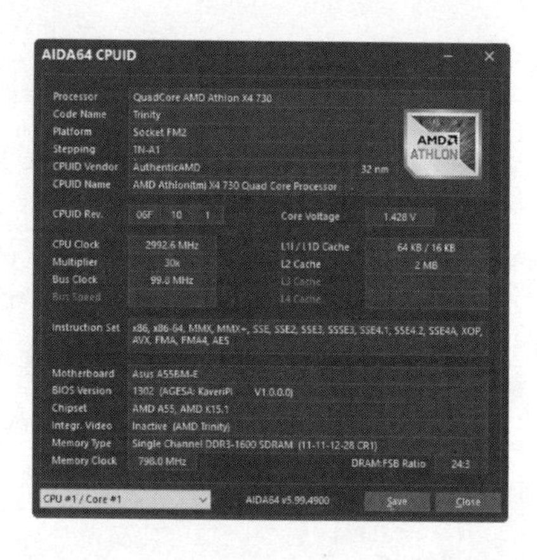

8.4 常用硬件评测软件

为评价电脑各个硬件的性能高低和真伪，一些专业性的机构开发了常用硬件评测软件。这些软件通过大量数据的比较分析各项测试内容，进而得出相应的数值。

8.4.1 使用 3DMark 测试电脑图形运算能力

3DMark 是一款专业的 3D 图形性能基准测试工具，以简单清晰的操作界面和公正准确的 3D 图形测试流程赢得了越来越多人的喜爱。它也是游戏玩家公认的电脑“跑分”软件，下面以 3DMark 11 为例介绍。

步骤 1 运行 3DMark 程序，“Basic”（基本设置）选项卡中的 3 个预置测试等级为“Entry（E）”（入门级）、“Performance（P）”（性能级）和“Extreme（X）”（极限级），用户可根据自己电脑配置情况选择测试等级，其评分结果将通过相应的字母代号区分。

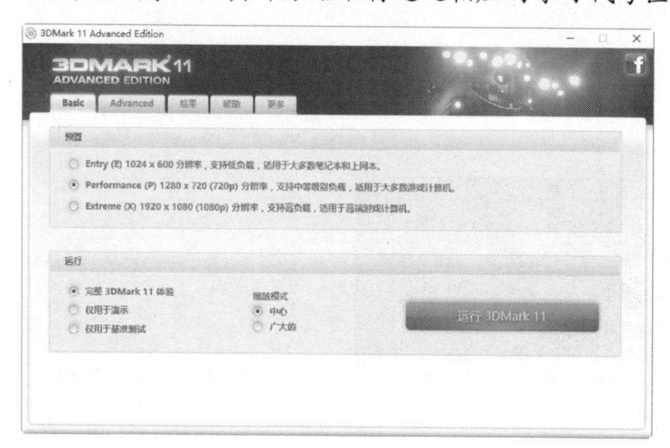

步骤 2 打开“Advanced”选项卡，在其中设置测试的参数，如测试项目、分辨率、播放模式等。

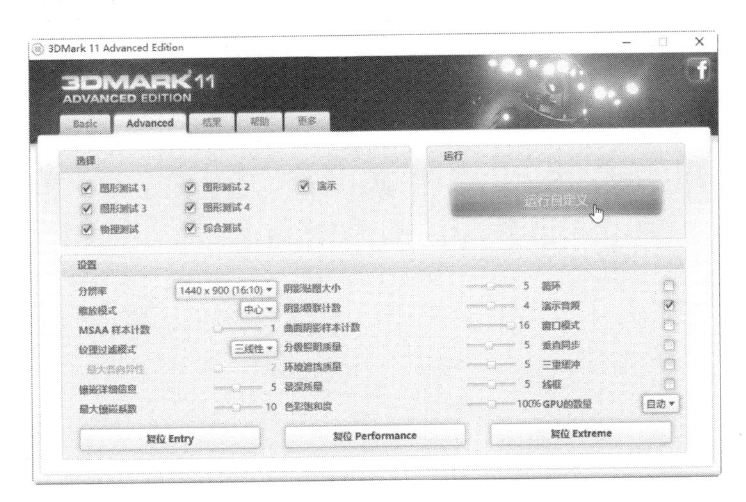

步骤 3 单击“运行自定义”按钮开始测试，包含 4 个图形测试、1 个物理测试和 1 个综合测试，全面测试电脑 GPU 和 CPU 的性能。

步骤 4 测试完成后可看到测试分数，分数中的字母代表测试级别；此外，单击“在 3DMark 上查看结果”按钮，可以在 3DMark 官网上查看结果详情。

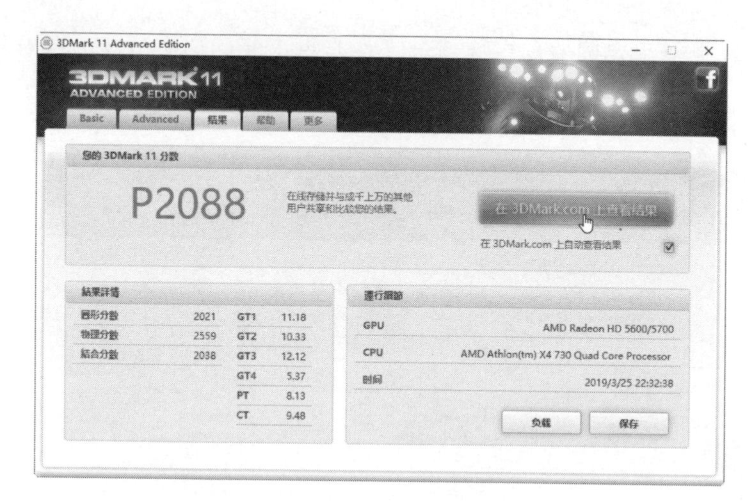

8.4.2 使用“CPU-Z”测试 CPU 性能参数

使用一款名为“CPU-Z”的 CPU 测试软件来测试可以非常准确地了解 CPU 的制造工艺、工作电压、指令集、时钟频率、高速缓存和测试分数等，方法如下。

步骤 1 启动“CPU-Z”软件，在主界面的“处理器”选项卡中显示 CPU 的各项参数。

步骤 2 切换到“缓存”选项卡，可以查看一级数据缓存、一级指令缓存、二级缓存和三级缓存的大小。

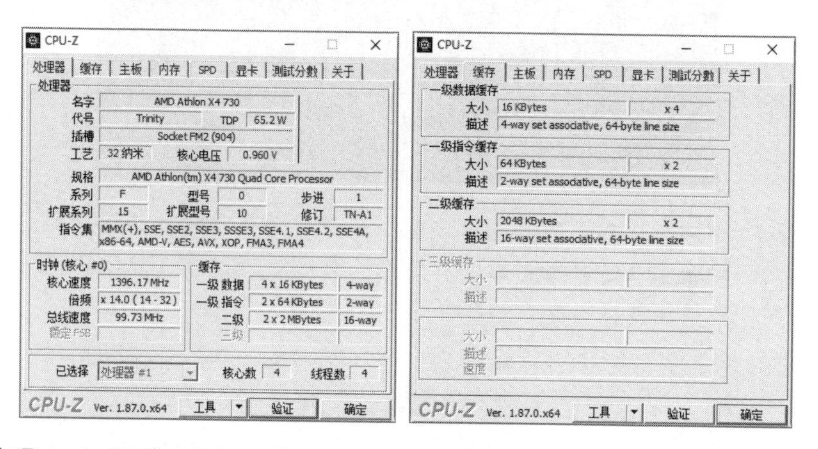

步骤 3 切换到“主板”选项卡，可以查看主板、BIOS 及图形接口等信息。

步骤 4 切换到“内存”选项卡，可以查看内存的类型、通道数、大小、频率和时序等信息。

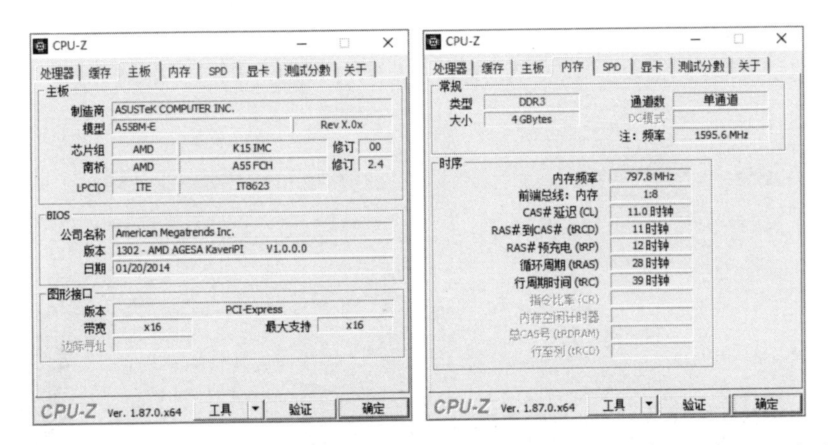

步骤 5 切换到“SPD”选项卡，可以在“内存插槽选择”选项组中查看内存模块大小、最大带宽、制造商、型号和序列号等参数。

步骤 6 切换到“显卡”选项卡，可以查看显卡名称、显存大小等信息。

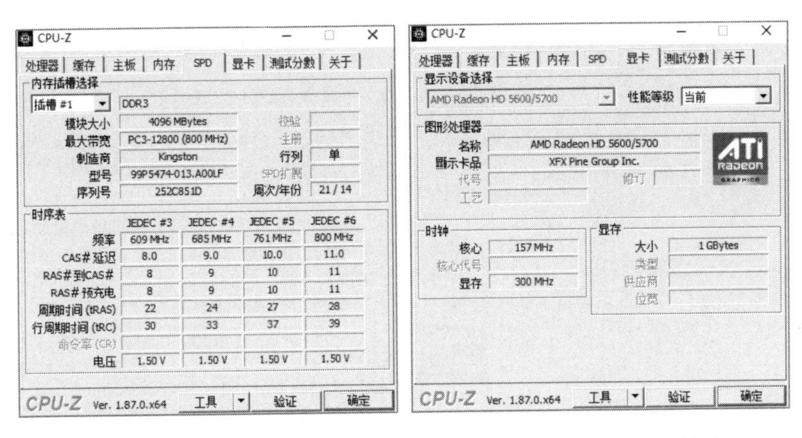

步骤 7 切换到“测试”选项卡，单击“测试处理器分数”按钮。

步骤 8 在“这个处理器”条形图中显示该 CPU 的评分。在下方的“参考”下拉列表框中选择其他 CPU 型号，可以在“参考”条形图中看到其他 CPU 的得分情况。选择“参考”复选框，将以百分比形式显示评测结果。

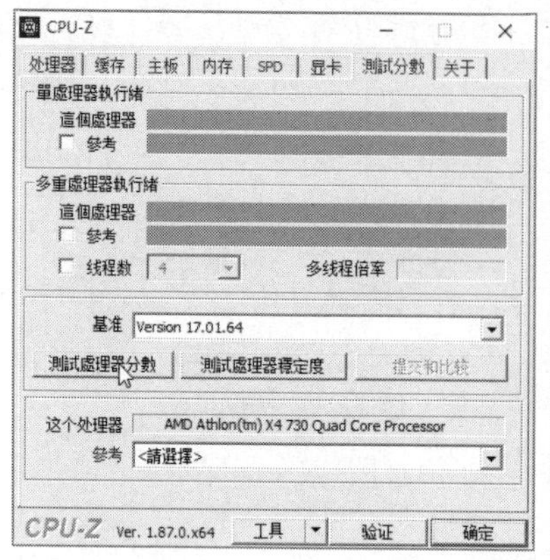

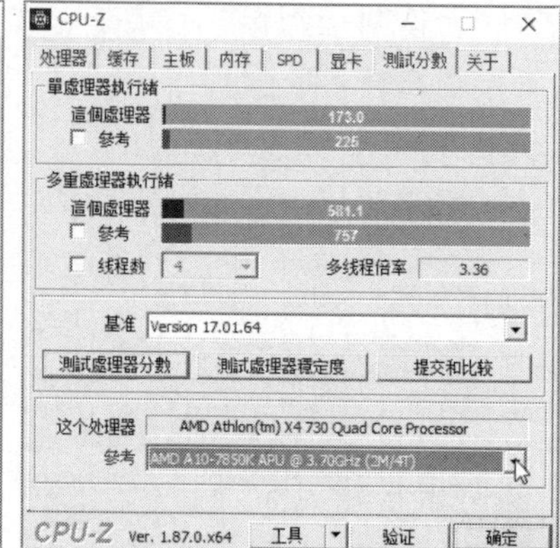

8.4.3 使用 GPU-Z 测试显卡性能参数

通过 GPU-Z 可以对比显卡的参数来辨别其性能的高低，甚至可以区分真假显卡，方法如下。

步骤 1 运行 GPU-Z 程序，在打开的窗口中显示准确的显卡的型号、采用的显示核心、显存类型、显存容量、显存位宽，以及核心频率等信息。将鼠标指向某个参数框，会显示该参数的具体含义。

步骤 2 切换到“传感器”选项卡，显示显卡的显存频率、CPU 温度、风扇转速、显存使用情况等信息。

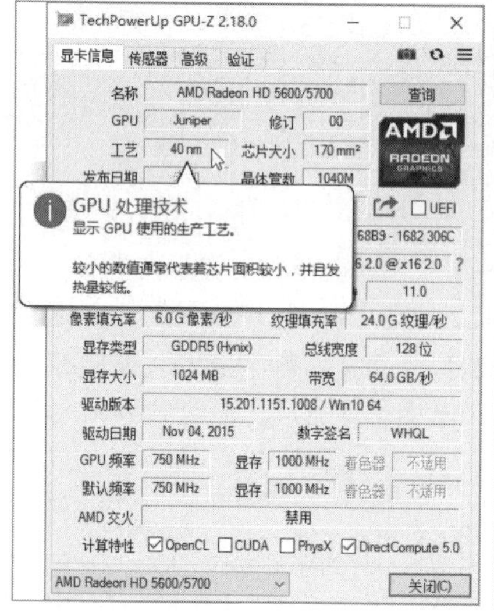

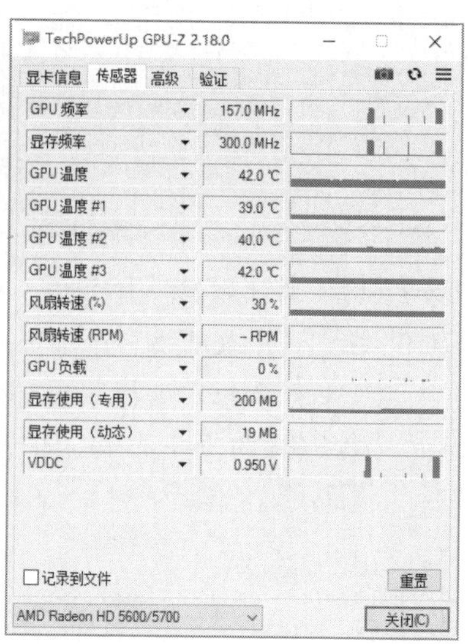

8.4.4 使用 MemTest 测试内存可靠性

内存的可靠性直接影响整个电脑系统的性能，可以使用 MemTest 软件来测试内存的可靠性。

步骤 1 运行 MemTest 程序，在文本框中输入需要测试的内存大小，单位为“MB”，默认为测试所有未使用内存。

步骤 2 单击“开始检测”按钮，程序开始测试指定的内存区域，下方的信息框中将以百分比方式显示测试进度。如果发现错误，会提示用户并将错误次数显示在信息框和标题栏中。

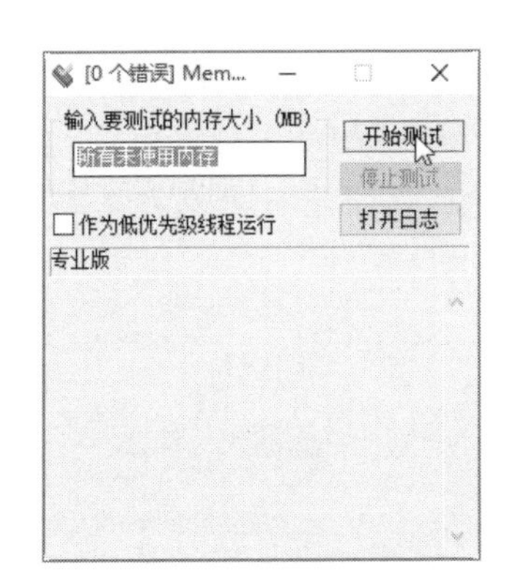

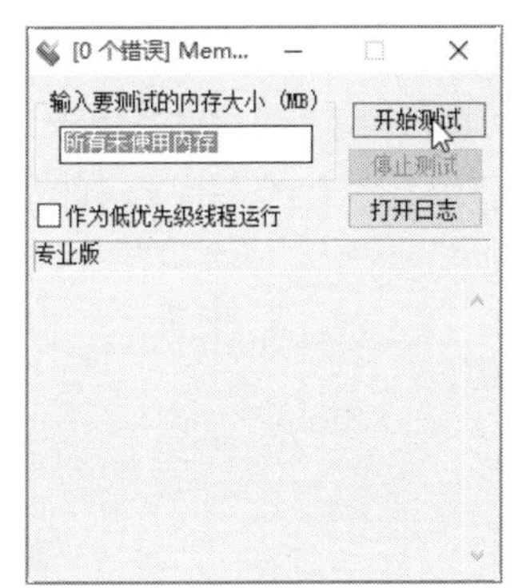

8.4.5 使用 HD Tune 检测硬盘性能

HD Tune 是一款经典的磁盘测试软件，主要功能包括测试硬盘传输速率、健康状态、温度，以及扫描磁盘表面等；另外，还能检测出硬盘的固件版本、序列号、容量、缓存大小，以及当前的 Ultra DMA 模式等。

步骤 1 运行 HD Tune 程序，在主界面上方显示当前硬盘的型号和温度，也可以在下拉列表中选择其他硬盘。在“基准测试”选项卡中单击“开始”按钮，在动态图表中显示硬盘的读取速度，其中纵坐标轴表示读取速度；横坐标轴表示读取容量，右侧列表中显示测试的数值。

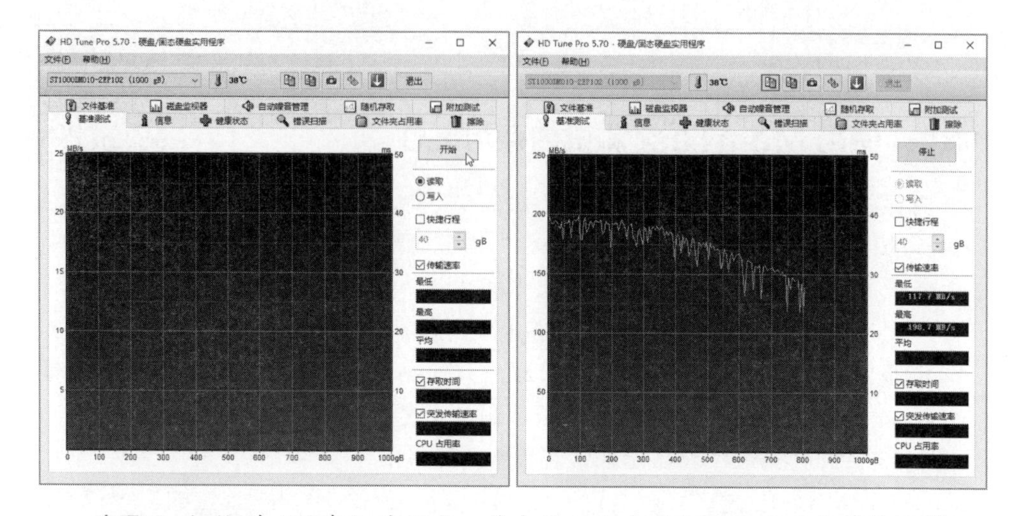

步骤 3　切换到“信息”选项卡，其中显示硬盘的分区信息及支持特性等。

步骤 4　切换到“健康状态”选项卡，其中显示检测的健康状态。在项目上单击，可以查看更加详细的参数信息。如果有健康问题，则以红色或黄色显示。

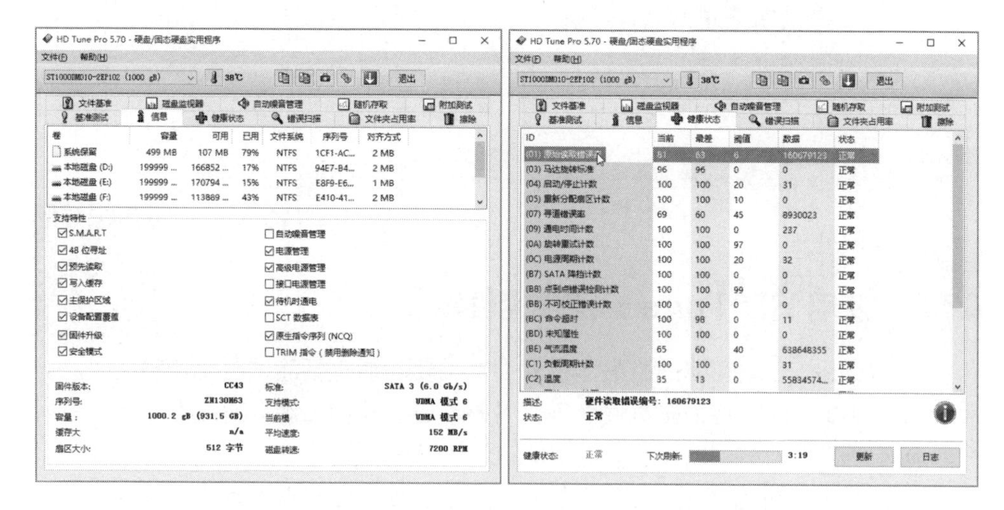

步骤 5　切换到“错误扫描”选项卡，单击“开始”按钮，开始扫描硬盘的坏道情况。如果出现红色格子，则表示硬盘有坏道。单击“停止”按钮可以停止扫描。

步骤 6　切换到“文件基准”选项卡，测试硬盘在不同文件长度大小情况下的传输速率。例如，设置驱动器“D:”，文件长度为“500MB”后单击“开始”按钮测试。

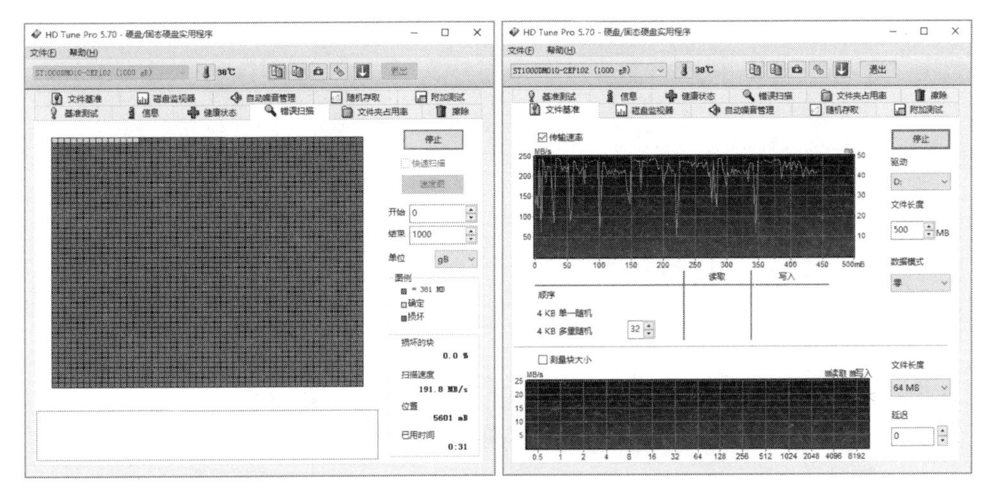

步骤 7　切换到“自动噪音管理”选项卡，调整硬盘的噪音。用户可以选择“启用”复选框，然后拖动滑块调整性能；另外，单击“测试”按钮，可测试当前设置的平均存取时间。

步骤 8　切换到“随机存储”选项卡，单击“开始”按钮，测试硬盘的真实寻道及寻道后读 / 写操作的时间。每秒的操作数越高，平均存取时间越小越好。

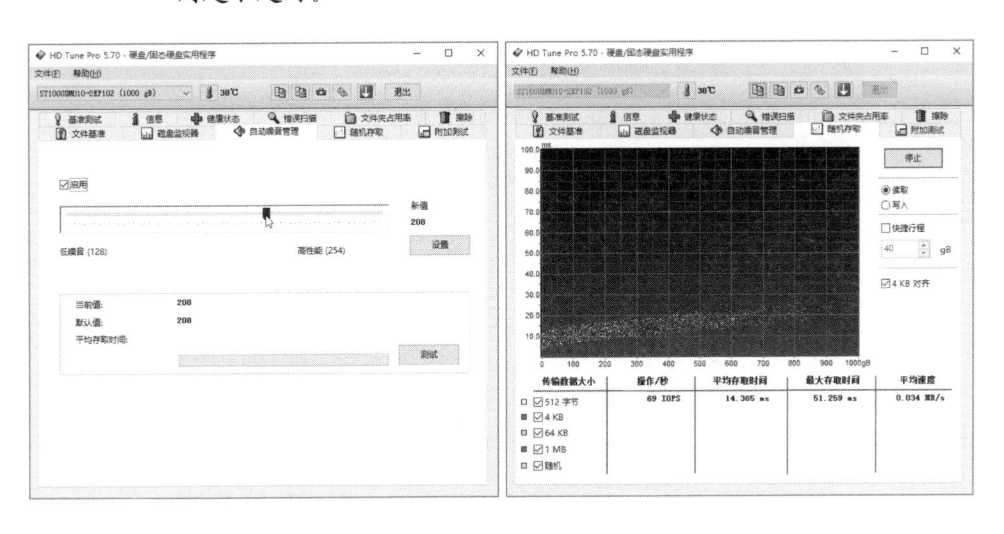

174

| 第9章 |

电脑故障处理基础

本章导读

掌握常见的电脑故障排除方法就可以在电脑出现故障时自己解决，并挽回不必要的损失。在学习电脑故障排除前首先要了解一些电脑故障的基础知识，以便更有条理地查找和排除故障。

本章要点

- ★ 认识电脑故障
- ★ 排除电脑硬件故障
- ★ 排除电脑软件故障

9.1 认识电脑故障

电脑故障各式各样，要想排除它们，首先需要清楚电脑故障的类型，以及故障产生的原因等。

9.1.1 故障分类

电脑故障通常分为硬件故障和软件故障两类。

1. 硬件故障

硬件故障是指由于硬件故障或设置错误而导致电脑不能正常运行的故障，常见的硬件故障有以下几种表现方式。

★ 加电启动时主板报警：此类故障很可能是由不同的电脑硬件所引起的，需要根据不同的报警声音综合分析。

★ 显示屏幕出现花屏：此类故障多是由显卡发生故障而造成的。

★ 电脑频繁死机：此类故障多是由某些硬件不兼容或散热不良而造成的。

★ 电脑无故重启：此类故障多是由电源工作不稳定或电压不稳定而造成的。

2. 软件故障

软件故障是指操作系统或应用软件在使用过程中出现的故障，如无法进入系统、无法使用某个软件等。一般来说，软件故障不会损坏硬件，也比较容易修复。常见的软件故障有以下几种表现方式。

★ 电脑自检后无法进入系统，此类故障多是由于系统启动相关的文件被破坏所致。

★ 由于软件的安装、设置和使用不当造成某个程序运行不正常。

★ 系统长期运行会产生大量垃圾文件，造成系统运行速度缓慢。

★ 电脑的硬件驱动程序安装错误，造成硬件不能正常运行。

★ 由于病毒破坏使系统运行不正常。

★ BIOS 设置错误造成系统出错。

9.1.2 故障的识别原则

尽管电脑故障看似多种多样，判别电脑故障仍应遵循以下原则。

1. 了解故障的具体情况

在维修电脑前，一定要清楚所出现故障的具体情况，以有效地进行判断。

★ 清楚电脑的配置、所用操作系统和应用软件。

★ 了解电脑的工作环境和条件。

★ 了解系统近期发生的变化，如安装软件、卸载软件、系统更新等。

★ 了解诱发故障的直接原因或间接原因与死机时的现象。

2. 先假后真、先外后内、先软后硬

★ 先假后真：确定系统是否存在故障，操作过程是否正确，连线是否可靠等，只有在排除假故障的可能后才考虑真故障。

★ 先外后内：先检查机箱外部，然后考虑打开机箱，尽量不要盲目拆卸硬件。

★ 先软后硬：先分析是否存在软件故障，然后考虑硬件故障。

3. 注意安全

在检测故障时一定要注意安全，特别是在拆机检修时务必将电源切断。电脑通电时不要触摸电脑，以免触电；此外，静电的预防与绝缘也是十分重要的。落实安全防范措施不仅保护了自己，也保障了电脑硬件的安全。

9.2 排除电脑硬件故障

电脑硬件故障主要是指因硬件损坏、接触不良、散热不良或硬件无法识别等原因导致的电脑故障，了解故障产生的原因可以帮助我们对故障进行分析，从而排除电脑故障。

9.2.1 产生的原因

硬件故障是由多种原因引起的，主要包括安装时的错误操作、电压不稳定、电脑部件质量差、硬件之间的兼容性差，以及灰尘的积累等。要排除各种电脑硬件故障，应该先了解这些故障的产生原因。

1. 安装与维护不当

有些硬件出现故障是由于用户在组装和维护电脑时的操作不当造成的。

★ 带电拔插：除了现在流行的SATA和USB接口的设备外，电脑的其他硬件都是不能带电拔插的。因为这样做很容易造成短路，将硬件烧毁。按照安全用电的标准，不应该带电拔插硬件，因为这样做可能对人身造成伤害。
★ 安装时方法不当：电脑在安装时，如果将板卡或接口插入主板中的插槽中时方位不准确或用力不当，可能损坏插槽或板卡，导致接触不良，甚至板卡不能正常工作。切记不能使用蛮力，特别是安装CPU和PS/2接口的鼠标和键盘时。如果方法不当，很容易造成硬件针脚的损坏。
★ 安装不当：安装显卡和声卡等硬件时，需要将其用螺丝钉固定到适当位置。如果安装不当，可能导致板卡变形，从而因为接触不良导致故障。
★ 板卡被划伤：电脑中的板卡一般都是分层印刷的电路板，如果将其划伤，可能将其中的电路或线路切断，导致断路故障，甚至烧毁板卡。

2. 供电引起的故障

供电引起的故障包括电压或电流瞬间过大、电压不稳定、突然断电等，电压或电流的突然变化，有很大可能对电脑硬件造成损害。造成电压或电流突然变化的原因有线路短路、雷击等，家庭使用不稳定的大功率电器也会改变线路中的电压或电流。

要避免因电压或电流的突然变化引发的电脑故障，可以选用带防雷击、防过载的电源插座，并使用质量过硬的主机电源，尽量不要将电脑和其他大功率电器连接在同一插线板上。

3. 灰尘过多引发的故障

灰尘是电脑的第一杀手，大量的灰尘可以使电路板上传输的电流发生变化，从而影响硬件设备的工作。如果遇到潮湿的天气，灰尘会引起元件的氧化反应，造成接触不良，甚至会引起电路短路烧坏元器件。

此外，大量的灰尘还会堵塞散热风扇，使其不能正常运转。从而造成硬件设备因温度过高而不能正常工作，所以在使用过程中要经常为电脑清理灰尘。

4. 元器件物理损坏

有些生产厂家为了节约成本，以牟取更大的利润，使用了一些质量较差的电子元器件（有的甚至使用假货或伪劣部件），这样就很容易引发硬件故障。特别是在高温环境中，劣质产品更容易出现损坏问题。所以应该尽量选购名牌大厂的硬件产品，它们在产品设计和质量上都有一定的保证。

5. 硬件不兼容

即使是品牌电脑，其中的各种软件和硬件大多也是由不同厂家生产的。这些厂家虽然都按照统一的标准生产产品，并尽量相互支持，但仍有不少厂家的产品之间存在兼容性问题，兼容性是指硬件与硬件、软件与软件，以及硬件与软件之间能够互相支持并充分发挥性能的特性。如果兼容性不好，虽然有时也能正常工作，但是其性能却没有很好地发挥出来，还会经常莫名其妙地出现故障。

硬件之间出现兼容性问题，其结果往往是不可调和的。通常硬件兼容性问题在电脑组装完成后第 1 次开机时就会出现，所以解决的方法就是更换硬件。

对于硬件的兼容性问题，也可以尝试升级驱动程序。如果未解决问题，只能更换硬件。

6. 无法识别硬件

我们为电脑添加硬件设备时，常常会遇到新硬件无法被系统识别的问题。例如，声卡、网卡、游戏手柄、U 盘、打印机等。除了排除硬件设备自身的故障因素外，无法识别硬件的原因通常有以下几种。

★ 板卡接触不良，可尝试断电后重新拔插。
★ USB 设备供电不足，可以尝试将其插入电脑后方的 USB 接口中。部分外接 USB 设备需要使用双 USB 接口供电，一些非 USB 设备也需要使用 USB 接口单独供电，因此应仔细检查设备连接是否正确。
★ 驱动程序安装不正确。可将原驱动程序卸载后重新安装，推荐使用“驱动精灵”或“驱动人生”软件自动安装。

9.2.2 ▶ 硬件故障的排除方法

通常根据以下几种方法检测电脑硬件故障，即可排除或找出故障原因。

1. 观察法

观察法即利用触觉，通过看、听、摸、闻等方法检查硬件的故障，是排除电脑故障的最基本方法。观察不仅要认真，而且要全面。

★ 看：主要观察电源是否接通、连线是否正确、是否有火花，以及插件是否松动、元器件是否接触不良等。

★ 听：主要听机箱里是否有异常声音，特别是主板的报警声。

★ 摸：用手摸有关元器件是否过热。一般组件外壳发热的正常温度为 40℃～50℃，如果用手摸上去过烫，则该组件内部电路可能有短路现象。

★ 闻：是否有异味，如焦味、臭味（芯片烧毁时会发出臭味）等。

2. 拔插法

导致电脑系统故障的原因很多，如主板自身故障、I/O 总线故障、各种插卡故障等均可导致系统运行不正常，而采用拔插法是确定故障在主板或 I/O 设备的简捷方法。

拔插法检测电脑故障的操作为关机后将插件板逐块拔出，每拔出一块插件板就开机观察电脑的运行状态。一旦拔出某块插件板后主板运行正常，那么就是该插件板故障或相应 I/O 总线插槽及负载电路故障。若拔出所有插件板后系统启动仍不正常，则故障很可能出在主板上。

拔插法的另一个作用就是解决因安装接触不良而引起的电脑部件故障。如果一些芯片、板卡与插槽接触不良，将这些芯片或板卡拔出再重新正确插入后即可排除故障。

3. 最小系统法

所谓最小系统法是指保留系统能运行的最小环境，把其他适配器和输入/输出接口（包括软、硬盘驱动器）从系统扩展槽中临时取出，再接通电源观察最小系统能否运行。最小系统法可以避免因外围电路故障而影响最小系统。

一般在电脑开机后系统没有任何反应的情况下使用最小系统法，最小系统包括硬件最小系统和软件最小系统。

★ 硬件最小系统：由电源、主板和 CPU（含 CPU 风扇）组成，在这个系统中没有连接任何输入和输出设备。通过开机后查看风扇是否转动，以及主板喇叭的报警声来来判断这一核心组成部分是否能够正常工作。

★ 软件最小系统：由电源、主板、CPU、内存、显卡和显示器组成，主要用来判断电脑是否可以完成正常的启动。

最小系统法主要用来判断在最基本的硬件环境中电脑是否可以正常工作，如果不可以，即可判定是最基本的硬件资源存在故障，从而起到故障隔离的效果。

4. 替换法

替换法是用好的部件替换可能有故障的部件，通过故障现象是否消失来判断被替换的部件是否存在故障。

此外，还可以将怀疑有问题的部件替换到运行正常的电脑上。如果电脑不能正常运行，也可以确认该部件出现故障。

5. 逐步添加/去除法

逐步添加法是以最小系统为基础，每次只在系统中添加一个部件。然后重新启动电脑来检查故障现象是否消失或发生变化，以此来判断并定位故障部位；逐步去除法则与逐步添加法的操作相反。

通常，逐步添加/去除法一般要与替换法配合，才能较为准确地定位故障所在部件。

6. BIOS 清除法

在设置 BIOS 时，可能将某些重要参数设置错误而造成电脑硬件无法正常工作，此时可通过 BIOS 清除法将 BIOS 设置恢复为默认值。方法有两种，一种是开机后进入 BIOS 设置相应的选项；另一种是如果不能启动电脑，则可以通过短接主板上的 CMOS 跳线来清除 BIOS 设置，具体短接方法参看主板说明书中的说明。

9.3 排除电脑软件故障

软件故障是由软件的使用不当造成的，其结果是系统运行不稳定或运行程序缺少文件，严重的故障可能导致系统无法启动。

9.3.1 软件故障发生的原因

软件故障主要由以下一些原因造成。

★ 软件不兼容：有些软件在运行时与其他软件发生冲突，相互不能兼容。如果这两个软件同时运行，可能会中止系统的运行，甚至会使系统崩溃。比较典型的例子是系统中存在多个杀毒软件，如果同时运行，很容易造成电脑死机。

★ 非法操作：由用户操作不当造成。例如，卸载软件时不使用卸载程序，而直接将程序所在的文件夹删除。这样做不仅不能完全卸载该程序，反而会在系统中留下大量的垃圾文件，成为故障隐患。
★ 误操作：指用户在使用电脑时无意中删除了系统文件或执行了格式化命令，这会导致硬盘中重要的数据丢失，甚至电脑不能启动。
★ 病毒破坏：有些电脑病毒会感染硬盘中的文件，使某些程序不能正常运行；有些病毒会破坏系统文件，造成系统不能正常启动；有些病毒会破坏电脑的硬件，使用户蒙受更大的损失。

9.3.2 软件故障的排除办法

软件故障的种类很多，但只要方法和思路正确，那么排除故障就比较轻松了。排除软件故障的方法如下。

★ 注意提示：软件发生故障时，系统一般都会给出错误提示，仔细阅读并根据提示来排除故障常常可以事半功倍。
★ 重新安装应用程序：如果在使用应用程序时出错，可将这个程序完全卸载后重新安装。通常情况下，重新安装可解决很多程序出错引起的故障；同样，重新安装驱动程序也可修复电脑硬件因驱动程序出错而发生的故障。
★ 利用杀毒软件：当系统出现运行缓慢或经常提示出错的情况时，应当运行杀毒软件搜索系统中是否存在病毒。
★ 升级软件：一些低版本的程序存在漏洞（特别是操作系统），容易在运行时出错。因此如果一个程序在运行中频繁出错，可通过升级该程序的版本来解决。
★ 寻找丢失的文件：如果系统提示某个系统文件丢失，可以从操作系统的安装光盘或使用正常的电脑中提取原始文件到相应的系统文件夹中。

182

| 第 10 章 |

处理电脑开机故障

本章导读

电脑开机故障是指电脑从按下主机电源开关到显示操作系统桌面这个阶段发生的故障，这是最常见，也是最棘手的故障类型。电脑无法开机往往意味着硬件或者系统的损坏，是用户最不希望发生的事情，本章介绍如何处理此类故障。

本章要点

★ 电脑启动阶段故障处理

★ 操作系统启动阶段故障处理

10.1 电脑启动阶段故障处理

我们将电脑的整个开机过程分为两个阶段，一个是从按下主机电源开关到 BIOS 自检阶段；另一个是操作系统启动阶段。

10.1.1 开机无显示故障处理

在解决这类故障前，我们首先来了解电脑正常的如下启动步骤。

（1）电源在接通交流电后，会输出一个 +5 VSB 电压到主板。主板上的少部分线路开始工作，并等待开机操作，此时为待机状态。当按下主机电源开关时，主板会向电源发送一个低电平。电源接到低电平后开始启动并产生所有的输出电压，此时可以观察到电源风扇开始转动，机箱电源灯常亮。

+5 VSB 为电脑电源的辅助电源，它为电脑待机器件提供电源，主要提供给机箱开关、网卡、鼠标、键盘等需要唤醒电脑开机所需功能的部件。

（2）在所有输出电压正常建立后的 0.1 ～ 0.5 秒内，如果电源的输入电压在额定范围之内，输出电压也达到最低检测电平（+5 V 输出为 4.75 V 以上），电源就会向主板发送一个 POWER Good（PG）信号，表示电源已经准备好。然后主板开始启动和运行，并向主板上的其他设备供电，此时可以看到 CPU 风扇和显卡风扇开始转动。

（3）首先开始工作的是 CPU，如果工作正常，会向主板发送一个复位信号。主板 BIOS 开始进行自检和初始化，如果主板、显卡和内存工作正常，则显卡会向显示器输送显示信号。此时可以听到主机发出一声“嘟”的短鸣声，显示器开始依次显示主板 LOGO 和 BIOS 自检画面。

（4）进入有显示的自检阶段后，BIOS 会检测硬件信息并显示在屏幕上，并且寻找电脑中的引导设备。如果检测到硬件错误或没有找到引导设备，则会将错误信息显示在屏幕上；如果自检通过并从引导设备中找到启动信息，则将电脑的控制权交给启动设备。接下来进入操作系统启动阶段，或者进入操作系统安装界面或启动 U 盘界面。

BIOS 自检信息可能一闪而过，用户可以按键盘上的 Pause 键暂停，查看后按 Enter 键继续。

如果电脑开机无显示，则故障出现在前 3 个过程，用户可通过以下顺序诊断故障。

（1）查看电源是否通电，可以观察电源风扇和 CPU 风扇是否转动。如果没有转动，则说明电源没有启动，可以通过以下几种方法来排查。

★ 检查外部电源是否通电、电源插头是否松动，以及主机电源是否有独立开关并且开关是否开启等。

★ 如果外部电源有电，则需要检查是否主机电源开关故障。如果是新装机，则需要检查机箱开关电源连接是否正确；如果开关连接没有问题，可以拔下开关连接跳线，采用短接法查看能否正常开机。

短接开机法是指使用螺丝刀或跳线帽将主板上连接机箱电源开关的两根跳线进行短接，以完成开机的操作，以此来判断是否是电源开关故障。

★ 如果使用短接法仍然不能开机，则说明问题出在电源或主板电路上，此时需要使用短接法或使用电源检测专业工具排查电源是否损坏。短接法即用金属线连接 ATX 电源 20 针插头中的绿线接口和旁边的黑线接口，观察电源风扇是否转动。如果无法启动电源，则说明电源出现故障。

★ 如果使用短接法可以启动电源，则说明是主板电路故障，可以使用替换法进一步排查。

（2）如果开机后电源风扇转动，则说明电源开始工作。此时如果CPU风扇和显卡风扇转动，则说明主板开始向其他设备供电；否则说明主板没有向其他设备供电，问题还是出在电源和主板上，此时只有通过替换法进行确认。

（3）如果CPU风扇和显卡风扇转动，则注意听主板是否发出“嘟”的蜂鸣声。如果发出，则表示主机已经正常启动，故障可能出在显示器和显示信号线上。查看显示器是否通电和信号线是否松动等，可以通过替换法检测；如果主板发出其他蜂鸣声，则说明是主机故障。可以根据蜂鸣声类型来判断故障原因，也可以使用拔插法、最小系统法、逐步添加法和替换法等方法进行检测。

如果没有任何蜂鸣声，也不能由此断定为主机故障，因为有些电脑由于蜂鸣器损坏或没有连接等原因不会发出蜂鸣声。此时可以通过按下键盘上的Num Lock键（小键盘控制键）和Caps Lock键（大小写控制键）来查看对应的指示灯是否亮，以确定主机是否已经正常启动。

（4）如果没有任何蜂鸣声并且确定是主机故障，则仍然需要通过拔插法、最小系统法、逐步添加法和替换法等方法进行检测，主机故障的常见原因如下。

★ 硬件接触不良，常见于内存条和显卡。可以将内存条或显卡取下后擦拭其金手指，并清理插槽灰尘，然后重新插上。
★ 机箱灰尘影响设备运行，需要定期清理。
★ CPU接触不良、针脚弯曲或断裂、烧毁等，可以取下CPU查看。
★ 各种硬件与电源线的连接也能造成主机故障，需要检查这些连接是否正确或通畅。
★ 在更换硬件之后也可能出现黑屏现象，主要是硬件之间存在兼容性问题，如内存条与主板之间、内存条与内存条之间，以及显卡与主板之间等。使用原先的硬件加电启动，如果可以正常启动，则说明新硬件的兼容性出现了问题。
★ 查看主机箱内是否有多余的金属物，使主板与机箱连接造成短路，导致主板启动短路保护。
★ 硬件本身的损坏也可能造成无法开机，如主板、显卡、内存条等。用户可以通过最小系统法测试，如果可以开机，则逐步增加硬件，以确定故障设备。

10.1.2 ▸ 通过蜂鸣声判断故障

可以通过报警的蜂鸣声类型来判断产生电脑故障的原因，常见的蜂鸣声类型及含义如下。

★ 1短：系统正常启动。

★ 2短：BIOS设置错误，解决方法为重设BIOS。

★ 1长1短：内存条或主板出错，可尝试更换内存条。如果故障依然存在，则更换主板。

★ 1长2短：显示器或显卡故障，检查显卡和显示器插头等部位是否接触良好，或用替换法确定显卡或显示器是否损坏。

★ 1长3短：键盘控制器故障，检查主板。

★ 1长9短：主板Flash RAM或EPROM错误，BIOS损坏，换一块Flash RAM试试。

★ 重复长响：内存条未插紧或损坏，重插内存条。如果故障依然存在，更换内存条。

★ 重复短响：电源故障。

★ 不停地响：电源、显示器未和显卡连接好，检查所有的插头。

10.1.3 ▸ 使用主板诊断卡判断电脑故障

主板诊断卡又称为“主板故障诊断卡”或“DEBUG卡”，它通过代码显示主板中BIOS内部自检程序的检测结果。结合代码含义速查表就能很快地知道电脑故障所在，尤其在电脑黑屏、扬声器不响时可以起到快速判断故障的作用。

主板诊断卡通常插在主板的扩展插槽中，有些主板自带检测功能，可以通过安装在主板上的数字显示屏显示检测结果。

诊断卡的检测顺序是复位→ CPU →内存→显卡→其他，正常的电脑开机后诊断卡的数码显示如下。

（1）复位（RST）灯亮一下，表示复位正常。如果复位灯长亮，表示有些硬件没有准备好。这时要排查是哪个硬件没有复位，数码显示为“FF”。

（2）检测到复位正常后，显示“FF”或者“00”，这是正在检测 CPU。如果停在“FF”或者是“00”上，表示主板没有识别到 CPU。

（3）通过 CPU 检测后代码显示为“C1”，表示开始检测内存。只要数码显示在变化就说明内存检测已通过。如果停在“C1”不变，则为主板没有检测到内存。

（4）数码显示变为“25”或者“26”，说明主板在检测显卡。如果停在“25”或“26”不变，则说明没有检测到显卡。

（5）检测到显卡正常后，数码会继续跳动。最后会显示“FF”，说明电脑开机检测已全部通过。

常见的代码及故障部位如下。

★ 00、FF、E0、C0、F0、F8：主板没有检测到 CPU，可能是 CPU 损坏，或者 CPU 的工作电路不正常。

★ C1、D1、E1、D7、A1：主板没有检测到内存，可能是内存条损坏，或者内存条的供电电路损坏。

★ 25、26：没有检测到显卡。

10.1.4 ▸ 有显示信息的自检阶段故障处理

正常情况下，BIOS 自检完毕后，就会显示 CPU 型号和工作频率、内存容量、硬盘工作模式，以及所使用的中断号等信息。如果检测到硬件错误，会将错误信息显示在屏幕上，通过这些错误信息我们可以大致或准确地判断故障原因。

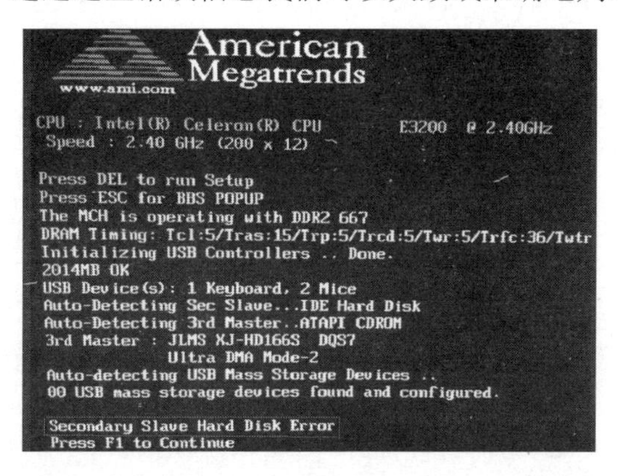

下面是一些常见自检故障信息的含义及处理方法。

错误信息：COMS battery failed。

信息解析：CMOS 电池失效。

解决方法：一般出现这种情况说明主板 CMOS 供电的电池电力不足，需要及时更换（按 F1 键可直接进入系统）。

错误信息：CMOS check sum error-Defaults loaded。

信息解析：CMOS 执行全部检查时发现错误，要载入系统预设值。

解决方法：一是主板 CMOS 供电电池电力不足；二可能是 CMOS 供电电路故障，如无专业维修技术，只有送修。

错误信息：Hard disk insta11 failure。

信息解析：硬盘安装失败。

解决方法：这种情况可能是硬盘的电源线或数据线未接好或者硬盘跳线设置不正确，按照硬盘盘体上印刷的说明把硬盘分别设置为“Master 主盘”和“Slave 从盘”。

错误信息：Hard disk(s) diagnosis fail。

信息解析：执行硬盘诊断时发生错误。

解决方法：硬盘可能存在问题，可用替换法诊断。

错误信息：Keyboard error or no keyboard present。

信息解析：键盘错误或者未接键盘。

解决方法：检查键盘与主板接口是否连接正确，或者更换键盘。

错误信息：Memory test fail。

信息解析：内存检测失败。

解决方法：重新插拔内存条，也可能是混插的内存条互相不兼容而引起的，可采用替换法检测。

错误信息：Disk Boot Failure。

信息解析：系统程序出错或分区表损坏。

解决方法：检查是否有病毒，然后重建硬盘分区表。

错误信息： Disk boot failure insert sytem disk and press Enter。

信息解析： 系统引导错误，按 Enter 键继续。

解决方法： 启动电脑时按 Del 键进入 CMOS，将第 1 启动顺序更改为硬盘启动。如果已经设置硬盘为第 1 启动，则所安装的系统已崩溃，需要新安装操作系统或使用工具软件修复。

错误信息： Override enable-Defualts loaded。

信息解析： 主板 BIOS 中有参数设置不合理。

解决方法： 启动电脑时按 Del 键进入 CMOS，正确设置有关选项，也可以恢复为默认设置。

错误信息： CH-2 Time ERROR。

信息解析： 主板时钟 TIM #2 发生错误时出现的提示信息，通常需要更换主板。

错误信息： CMOS Battery State LOW。

信息解析： CMOS 电池电量低，需更换。

错误信息： CMOS System opti** not set。

信息解析： 保存在 CMOS 中的参数不存在或被破坏，运行 BIOS 设置程序可排除故障。

错误信息： CMOS Display type mismatch。

信息解析： 保存在 CMOS 中的显示类型与 BIOS 检查出的显示类型不一致，运行 BIOS 设置程序排除故障。

错误信息： Display Switch Not proper。

信息解析： 有些系统要求用户设置主板上的显示类型，如果设置与实际情况不符，则出现此错误提示。关机，然后重新设置主板上显示类型的跳线。

错误信息： KB/ Interface error BIOS。

信息解析： 检查程序发现主板上的键盘接口出现了错误，重新连接键盘。

错误信息：CMOS Memory Size Mismatch。

信息解析：BIOS 发现主板上的内存大小与 CMOS 中保存的数值不同，运行 BIOS 设置程序改正该错误。

错误信息：HDD Controller Failure。

信息解析：BIOS 不能与硬盘控制器通信，关机检查所有连接处，如主板上的硬盘控制器的数据线是否接好，并检查硬盘控制器是否损坏等。

错误信息：C:\Drive Error。

信息解析：BIOS 未接收到硬盘 C 的任何信号，运行 Hard Disk Utility 硬盘实用程序，并且检查 CMOS 设置中的硬盘类型是否正确等。

错误信息：Cache Memory Bad Do Not enable Cache。

信息解析：BIOS 发现主板上的高速缓存已损坏，找厂商或销售商解决这个问题。

错误信息：8042 Gate A20 error。

信息解析：键盘控制器 8042 的 Gate A20 部分不能正确地工作，应换一个 8042 芯片。

错误信息：Address Line short。

信息解析：地址线太短，一般是主板的译码电路地址出现问题，通常须更换主板。

错误信息：DMA ERROR。

信息解析：主板上的 DMA 控制器错误，通常须更换主板。

10.2 操作系统启动阶段故障处理

在我们使用 Windows 操作系统的过程中，常常因为人为操作错误、软件运行错误或病毒破坏等，造成 Windows 操作系统无法正常启动的情况。尽管大部分情况下都可以通过重装系统或系统还原来解决这类问题，但如果能够快速处理，则无需“大动干戈”。

10.2.1 使用安全模式修复系统错误

安全模式是 Windows 操作系统的一种特殊启动方式，其工作原理是在不加载任何第三方设备驱动程序，以及只运行系统必要程序的情况下启动电脑，使电脑运行在最小系统模式，这样用户就可以方便地检测与修复系统的错误。

在无法正常登录操作系统的情况下，用户可以尝试使用安全模式登录。使用安全模式启动电脑，可以对硬件配置问题引起的故障、注册表损坏或系统文件损坏引起的系统错误进行自动修复；此外，在安全模式下还可以彻底查杀病毒、删除和卸载顽固文件，以及卸载错误驱动程序等。

1. 进入 Windows 7 安全模式

在系统启动时按 F8 键，弹出“高级启动选项”界面，选择“安全模式”选项。

如果用户需要在安全模式下使用电脑网络，可以选择“网络安全模式”选项。

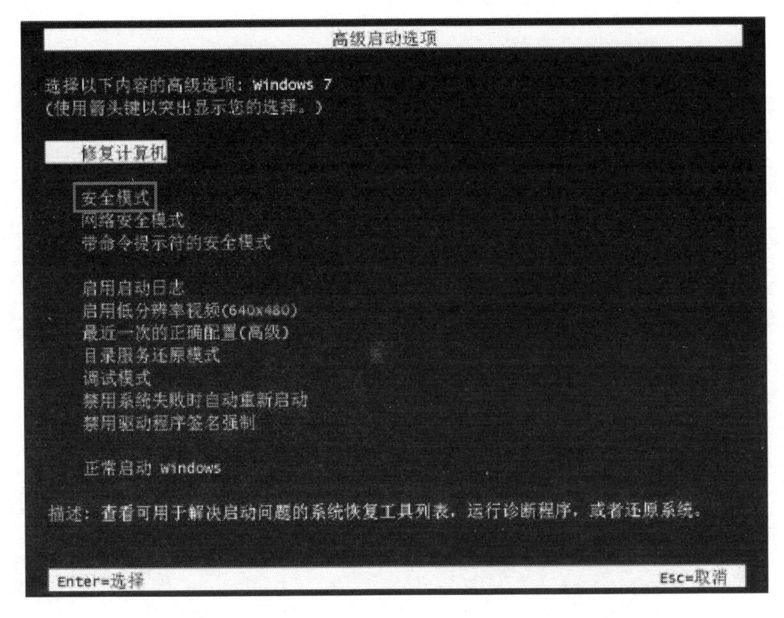

稍等片刻，完成加载后即可进入 Windows 7 安全模式的桌面。

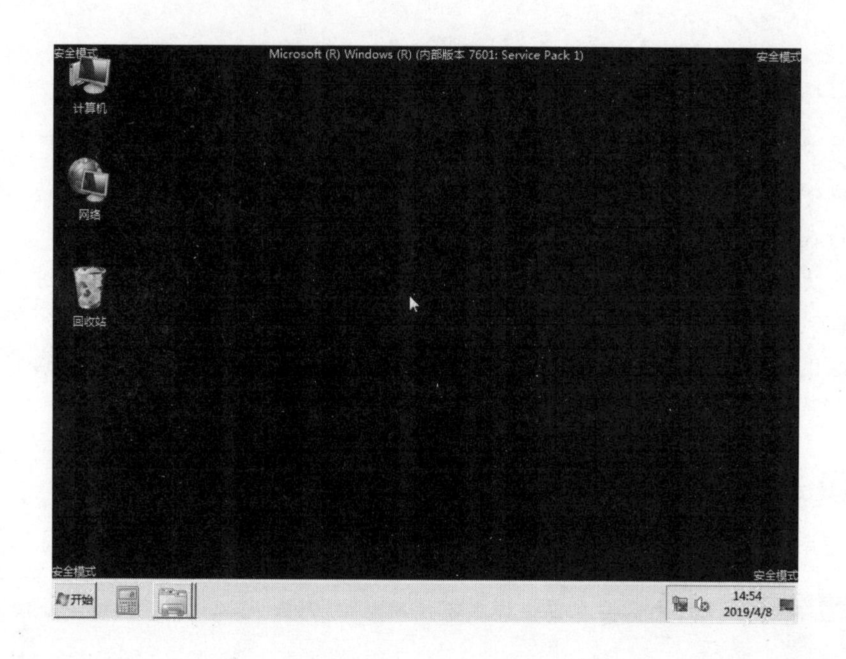

2. 进入 Windows 10 安全模式

进入 Windows 10 操作系统安全模式的操作步骤如下。

步骤 1 单击“开始”按钮，打开“开始”菜单，单击“电源”按钮，在弹出的子菜单中按住 Shift 键选择“重启”选项。

步骤 2 稍后弹出“选择一个选项”界面，单击“疑难解答”选项。

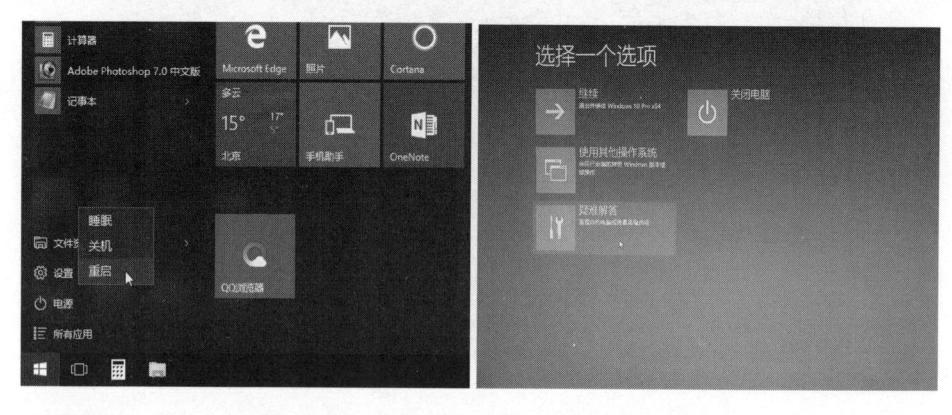

步骤 3 弹出“高级选项”界面，单击“启动设置”选项。

步骤 4 弹出“启动设置”界面，单击“重启”按钮。

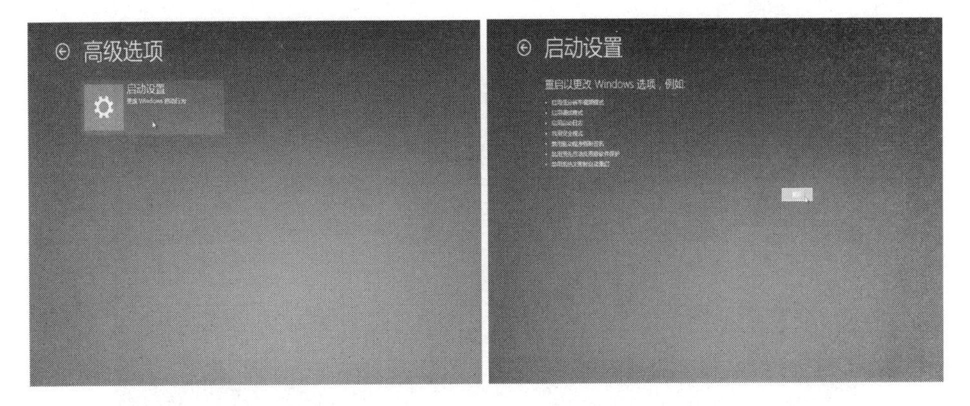

步骤 5 电脑开始重新启动，然后进入“启动设置”界面。根据屏幕提示按 F4 键，弹出安全模式桌面。

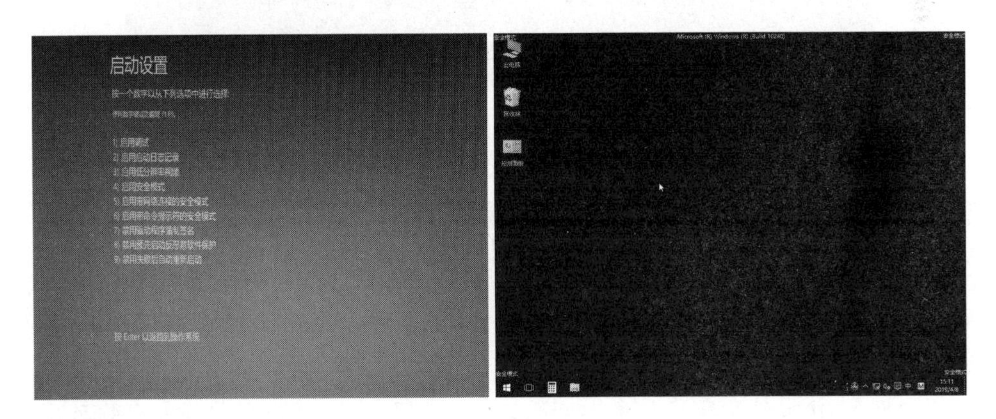

默认情况下，当用户连续 3 次启动系统失败后系统会自动弹出“启动设置”界面，可以直接选择进入安全模式。

10.2.2 使用“最后一次正确配置（高级）”选项修复系统故障

对于 Windows 7 及之前的操作系统版本，可以通过“最后一次正确配置（高级）”选项使电脑以最后一次正常启动时的系统设置来启动电脑，从而修复系统故障。

在开机时按 F8 键，弹出“高级启动选项”界面，选择“最近一次的正确配置（高级）”选项即可。

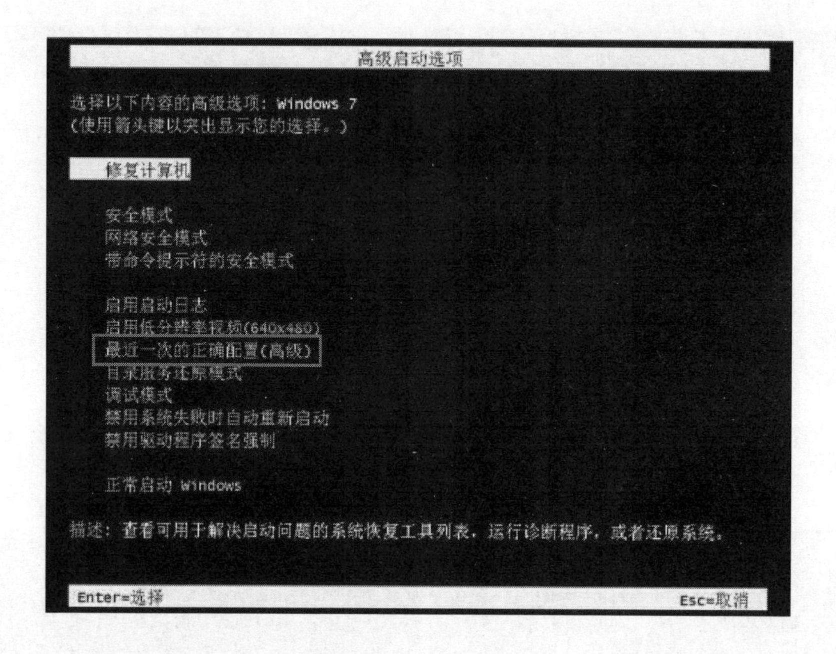

10.2.3 ▸ 使用系统安装盘修复系统错误

当遇到问题无法启动电脑时，可以运行操作系统安装程序。然后使用“自动修复”功能来修复操作系统错误，Windows 7 与 Windows 10 的操作方法相同，操作步骤如下。

步骤 1 使用光盘或 U 盘系统安装盘启动电脑，进入安装向导界面，单击“下一步”按钮。

步骤 2 在弹出的界面中单击左下角的“修复计算机”链接。

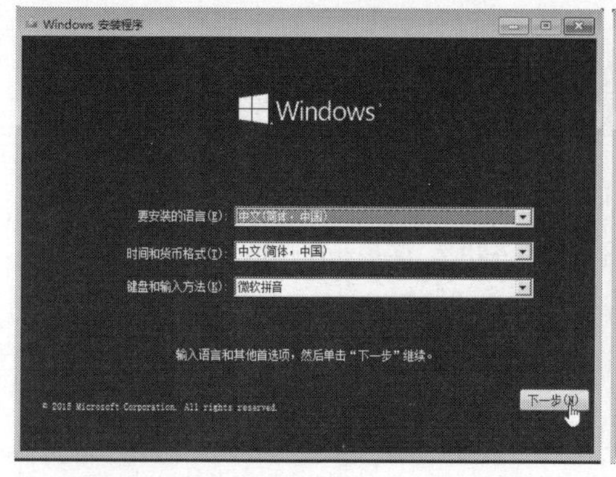

步骤 3　弹出“选择一个选项”界面，单击“疑难解答”图标。

步骤 4　弹出“疑难解答”界面，单击“高级选项”图标。

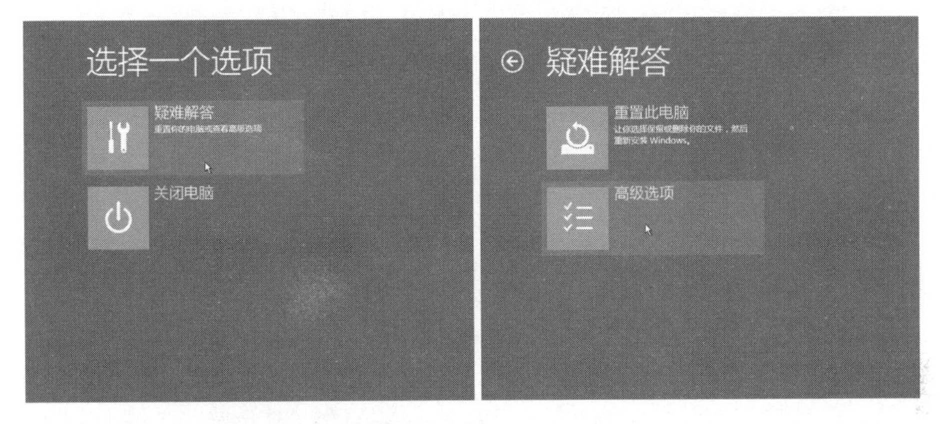

步骤 5　弹出“高级选项”界面，单击“启动修复”图标。程序开始诊断电脑出现的问题，并开始修复安装。

第 11 章

处理 CPU 故障

本章导读

CPU 主要负责指令的执行，作为核心组件，它在电脑系统中占有举足轻重的地位，是影响电脑系统运行速度的重要因素之一，本章讲解处理 CPU 故障的相关知识。

本章要点

★ CPU 故障处理基础

★ CPU 故障排除实例

11.1 CPU 故障处理基础

CPU 是电脑的核心部件，故障后会导致系统不能正常启动，并且在操作过程中出现系统运行不稳定和运行速度缓慢，或者死机等现象。

11.1.1 CPU 故障常见现象

一般 CPU 出现故障后的常见现象有以下几种。

★ 加电后系统没有任何反应，也就是经常所说的主机点不亮。

★ 电脑频繁死机，即使在 BIOS 或 DOS 下也会出现死机的情况。

★ 电脑不断重启，特别是开机不久便连续出现重启的现象。

★ 不定时蓝屏。

★ 电脑性能大幅度下降。

11.1.2 CPU 常见故障原因

CPU 常见故障原因有以下几种。

★ 接触不良：导致无法开机或开机后黑屏。

★ 散热不良：CPU 在工作时会产生较大的热量，如果散热不良，会因为 CPU 温度过高而产生故障。

★ 设置不当：如果 BIOS 参数设置不当，也会引起无法开机、黑屏等故障，常见的是将 CPU 的工作电压、外频或倍频等设置错误所致。

★ 其他设备与 CPU 的工作频率不匹配：CPU 的主频会发生异常，从而导致不能开机等故障。

11.1.3 判断 CPU 故障的思路

判断 CPU 故障的思路如下。

（1）观察 CPU 风扇运行是否正常：CPU 风扇是否运行正常将直接影响 CPU 的正常工作，一旦故障，CPU 会因温度过高而被烧坏。所以用户在平常使用电脑时，要注意风扇的保养。

（2）观察 CPU 是否损坏：如果 CPU 风扇运行正常，则打开机箱取下风扇和 CPU，观察 CPU 是否有被烧损、压坏的痕迹。现在大部分封装 CPU 都很容易被压坏；另外，观察 CPU 针脚是否有损坏。

（3）利用替换法检测：更换一个同型号的 CPU，启动电脑观察是否还存在故障，从而判断是否 CPU 故障。

11.1.4 常见 CPU 故障排除方法

1. CPU 散热系统不正常引起的故障

当 CPU 散热不良时，会造成 CPU 温度过高，一般都会造成主机故障，主要表现有死机、黑屏、机器变慢、主机反复重启等。

★ CPU 风扇安装不当会造成风扇与 CPU 接触不够紧密，而使 CPU 散热不良。解决方法是在 CPU 上涂抹薄薄一层散热膏，之后正确安装 CPU 风扇。

★ 主机中的灰尘过多，解决方法是将 CPU 风扇卸下，用毛笔或软毛刷将灰尘清除。

★ CPU 风扇的功率不够大或老化，解决方法是更换 CPU 风扇。

★ 环境温度太高，无法将产生的热量及时散去，解决方法是更换更为先进的散热系统。

2. 电脑重启故障

CPU 是引起电脑重启故障的重要元素之一，当主板检测到 CPU 过热就会重启系统，以此来保护 CPU 不被烧毁。如果系统频繁重启，应检查 CPU 散热是否正常。

3. 超频不当引起的故障

一般超频后的 CPU 在性能上有一定提升，但是对电脑稳定性和 CPU 的使用寿命都是有害的。超频后，如果散热达不到散发热量需要的条件，将出现无法开机、死机、无法进入系统、经常蓝屏等现象。

在发生该问题时，可以通过增加散热条件、提高 CPU 工作电压增加稳定性来解决。如果故障依旧，建议普通用户恢复 CPU 默认工作频率。

4. CPU 损毁

CPU 损毁一般是无法挽回的，损毁的原因：一是散热系统出现故障且 CPU 长时间高负荷工作；二是 CPU 超频后，散热条件未达到标准。

5. 正常温度也会烧毁 CPU

主板检测到的温度是 CPU 附近的空气温度，而最高的内核温度不容易检测，所以有些 CPU 在还没有达到极限温度时就已经烧毁。CPU 在正常工作的时候，如果散热正常，一般不会出现烧毁 CPU，而超频后 CPU 烧毁的概率则大大增加。

11.2 CPU 故障处理实例

实例 1：CPU 温度上升太快

【故障现象】

一台电脑在运行时 CPU 温度上升很快，开机几分钟后温度就由 33℃上升到 58℃，随后不再上升。

【分析处理】

一般情况下 CPU 的温度最高不要超过 85℃，最好控制在 70℃以下；否则很容易引起电脑死机或自动关机等。尽管 58℃属于正常温度，根据现象分析升温太快应该是 CPU 风扇的问题。检查 CPU 风扇是否正常运转，或更换一个质量更好的 CPU 风扇。

实例 2：电脑不断重启

【故障现象】

电脑开机之后只能正常工作 40 分钟，然后重新启动。随着使用时间越来越长，重启的频率也越来越高。

【分析处理】

一般情况下，如果主机工作一段时间后出现频繁死机的现象，首先要检查 CPU 的散热情况。

在开机情况下查看散热器风扇的运转情况，一切正常，说明风扇没有问题。将散热器拆下后认真清洗后装上，开机后问题如故。更换散热风扇后问题解决，经反复对比终于发现原来是扣具方向装反造成散热片与 CPU 核心部分接触有空隙。主板检测 CPU 过热，于是重启保护。

随着工艺和集成度的不断提高，CPU 核心发热已是一个比较严峻的问题。目前的 CPU 对散热风扇的要求越来越高，散热风扇安装不当而引发的问题也是相当普遍和频繁的。用户在挑选散热器时，应选择质量过关的产品，并且一定要注意正确的安装方法；否则轻则造成机器重启，严重的甚至会造成 CPU 烧毁。如果 CPU 长期在高温下工作，会出现电子迁移现象，从而缩短其寿命。

实例 3：CPU 超频失败

【故障现象】

一台电脑使用 i7 CPU，进入 BIOS 超频后重新启动电脑在自检后出现黑屏，无法进入 BIOS 和操作系统。

【分析处理】

这可能是超频过程中参数设置不当，CPU 不支持当前的超频设置或电压参数没有适当上调所致。遇到此类问题，可以使用以下两种方法来解决。

（1）按下机箱上的“Power”按钮启动电脑的同时按住键盘上控制键区中的 Insert 键（大多数主板都将这个键设置为让 CPU 以最低频率启动并进入 BIOS），如果不奏效，可以按 Home 键代替 Insert 键，成功进入 BIOS 后可以重新设置 CPU 的频率。

（2）按照主板说明书的提示打开机箱，找到主板上控制 CMOS 芯片供电的 3 根跳线。将跳线设置在 CMOS 放电状态或者把 CMOS 电池取下，稍微等待几分钟，再将跳线或电池复位并重启电脑，清除 BIOS 参数同样可以达到让 CPU 以最低频率启动的目的。启动电脑后进入 BIOS，重新设置 CPU 参数即可。

若需要再次超频，建议不要一次性设置过大的倍频值，可以逐步增加。重启系统后若运行稳定，再考虑增加超频数值。CPU 超频对电脑知识要求较高，不建议一般的电脑用户自行超频，防止因操作不当而损坏 CPU 及其他硬件。而且现在的 CPU 正常频率对一般用户来说已经足够使用，不用冒超频的风险。对于喜欢超频的用户，如果是 Intel 至尊系列主板，官方还提供了 Windows 下的图形化超频工具软件 Intel Desktop Control Center（IDCC）。功能包括调节 CPU 倍频、系统总线速度和内存参数以达到最高且稳定的超频，并且在主界面中还能够监控硬件的温度、电压、风扇速度和 CPU 使用率等信息。

实例 4：CPU 频率自动降低

【故障描述】

正常使用中的电脑开机后原本 3.1 GHz 的 CPU 变成了 2.5 GHz，并显示“Defaults CMOS Setup Loaded”的提示信息。在重新进入 BIOS 中设置 CPU 参数后，系统正常显示主频，但过了一段时间后又出现以上故障。

【分析处理】

这种故障主要由于主板上的电池电量供应不足，使得 CMOS 的设置参数不能长久有效地保存所致，更换主板上的电池即可解决。

另外，温度过高时也会造成 CPU 性能的急剧下降。如果电脑在使用初期表现异常稳定，但后来性能大幅度下降，偶尔伴随死机现象。使用杀毒软件查杀未发现异常，用 Windows 的磁盘碎片整理程序进行整理也无效，格式化重装系统仍然不能解决问题，此时应打开机箱更换散热器。

配备了热感式监控系统的 CPU 会持续检测温度，只要核心温度到达一定数值。该系统就会降低 CPU 的工作频率，直到核心温度恢复到安全数值以下，这就是系统性能下降的真正原因；同时也说明散热器的重要。推荐优先考虑一些品牌散热器，在购买时应注意其能支持的 CPU 最高频率，然后根据自己的 CPU“照方抓药”。

实例 5：CPU 针脚接触不良导致无法开机

【故障现象】

电脑一直使用正常，有一次却无法开机，显示器黑屏。使用替换法逐个检查，发现显示器、显卡均无问题。拔下 CPU，仔细观察也无烧毁的痕迹，只是针脚有些发黑、发绿。

【分析处理】

如果其他硬件均无故障，而 CPU 针脚有些发黑、发绿，这种情况可能是因为 CPU 的针脚被氧化和生锈而导致与插座接触不良所造成的。CPU 的针脚为铜制，外层镀金。如果 CPU 的制冷片将芯片表面温度降得太低，使芯片上水分结露或室内湿度较大，时间长了就会使裸露的铜针脚被空气中的氧气所氧化，从而导致 CPU 针脚与插座接触不良。这时可以找一个干净的小牙刷，轻轻地擦拭

CPU 的针脚，将氧化物及锈迹去掉。然后将 CPU 和风扇重新安装到主板上，开机后故障应该能排除了。

有一些劣质主板由于做工差，CPU 插槽质量不好，甚至插槽上没有镀金，所以会造成 CPU 接触不良而无法启动电脑，这时只要重新固定 CPU 和插槽的接触即可解决问题。

实例 6：导热硅胶造成 CPU 温度升高

【故障现象】

为让 CPU 更好散热，在芯片表面和散热片之间涂了很多硅胶，但是 CPU 的温度没有下降，反而升高了。

【分析处理】

硅胶的作用就是使 CPU 和散热器良好接触，使 CPU 的热量及时传递到散热器上。然后通过散热器散发出去，从而起到为 CPU 散热的目的。但是导热硅胶过厚或过薄都不利于 CPU 的散热，过薄时 CPU 的热量不能及时散发出去；过厚同样也不利于 CPU 温度的传递。而且导热硅胶容易吸收灰尘，它和灰尘的混合物会大大地影响散热效果，导致热量积聚在 CPU 表面使 CPU 温度过高。

此时可以重新将散热器拆下，用小刀等工具将 CPU 和散热器上的残留导热硅胶轻轻刮干净。然后均匀地抹上一薄层导热硅胶（注意不要抹得太厚），重新将散热器安装好。启动电脑，故障应该排除了。

实例 7：CPU 散热器失效导致死机

【故障现象】

一台电脑在使用初期表现异常稳定，但后来性能大幅度下降，偶尔伴随死机现象。

【分析处理】

感染病毒后导致磁盘碎片增多或 CPU 温度过高，电脑性能大幅度下降或死机。

首先使用杀毒软件查杀病毒，接着运行 Windows 的磁盘碎片整理程序整理磁盘。最后打开机箱，发现 CPU 散热器的风扇通电后不转动，更换新的散热器后故障排除。

实例 8：玩游戏死机

【故障现象】

电脑运行游戏软件半个小时后死机，重新启动后运行较大游戏软件也死机。

【分析处理】

这种有规律性的死机一般与 CPU 的温度有关。

打开机箱侧板后开机，发现装在 CPU 散热器上的风扇转速时快时慢，叶片上还沾满了灰尘。关机取下散热器，用刷子把风扇上的灰尘刷干净。然后把风扇上的不干胶商标揭起一大半露出轴承，发现轴承处的润滑油早已干涸且间隙过大，造成风扇转动时噪音增大。拿来摩托车机油在上下轴承上各滴一滴，然后用手转动几下，擦去多余的机油并重新贴好不干胶商标。把风扇装回到散热器，重新装到 CPU 上面。启动电脑后发现转速明显快了许多，而噪音也小了许多。系统运行稳定，故障排除。

实例 9：CPU 风扇故障

【故障现象】

一台电脑的 CPU 风扇在转动时忽快忽慢，电脑工作不长时间就死机。

【分析处理】

由于现在大多数电脑使用普通的滚珠风扇，所以需要润滑剂来润滑滚珠和轴承。这种现象的发生估计是缺少 CPU 风扇的滚珠和轴承之间的润滑油，造成风扇转动阻力增加，转动困难。由于 CPU 风扇不能持续为 CPU 提供强风散热，所以使 CPU 温度上升，最终导致死机。在为 CPU 风扇加了润滑油后，CPU 风扇转动正常，死机现象消失。

实例 10：超频后经常出现蓝屏现象

【故障现象】

CPU 超频后，在 Windows 操作系统中经常出现蓝屏现象，无法正常关闭程序，只能重启电脑。

【分析处理】

蓝屏现象一般是CPU在执行比较繁重的任务时出现，如运行大型3D游戏、处理运算量非常大的图形和影像等。

首先应检查CPU的表面温度和CPU散热风扇的转速，并检查CPU风扇和CPU的接触是否良好。如果不能达到散热要求，则需要更换大功率的散热风扇，甚至是冷却设备；如果故障依旧，将CPU的频率恢复到正常，通常可以排除故障。

实例11：CPU风扇噪声过大

【故障现象】

电脑机箱内的CPU风扇噪声过大。

【分析处理】

CPU风扇发出噪声过大大多是由于使用时间长，而且又没有加过润滑油，使得CPU风扇轴承干涸而造成的，这时可以为CPU风扇的轴承加点润滑油来解决此种故障。

首先将CPU风扇取下，将扇叶上的灰尘清除干净，避免在安装过程中有灰尘进入轴承内。将CPU风扇正面的不干胶商标撕下，露出轴承。如果CPU风扇的轴承外部有卡销或盖子，也应将其取下。然后在轴承上滴几滴优质润滑油，再重新固定在散热片上并安装到CPU上。启动电脑，会听到CPU风扇的噪声明显减小。

CPU风扇中的润滑油不必频繁添加，一般来说，一年添加一次就可以了。

实例12：BIOS无法检测CPU风扇转速

【故障现象】

将CPU风扇取下除尘后重新装上，开机显示“CPU Fan Error”，按F1键才能进入系统。进入BIOS后，发现所检测到的CPU风扇转速为0 r/min（转/分），而CPU风扇实际运转情况却是良好的。

【分析处理】

这种情况是因为BIOS监测不到CPU风扇的运转信息而产生误报，出现这种情况的原因通常有以下几种：

（1）CPU 风扇的电源线没有插到主板的“CPU Fan”（CPU 风扇）接口，而插在了其他风扇接口。这样插接虽然不影响电脑正常运转，但 BIOS 却无法检测到 CPU 风扇的运转情况。一般情况下，只要将 CPU 风扇的电源线插在“CPU Fan”接口，即可在 BIOS 中正常检测了。

（2）CPU 风扇的电源线与主板上相应的接口接触不良，这种情况比较常见。

（3）所采用的 CPU 风扇为不合格产品，其电机只有两根电源线，而没有中间的测速导线，从而无法向 BIOS 反馈风扇的转速信息。

实例 13：判断盒装 CPU

【故障现象】

某用户电脑是一个月前配的，前几天打开机箱发现 CPU 与散热器黏在一起。

【分析处理】

盒装自带或者用户加上的导热硅脂都出现过CPU和散热器黏在一起的现象，这是正常的。判断盒装 CPU 真假的方法很多，其中一种是对照 CPU 外壳上最后一行编码和外包装封口的号码，如果一致，则是真的盒装 CPU。

实例 14：拯救针脚已断的 CPU

【故障现象】

由于不小心将 CPU 针脚弄断了一根，导致开机后电脑无反应。在断针对应的插槽中插入一段铜导线，开机后能看到风扇在转，但屏幕仍然无显示。

【分析处理】

虽然 CPU 针脚起到的作用各不相同，甚至有些是可有可无的，但是如果弄断的是关键针脚，那么无法启动是必然的结果。应该找到弄断的针脚并请有丰富焊接经验的维修人员焊接针脚，这样 CPU 或许还有起死回生的可能。

实例 15：CPU 温度正常却自动关机

【故障现象】

CPU 为 AMD Ryzen 3 1200，满载大概 15 分钟后自动关机，后来发现只要 CPU 温度达到 60℃就会自动关机。

【分析处理】

进入 BIOS 查看是否将 CPU 过热保护设置为超过 60℃自动关机，如果是，则设置为 75℃即可。

207

| 第 12 章 |

处理主板故障

本章导读

主板是电脑的“身躯”，在安装与使用主板的过程中需要注意。一旦出错，电脑的故障也将纷至沓来，本章讲解处理主板故障的相关知识。

本章要点

★ 主板故障处理基础
★ 主板故障排除实例

12.1 主板故障处理基础

主板属于电脑的中枢神经，连接了多种设备，其稳定性直接影响电脑工作的稳定性。由于主板集成了大量电子元器件，因此其故障也是多种多样，而且具有大量不确定性因素。

12.1.1 主板故障产生的原因

主板故障产生的原因可以归纳为以下几种。

★ 人为带电插拔板卡造成主板插槽损坏。

★ 静电造成元器件损坏。

★ 主板元件故障，常见的是主板芯片和电容故障。

★ 在插拔板卡时用力不当或者方向错误，造成主板接口损坏。

★ 主板上积聚了大量灰尘而导致短路，使其无法正常工作。

★ 主板上的 CMOS 电池电力不足或 BIOS 被病毒破坏。

★ 主板上各板卡之间的不兼容导致系统冲突。

12.1.2 判断主板故障的思路

判断主板故障的思路如下。

（1）清楚主板发生故障的情况，即在什么状态下发生了故障，或者添加、去除了哪些设备后发生了故障。

（2）通过倾听主板报警声的提示判断故障，如果 CPU 未能工作，则检查 CPU 的供电电源。

（3）借助放大镜和强光手电仔细排查主板上的元器件，虽然比较烦琐，但这是比较重要的一步。

（4）除去主板上的灰尘、异物等容易造成故障的因素，清理时一定要去除静电，并使用油漆刷、毛笔、皮老虎、电吹风等设备仔细清理，尽量减小二次损害的发生。

（5）排除接口接触不良造成的故障，一定要在切断电源的情况下使用无水酒精、橡皮擦除接口的金属氧化物。

（6）使用最小系统法检测故障，主板只安装 CPU、风扇、显卡、内存条。短接点亮，查看能否开机，然后逐步添加其他硬件检测。

12.1.3 ▶ 常见主板故障排除方法

1. 排除主板散热造成的故障

主板正常工作时，南北桥芯片都会发出大量热量。如果散热系统不好，会造成系统状态不稳定产生随机死机的现象。

用户可以通过清洁机箱、增加机箱风扇、清除主板灰尘等措施增加散热效果。

2. 排除主板电容引起的故障

虽然现在比较主流的电脑都使用固体电容，但传统电脑中电解电容使用率非常高。而且传统电脑使用时间较长，普通用户也不太关心散热及清理的问题。电解电容由于时间、温度、质量等多方面因素的相互作用，很容易发生老化、爆浆现象。从而导致主板抗干扰能力下降，影响电脑正常工作。用户在遇到主板这些故障时，需要用容量相同的电容替换。

3. 排除主板驱动程序造成使用故障

因为误操作、病毒会造成主板芯片组等功能芯片的驱动程序丢失，用户可以在“设备管理器”窗口中查看是否有未识别的硬件，并通过重新安装驱动程序的方法解决驱动故障。一般情况下，可以安装所有设备的驱动程序说明主板工作正常，可能是其他硬件发生故障。

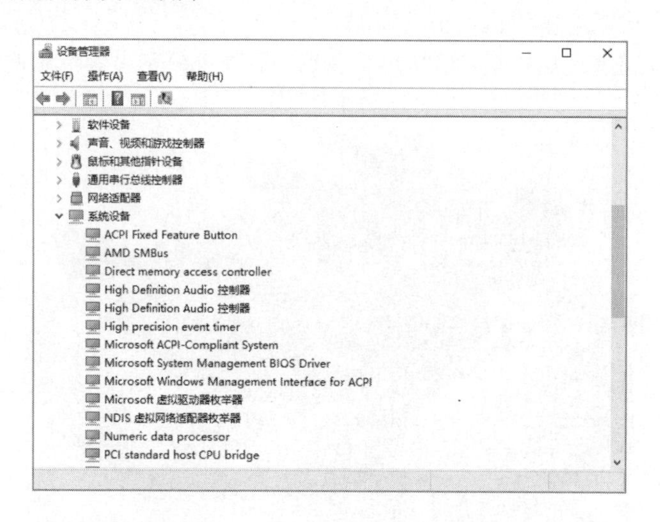

4. 排除 CMOS 故障

CMOS 故障主要集中在电池部分，如果电池电力不足，很容易造成 BIOS 的设置信息无法保存，从而导致开机后找不到硬盘、时间错误等故障。

排除方法是检查主板 CMOS 跳线是否为清除模式，如果是，需要将跳线设置为正常模式，然后重新设置 BIOS 信息。如果不会跳线，可以查看主板的跳线说明。如果不是 CMOS 跳线错误，那么很有可能是因为主板电池损坏或者电池电量不足造成的，用户可以更换电池后测试。

5. 排除 BIOS 损坏引起的故障

由于 BIOS 刷新失败或者病毒引起的 BIOS 损坏，会造成主板无法正常工作。用户可以自制启动盘重新刷新 BIOS，或者使用热插拔法或者编程器修复。

6. 排除主板保护性故障

所谓保护性故障是指主板本身正常的保护性策略在其他因素的影响下，造成无谓的故障。例如，由于灰尘较多，造成主板上的传感器热敏电阻附上灰尘，从而产生高温报警信息引发保护性故障。

在电脑使用一段时间后，需要清理主机和主板的灰尘。并且排查异物，如小螺丝钉，去除金属氧化物等。

12.2 主板故障处理实例

实例 1：开机提示 CMOS 信息丢失

【故障现象】

启动电脑后显示“CMOS 信息丢失”信息，进入 BIOS 后重新设置时间和日期。启动电脑恢复正常，但下次使用电脑时故障依旧。

【分析处理】

BIOS 数据存放在 CMOS 芯片中，该芯片由主板上的电池供电。如果电池电量不足，CMOS 芯片中的信息就会丢失。遇到这种故障时，更换主板上的电池即可（更换时要注意电池的型号和容量等）。

主板上的 CMOS 跳线设置错误也有可能导致此故障，有时将 CMOS 跳线设置为清除，或者外接电源使得无法保存 CMOS 数据。用户可以将跳线设置为普通模式，然后设置。

实例 2：所有 USB 接口均失效

【故障现象】

将装有内存卡的读卡器插入电脑 USB 接口不能被识别，重启电脑后发现所有USB设备均失去响应（包括USB接口的键盘、鼠标），前后USB接口均如此。

【分析处理】

可能是使用有故障的读卡器而导致的，可以连接一个PS2接口的鼠标。启动电脑打开“设备管理器”窗口，卸载所有USB设备。然后重新启动系统，让系统自动检测并安装驱动程序。如果仍不能解决问题，可以尝试恢复BIOS设置。方法是将主板CMOS电池取下，放置几分钟后装上。

如果以上方法无效，则可能是主板南桥芯片故障，应该将主板送往售后指定维修点进行维修。

实例3：关闭网络启动

【故障现象】

电脑每次启动时，屏幕上都会出现“RPL From Rom FFC”的提示，然后要等将近1分钟后才能显示Windows系统启动界面。

【分析处理】

这是因为主板开启了网络启动选项，从而导致开机后网卡需要等待远端电脑发送启动数据。在未接收到网络启动数据后，主板便自动选择第2启动设备引导系统。对此进入主板BIOS界面，选择“BIOS FEATURES SETUP”菜单。将其中的“First Boot”选项设置为“HDD0”，也就是将硬盘设置为第1启动设备，并将“Boot from LAN first”及“Boot from other Device”选项设置为“Disabled”，然后保存修改即可。

实例4：关机后鼠标照常通电

【故障现象】

关机后鼠标照常通电。

【分析处理】

这是正常现象，这样可以使USB设备实现开机和唤醒功能。例如，在待机情况下移动鼠标可正常工作。如果不想使用这个功能，在开机时按Del键进入BIOS，找到“Power Management Setup”选项。然后选择“S3 KB Wake-Up Function”选项，将其设置为“Disabled”。

实例5：CMOS电池故障

【故障现象】

开机后提示“CMOS Battety State Low”，有时可以启动，但使用一段时间后死机。

【分析处理】

首先怀疑是主板电池电量不足造成的，为此可以更换电池。如果更换后故障依旧，则可能是主板上的CMOS供电电路有漏电现象，应送修处理。

实例6：电脑启动故障

【故障现象】

电脑不能开机，必须按“复位”键才能开机，后来按“复位”键也不可开机。机箱上的绿灯和红灯长亮，显示器没有显示，更换电源也无效。

【分析处理】

电脑启动需要3个条件，即正常的电压、时钟、复位，缺一不可。如果有专业检测设备，可以检测电压是否正常。正常情况下，按机箱上的“复位”键后，主板即可向电源发送一个GOODOK信号，然后电源向主板发送电流启动电脑。按“复位”键不能启动说明主板未把GOODOK信号送给电源，或者电源有故障，接收不到。由于更换电源也不能解决，所以可能是主板上问题。建议打开机箱，检查主板上的电容有无变形或损坏。如果有，可以找相同型号和容量的电容更换即可。

实例7：电脑通电后自动开机

【故障现象】

只要接通电源，电脑就会自动开机。

【分析处理】

这可能是BIOS设置错误造成的，在有些主板BIOS中的“Power Management Setup”（电源管理设置）中有一个选项“Pwron After PW-Fail”（有的为“State

After Power Failure”）用来控制电源故障断电之后通电是否自动开机。如果该选项被设置为“On”，则接通电源就会自动开机。把该选项值设置为“Off”，接通电源后不会自动开机。如果主板 BIOS 设置中没有上述选项，可在“Power Management Setup”中查看 ACPI 功能是否打开。若未打开，则设置为“Enabled”也可解决这种问题。

实例 8：硬件错误未报警

【故障现象】

电脑有时开机进不了系统，BIOS 未报警。

【分析处理】

当电脑接通电源之后，会对系统的各种设备进行自检。如果检测到错误，会以蜂鸣器鸣叫和屏幕显示错误信息两种方式报警。如果能在显示器上显示错误信息，则蜂鸣器不会报警；另外，如果蜂鸣器没有正确连接到主板上，也无法听到报警声。这时参考主板说明书，将蜂鸣器连接到主板即可。

实例 9：电容损坏未影响电脑工作

【故障现象】

主板上一个电容中间鼓起，而且还有液体渗漏出来，电脑却能正常地开机和运行。

【分析处理】

这种情况就是俗称的“爆浆”，渗漏出来的物质就是电容的电解液。虽然“爆浆”之后电脑还能正常开机和运行，但稳定性肯定不如以前。当在恶劣的环境下运行时就会出现莫名其妙的死机或者重启，甚至造成某些设备损坏，因此建议将主板送到维修部门更换一个同样型号和同容量的电容。

实例 10：DEBUG 卡不亮灯

【故障现象】

电脑开机无法通过自检，使用 DEBUG 卡检查，却发现该卡诊断 LED 灯无任何显示。

【分析处理】

可以换个 PCI 插槽重试，PCI 插槽接触不良，就会出现这个问题；另外，DEBUG 卡读取显示 BIOS 开机自检代码。如果 CPU 损坏，则无法通过开机最初自检。DEBUG 卡也无任何显示，但这种情况非常少见。

实例 11：进入休眠状态后死机

【故障现象】

电脑进入休眠状态出现死机现象。

【分析处理】

问题可能出在 BIOS 支持硬件电源管理功能的主板上，如果在 BIOS 中开启了硬件控制系统休眠功能，并在 Windows 操作系统中开启了软件控制系统休眠功能，则容易造成电源管理冲突。只需将主板 BIOS 中的“Power Management Setup”选项中的参数值全部设置为“Off”并保存退出，让 Windows 自行进行电源管理即可。

实例 12：更换主板后不能识别硬件

【故障现象】

电脑主板损坏，更换后不能正常安装显卡驱动程序。每次按提示安装驱动程序并重新启动系统后，系统依然提示显卡安装不正常，只能在低分辨率下显示。

【分析处理】

出现这种故障主要是因为更换主板使操作系统无法识别某些硬件，造成总线控制的设备驱动程序不能正常安装。解决方法是重新安装操作系统，然后依次安装主板和显卡的驱动程序。

| 第 13 章 |

处理内存故障

本章导读

如果内存出现故障，会造成系统运行不稳定、程序出错或操作系统无法安装等问题。内存故障也是电脑故障中最常见的一种，而且大多表现各异，不容易检查和排除，本章讲解排除内存故障的相关知识。

本章要点

- ★ 内存故障处理基础
- ★ 内存故障排除实例

13.1 内存故障处理基础

内存是电脑的临时存储设备，负责存储临时数据，也是最小系统启动必不可少的部分。内存出现故障会造成电脑死机、蓝屏、速度变慢等。

13.1.1 内存故障常见现象

内存故障常见现象有以下几种。

★ 开机无显示，主板报警。
★ 操作系统运行不稳定，经常产生非法错误或蓝屏。
★ 注册表无故损坏，提示用户恢复。
★ Windows 自动从安全模式启动。
★ 随机性死机。
★ 运行软件时会提示内存不足。
★ 系统莫名其妙自动重启。

13.1.2 内存故障产生的主要原因

内存故障产生的主要原因有以下几种。

★ 内存条的兼容性差，如使用不同品牌或不同规格的内存条。
★ 内存条与插槽间接触不良，通常是由于内存条的金手指氧化或插槽中有污垢引起的。
★ 内存条本身质量有问题或可能存在物理损伤。
★ 超频带来的内存条工作不正常。
★ 内存条与主板不兼容。
★ BIOS 设置的内存参数不正确。

13.1.3 常见内存故障排除方法

常见内存故障排除方法有清洁法和替换法两种。

1. 清洁法

当内存出现故障时，可以首先通过重新插拔内存条的方式来排除接触不良的故障。在重新插入内存条前，首先用橡皮擦拭内存条金手指，然后使用皮老虎、毛刷、专用吸尘器等工具来清理内存插槽；此外，还可以将内存条插入不同的插槽来尝试。

2. 替换法

当怀疑内存条质量或兼容性有问题时，可以采用替换法处理。将一个可以正常使用的内存条替换故障电脑中的内存条，也可以将故障电脑中的内存条插到一台工作正常的电脑的主板上，从而更快地解决问题。

13.2 内存故障处理实例

实例 1：物理内存够大却提示内存不足

【故障现象】

电脑安装 8 GB 的物理内存，在任务管理器中看到空闲内存还有 5 GB 左右，但是在运行软件时却频繁提示内存不足。

【分析处理】

有些安装大内存的用户，认为没有必要设置系统虚拟内存而将其禁用，往往会导致提示内存不足。虚拟内存实际上是硬盘中的一块存储空间，其读写速度远小于物理内存。因此一些大内存用户认为物理内存足够而禁用虚拟内存，希望达到提速的效果。但是实际情况并非如此，Windows 的许多核心功能，以及某些第三方软件（如 Photoshop）都需要使用虚拟内存来存放临时文件。一旦将其禁用，即使物理内存足够，也会提示内存不足。

有时病毒感染系统也会导致类似症状出现，如果排除虚拟内存的原因，则应该对电脑进行全面杀毒。

实例 2：组建双通道内存引发黑屏

【故障现象】

电脑原内存条为金士顿 DDR3 4 GB，配置一条金泰克 DDR3 4 GB 内存条组建双通道后无法开机。不组建双通道可以进入系统，但是不久就会黑屏。

【分析处理】

这种情况属于内存条之间的兼容性问题，可以进入 BIOS 中将两条内存的频率调整到同一水平。如果问题仍然存在，只有通过更换内存条才能解决问题，所以在升级内存时应尽量选择同品牌、同型号、同批次的产品。

实例 3：DDR3 1600 内存条开机时只显示 1 333 MHz

【故障现象】

内存条为金士顿 DDR3 1600 4 GB，最近发现开机时显示内存频率为 1 333 MHz。调整 BIOS 中的内存频率选项后，开机时有时显示为 1 600 MHz，有时显示为 1 333 MHz。

【分析处理】

这类内存降频现象在很多主板上较为常见，与内存条的品质优劣并无关系。原因在于为了在默认状态下最大限度地保证系统的稳定性，大部分主板在硬件参数的默认设置上都较为保守。例如，在搭配较低外频或较低主频的低端处理器时，如果不更改内存工作频率的“AUTO”设置选项，主板会自动选择内存 SPD 芯片中较低频率的设定参数。只有在搭配高外频的 CPU 或超频状态下，主板才会自动选择较高的内存工作频率。

建议在主板 BIOS 设置中将内存频率的“AUTO”选项（自动设置）改为“Manual”（手动设置），然后选择 DDR3 1600 的工作频率即可，主板说明书中对此应该有详细说明。

实例 4：系统提示“该内存不能 read”

【故障现象】

电脑经常出现蓝屏或死机，而且越来越频繁，有时提示“0x29dadfc 指令引用的 0x00000000 内存，该内存不能 read”。

【分析处理】

出现该故障通常有以下几种可能。

（1）机箱内温度过高。

如果机箱内温度过高，内存条过热会导致系统工作不稳定。对此可以动手加装机箱风扇，加强机箱内的空气流通，还可以为内存条加装铝制或者铜制的散热片来排除故障。

（2）软件冲突或操作系统感染病毒。

如果操作系统中存在软件冲突或感染病毒，都可能导致上述故障出现。建议重新安装操作系统，并在安装前格式化所有分区。

（3）内存兼容性。

内存条与主板之间、内存条与内存条之间可能出现兼容性故障，可以采用替换法排除。

实例 5：安装系统时出现非法错误

【故障现象】

安装 Windows 系统时当进行到系统配置时产生一个非法错误。

【分析处理】

该故障一般是由内存条损坏引起的，关机后首先用毛刷清扫或者用皮老虎清除灰尘和异物，用橡皮清理金手指部分，或者更换内存插槽。也可以使用替换法检测故障，如果无效，只能更换内存条。

实例 6：内存检测时间过长

【故障现象】

开机时电脑内存自检需要重复 3 遍才可通过。

【分析处理】

随着电脑基本配置内存容量的增加，开机内存自检时间越来越长，有时可能需要进行多次检测，才可检测完毕，此时用户可使用 ESC 键直接跳过检测。

开机时，按 Del 键进入 BIOS 设置程序，选择“BIOS Features Setup”选项。

把其中的“Quick Power On Self Test”设置为“Enabled”，然后保存退出，系统将跳过内存自检。

实例7：玩游戏时频繁死机

【故障现象】

新组装电脑的CPU为Intel i7-6700K，主板为技嘉170芯片组主板，内存条为DDR4 2133 8 GB。启动时没有问题，但工作时间长了或者是玩大型游戏时会死机。

【故障分析】

由于电脑是新组装的，因此可以排除软件方面的故障，造成此故障的主要原因如下。

★ CPU过热。

★ 硬件间不兼容。

★ 电源出现问题。

打开机箱，运行大型游戏。死机时用手触摸CPU散热片，发现温度不高。用替换法检查内存条、显卡、CPU、主板等，发现工作都是正常的，但是在检测内存条时发现其表面的温度很高。因为CPU的发热量相对较高，所以使用了大功率散热器。但散热器的出风口正好对着内存条，导致它在工作时温度被动升高很多。

将散热器出风口方向调整为其他位置，重新启动电脑后，电脑运行正常，故障排除。

实例8：优化电脑后出现“非法操作”的错误提示

【故障现象】

使用优化软件对新购买的电脑进行了优化，但重新启动后频繁出现“非法操作”的错误提示。

【分析处理】

由于电脑在优化前运行正常，所以可以排除硬件方面的故障。此故障应该是优化BIOS设置后，操作系统或硬件运行不正常引发。检查BIOS内存设置，设置不当也会引起系统故障。

进入 BIOS 后，选择“Advanced Chipset Features”选项，并检查内存设置。发现“CAS LatenceyControli”选项被设置为 2，一般设置为 2.5 或者 3 比较合适。更改设置为 2.5，保存退出后重启电脑，发现故障消失。

实例 9：内存兼容性故障

【故障现象】

电脑升级后加装了一条 DDR4 1600 4 GB 的内存条，使内存变成 8 GB。但是开机自检时显示容量为 4 GB，偶尔为 8 GB。

【分析处理】

可能为内存条不兼容所致，查看后发现两条内存条品牌不同，做工有很大差异。把每条内存条单独放置在电脑中，启动后发现容量都为 4 GB，说明内存条本身没有问题。但插上两条仍显示为 4 GB。更换内存条插槽后，故障依旧存在。更换一条和原内存同型号同容量的内存条后，系统显示为 8 GB，故障排除。

虽然内存条的兼容性问题不多，但是往往会出现意想不到的情况。建议用户在添加内存条时，尽量选择相同品牌、相同容量和相同频率的产品，最大程度地避免兼容性问题的发生。

实例 10：系统无法识别全部内存

【故障现象】

电脑内存为 4 GB，但是在其属性窗口中却发现只有 3.25 GB 可用。

【分析处理】

这是由于用户安装了 32 位操作系统所致，该操作系统只能识别最大 3.25 ～ 3.75 GB 的内存（根据 Windows 版本不同而不同），而 64 位 Windows 操作系统最大可以识别 128 GB 内存。

解决方法是重新安装 64 位版本的 Windows 操作系统。

实例 11：升级内存出现问题

【故障现象】

一台老款电脑的内存为 2 GB，使用一直正常，升级为 DDR 3 1600 4 GB 内存条后经常出现死机现象。

【分析处理】

由于是更换内存条出现的问题，所以将问题锁定在内存条上，仔细检查内存条发现正常插入到其他电脑使用正常。

检查主板后，发现主板说明上标出最大支持内存频率为 1 333 MHz，尽管主板会自动将 1 600 MHz 的内存降频为 1 333 MHz 使用，但有些主板因为兼容性不好，所以可能出现多种问题，建议更换为 DDR 3 1333 4 GB 的内存。

实例 12：接触不良导致无法开机

【故障现象】

电脑开机后一直发出“嘀，嘀，嘀…”的长鸣，显示器无任何显示。

【分析处理】

电脑开机后一直长鸣，声音的间断为一声，可以判断为内存条问题。关机后拔下电源，打开机箱后卸下内存条。仔细观察发现内存的金手指表面覆盖了一层氧化膜，而且主板上有很多灰尘。这是因为机箱内的湿度过大，内存条的金手指发生了氧化，从而导致金手指和主板的插槽之间接触不良；此外，灰尘也是导致接触不良的常见因素。

用皮老虎清理主板的内存条插槽，然后用橡皮擦拭内存条的金手指。将内存条插回主板的内存插槽中，在插入的过程中将内存条压入到主板的插槽中，当听到“啪”的一声表示内存条已经和内存卡槽卡好。

如果仍然不能解决问题，可将内存条插入其他电脑，查看是否内存条本身出现故障。

实例 13：内存条损坏导致安装系统出错

【故障现象】

一台电脑由于感染病毒导致系统崩溃，之后重新安装操作系统。在安装过程中提示“解压缩文件时出错，无法正确解开某一文件”，导致意外退出而不能继续安装。重新启动电脑再次安装操作系统，故障依然存在。

【分析处理】

这种故障最大的原因是光盘损坏或光驱读盘能力下降造成的，也有可能是内存条损坏造成的，一般是因为内存条的质量或稳定性差，常见于安装操作系统的过程中。用户首先可更换其他安装光盘，并检查光驱是否有问题。如果发现故障与光盘和光驱无关，可检测内存条是否出现故障，或内存条插槽是否损坏，并更换内存条进行检测。如果能继续安装，则故障发生在内存条。更换一条性能良好的内存条，重新安装操作系统后故障排除。

实例 14：随机性死机

【故障现象】

系统经常出现随机性死机。

【分析处理】

此类故障一般是由于采用了几种不同芯片的内存条，并且各内存条的不同产生一个时间差从而导致死机。对此可以在 BIOS 中设置降低内存条的工作频率予以解决，否则只有使用相同型号的内存条；另外，内存条与主板不兼容（此类现象一般少见）或内存条与主板接触不良也可能引起电脑随机性死机。首先检查内存条与主板接触是否良好，重插一次内存条后故障依然存在。检查是否有不同型号的内存条，排除由型号不同的原因引起的故障。最后怀疑是内存条与主板不兼容，当用其他型号的内存条替换后，故障消失。

实例 15：内存奇偶校验错误

【故障现象】

电脑每次在启动到系统桌面时都会出现蓝屏，并显示“Memory parity Error detected System halted”（内存奇偶校验错误导致系统停止）提示信息。

【分析处理】

怀疑使用了不带奇偶校验的内存条而在 BIOS 中又打开了奇偶校验功能或者是内存条损坏导致该故障，首先在 BIOS 中关闭内存奇偶校验功能。如果电脑运行正常，证明内存条正常，只是不带奇偶校验功能，这并不影响电脑的正常使用。

实例16：开机时多次执行内存检测

【故障现象】

电脑在开机时总是多次执行内存检测。

【分析处理】

一种方法是在检测时按Esc键跳过检测步骤；另一种方法是在BIOS中关闭多次检测的功能，操作如下。

在开机后按Del键进入BIOS设置，在主界面中选择“BIOS Featurs Setup”选项。将其中的“Quick Power On Self Test”选项设置为“Enabled”，然后保存退出即可。

226

第 14 章

处理显卡故障

本章导读

显卡是计算机最基本的配置和最重要的配件之一，发生故障后可导致电脑开机无显示，用户无法正常使用电脑。本章主要介绍显卡常见故障及其处理方法等。

本章要点

★ 显卡故障处理基础

★ 显卡故障排除实例

14.1 显卡故障处理基础

显卡作为电脑中专门负责图像处理和输出的设备，一旦出现故障，将直接导致显示器不能正常显示信息。

14.1.1 显卡常见的故障现象

显卡常见的故障现象如下。

★ 开机无显示，主板报警，提示显卡故障。

★ 系统工作时发生死机、蓝屏现象。

★ 显示画面不正常，出现偏色、花屏现象。

★ 屏幕出现杂点或者不规则图案。

★ 运行游戏时发生卡顿、死机现象。

★ 系统显示不正常，分辨率无法调节到正常状态。

14.1.2 显卡故障产生的原因及其处理方法

显卡故障产生的原因及其处理方法如下。

★ 显卡与主板上的插槽接触不良：将显卡取下后，擦拭显卡金手指，彻底清除显卡或主板插槽上的污垢。然后重新插拔并调整显卡，使之与插槽良好接触，即可排除这种故障。

★ 没有正确安装驱动程序或驱动程序出错：只需重新安装或升级驱动程序即可。

★ 散热不良：显卡在工作时显示核心及显存颗粒会产生大量热量，如果这些热量不能及时散发出去，往往会造成显卡工作不稳定。出现故障后，需要检查显卡风扇是否正常运行。

★ 超频：超频是为了手动提高显卡的工作状态，从而得到更为强劲的性能。如果没有设置到位，会产生多种故障。要排除这种故障，只需将显卡频率恢复到正常状态。

★ 显卡的元件失效：只能通过更换显卡或者求助专业维修人员才能排除。

14.1.3 ▸ 显卡故障判断思路

显卡故障大体上可以分为启动和显示故障，前者即电脑无法正常启动或启动后无显示；后者即电脑启动后显示画面不正常，包括花屏、偏色、分辨率不正常，以及运行游戏软件死机等。

对于启动故障，用户可以通过插拔法和替换法排查。插拔显卡时首先将显卡与主机箱的固定螺丝卸下，然后取出显卡。使用清洁工具清理显卡表面、金手指及显卡插槽，然后重新插上。

替换法是找一块可以正常使用的显卡替换故障电脑中的显卡，也可以将故障电脑中的显卡插到一台工作正常的电脑的主板上，从而快速找出故障主体。

对于显示故障，则应该首先考虑是否是显示器或数据线有问题，可以通过替换法进行排除。如果确定是显卡故障，则查看是否是显卡散热不良或驱动程序的问题。如果以上因素均排除，则可能是显卡的元器件故障，需要更换显卡或送修。

14.2 显卡故障处理实例

实例 1：开机提示显卡错误

【故障现象】

电脑开机后提示信息为“You have not connected the power cable to your video card……”，屏幕不断闪烁。

【分析处理】

根据提示信息是显卡没有供电所致，关闭电脑电源后打开机箱检查显卡电源引线是否连接。如果已经连接，不妨重新插拔一次。如果故障依旧存在且有集成显卡，可以尝试将显示器连接在集成显卡上。如果能正常开机，则可以锁定为独立显卡出现问题。使用替换法进一步确认，然后根据实际情况考虑送修还是更换显卡。

实例 2：电脑长期闲置后开机黑屏

【故障现象】

电脑闲置 3 个月后出现开机黑屏现象，主机能正常启动，也排除了显示器连接故障。

【分析处理】

可能是显卡的金手指被氧化或上面有灰尘，从而导致显卡与插槽接触不良引起的故障。断电后打开机箱拆下显卡，用一块橡皮轻轻擦除金手指上的氧化膜和污物。然后将其正确安装到插槽中，重新开机，故障排除。

实例 3：运行游戏软件一段时间后花屏

【故障现象】

运行游戏软件十几分钟后出现花屏，先显示线条，然后显示一个个方块。安装最新的驱动程序后问题依旧，关机后拆开机箱发现显卡温度很高。

【分析处理】

在正常运行一段时间之后出现花屏，通常是供电或散热方面的问题。

首先应确保电脑电源功率足够，否则电源输出波动会比较大，加速电源的老化。而电源老化则会导致系统供电不足，从而在满功率负载下运行时间稍长就会出现花屏或其他不稳定现象；其次是散热方面的原因，可以查看显卡风扇是否灰尘过多，而影响散热。

实例 4：开机之后屏幕连续闪烁

【故障现象】

新买的一块 AMD 显卡，安装驱动程序后发现电脑从开机到出现欢迎画面这几十秒的时间里屏幕会闪烁 4 次。每次开机均如此，更换一块同型号显卡后也是如此。

【分析处理】

一般来说，在安装 AMD 显卡驱动时，第 1 次重启后进入 Windows 系统，电脑会短时间失去响应。然后屏幕会黑屏再变亮，系统正常工作，表明驱动程序安装成功。但是如果安装了有故障的显卡或者某些不太稳定的驱动程序版本，很容易出现以上描述的屏幕闪动数次的问题。建议首先更换驱动程序的版本，如果更换几个版本仍然无效，则可能是显卡和主板存在兼容性问题，只能更换硬件。

如果天气较热，这种故障也有可能是由于显卡散热不好引起的，建议查看机箱内部的散热情况。

实例 5：更换显卡后无法设置分辨率

【故障现象】

为升级电脑更换了显卡，运行新显卡所带光盘的驱动程序安装文件。重启电脑后发现在 Windows 系统中只能使用 640 像素 ×480 像素的分辨率和 16 色显示。重新安装驱动程序，故障依旧。

【分析处理】

根据现象分析，可能是新旧显卡的驱动程序发生了冲突，导致系统不能正常使用显卡。对于此问题，建议进入安全模式，卸载原驱动程序。然后通过设备管理器指定显卡驱动程序安装文件的存储路径，再根据操作系统的安装向导一步步安装驱动程序。重新启动电脑后，即可调整显示分辨率。

实例 6：显卡总是发出非正常的报警声

【故障现象】

显卡总是发出非正常的报警声。

【故障分析】

出现这种现象，很可能是显卡与主板之间出现了松动，或者是显卡损坏；另外一种情况可能是主板与显卡不兼容。

关机后如果发现显卡与主板之间有松动现象，则把显卡拔出，重新插紧插好。如果该显卡在其他主板中使用正常且显示器电源正常，则很可能是显卡和主板不兼容，此时必须更换能够与主板兼容的显卡。

实例 7：运行 3D 游戏软件时出现问题

【故障现象】

运行 3D 游戏软件时有时打不开游戏画面，有时打开后一段时间游戏自动关闭，甚至出现死机现象。

【分析处理】

首先确认电脑安装了显卡驱动程序、主板芯片组驱动程序、DirectX 11.0 程序。

有些 3D 游戏软件对显卡性能要求很高，应调低游戏软件画质或更换一款对显卡要求不高的 3D 游戏软件试试。

还要注意显卡的散热问题，在运行 3D 游戏软件时显卡的发热量会增加。如果散热不好，就会出现死机或花屏等现象。

实例 8：显卡风扇需要“人工启动”

【故障现象】

在开机时显卡风扇不转，必须用手拨一下。拆下显卡风扇清扫灰尘，故障现象依旧存在。

【分析处理】

出现这种情况，应该是风扇里面的润滑油干涸或凝固了，从而导致风扇无法转动。可以把风扇上的贴纸撕掉，滴入一些有润滑效果的机油后加电使用。

实例 9：使用新显卡无法进入 BIOS

【故障现象】

安装一块新的显卡后，进入主板的 BIOS 设置无显示。只有左上角有一个光标在闪动，但可以进入操作系统，更换老显卡进入 BIOS 正常。

【分析处理】

这种现象在 ATI 的显卡上出现比较多，可能是主板的 BIOS 版本太低，不支持某些 VESA 标准所致，可以更新主板 BIOS 试试。

实例 10：分屏显示的问题

【故障现象】

显卡上有 VGA、DVI-I 和 HDMI 接口，另有两台只有 VGA 接口的显示器。通过一个 DVI 转 VGA 的接口实现两台显示器同时显示，但连接接口和显示器后，只有使用 VGA 接口的显示器工作；DVI 接口连接的显示器却没有反应。

【分析处理】

可以从两个方面着手，首先进入系统显示设置界面，查看是否能够检测到两台显示设备。如果能检测到两台设备，但只有其中一台显示内容，则表明是系统设置问题，检查是否在显示模式中选择了"复制"模式。

如果无法检测到另一台显示设备，则需要查看接口和连线的问题；此外，需要查看其究竟是 DVI-I 接口还是 DVI-D 接口。如果是 DVI-D 接口，即便使用了 DVI 转 VGA 接口，显示器也不可能有信号输出。因为 DVI-D 接口仅支持数字信号，而 VGA 属于模拟信号，两者不通用。而 DVI-I 同时支持数字和模拟信号输出，所以通过转接头可以实现 VGA 模拟信号输出。

实例 11：启动时不显示显卡相关的信息

【故障现象】

启动电脑时不显示显卡的芯片型号、容量大小等信息。

【分析处理】

某些显卡的 BIOS 中没有存放 OEM 或 LOGO 信息，所以启动电脑时不显示，但并不影响正常使用。可通过专门的显卡检测软件来查看显卡信息，还可以使用专用的显卡 BIOS 信息修改工具软件来修改。

实例 12：运行游戏软件时系统无故重启

【故障现象】

电脑在一般应用时正常，但在运行 3D 游戏软件时出现重启现象。

【分析处理】

查杀病毒，清理磁盘，重装系统后故障依然存在。

玩 3D 游戏软件时出现重启现象很可能是因为显示芯片过热导致的，检查显卡的散热系统查看有没有问题；另外，显卡的某些配件，如显存出现问题，也可能会出现异常，即死机或重启。

如果是散热问题，可以更换更好的显卡散热器；如果显卡、显存出现问题，可以采用替换法检验其稳定性；如果确认是显卡的问题，可以送修或更换。

实例 13：安装显卡驱动程序时出错

【故障现象】

安装显卡驱动出现“该驱动程序将会被禁用，请与驱动程序的供应商联系，获得与此版本 Windows 兼容的更新版本”的错误提示信息。

【分析处理】

出现上述问题可能是用户试图安装一个与当前 Windows 版本不兼容的驱动程序，如在 Windows 7 中安装基于 Windows 10 的设备驱动程序，或者不是该设备的驱动程序都有可能出现上述问题。

针对这类故障首先要确认安装的驱动程序是该硬件的驱动程序，然后检查该驱动程序是否适用当前的操作系统。最后检查驱动程序是否是最新的版本，根据系统版本选择相应的驱动程序。

实例 14：显示器屏幕上出现异常杂点或图案

【故障现象】

发现显示器屏幕上出现一些异常杂点或图案。

【分析处理】

出现这种故障一般是显卡的显存出现问题，或显卡与主板接触不良造成的。首先关机后打开机箱，将显卡从插槽上取下。清除金手指氧化膜及污物，重新插到显卡插槽中并保证插好、插紧，然后启动电脑查看显示器显示是否正常。如果故障仍不能解决，则可能是显卡或显存出现问题，需要更换一块显卡。

实例 15：显卡插槽导致无法正常开机

【故障现象】

无法正常开机，几次重新安装显卡后故障依然存在。

【分析处理】

如之前出现过显卡导致的无法开机故障，且排除了内存条、硬盘等其他软硬件故障，则依然可判断为显卡引起开机故障。

（1）打开电脑机箱检查显卡，发现显卡安装正确。

（2）拔下显卡，使用橡皮将显卡金手指擦拭一遍。重新安装到插槽中，开机后发现故障依然存在。

（3）关机取下显卡，然后查看主板显卡的卡糟，发现卡槽中有几个针脚变形。使用钩针等工具将变形的针脚调整好后安装显卡，开机后测试发现故障排除。

实例 16：屏幕上时常显示白线条

【故障现象】

当最大化和最小化程序窗口时，屏幕出现一些白线条，然后逐渐消失恢复正常。关机后，把显示器接在其他主机上，则无此现象。

【分析处理】

从故障描述来看，应该是显卡的驱动程序的问题。可以卸载显卡驱动程序，然后下载显卡对应的最新版本的驱动程序并安装。如果不知道显卡的具体型号，可以用驱动人生或者驱动精灵之类的工具软件帮助自动识别并安装相应的驱动程序。

实例 17：进入系统时短暂花屏

【故障现象】

笔记本电脑每次进入 Windows 时出现短暂花屏，其后正常。

【分析处理】

出现花屏故障，通常是显卡发生更严重故障的前期反应，也可能是系统软件或驱动程序所造成的兼容问题。建议重新安装 Windows 操作系统和最新版本的显卡驱动程序，并观察故障是否消除。如果故障依旧，则可能是显卡硬件故障，建议尽快送修或更换。

实例 18：新显卡工作不稳定

【故障现象】

升级为独立显卡后工作不稳定，经常出现死机现象。

【分析处理】

显卡技术在不断进步，新显卡也在不断上市，但主板和显卡之间的兼容性问题并没有根本解决。如果驱动程序不能很好地解决兼容性问题，就容易出现或多或少的问题；如果显卡工作时不能得到稳定充足的电流，也会造成显卡工作不稳定，从而导致死机。

出现上述问题时可以尝试升级主板芯片组和显卡的驱动程序，尽量解决它们之间的兼容性问题。如果主板上有可以独立提供 PCI-E 总线电源的电路，尽量将显卡的供电线连接到上面。

有些主板在 BIOS 中有调节显卡电压的选项，可以尝试适当提高电压来增强显卡的工作稳定性。

实例 19：显卡电容总是爆浆

【故障现象】

网吧电脑的显卡电容总是爆浆。

【分析处理】

一般电容的寿命在 105℃的工作温度下为 2 000 ～ 3 000 小时，从 105℃的工作温度起，每下降 10℃寿命增加一倍。正常情况下电容的使用寿命为 10 ～ 20 年，视机箱环境而定。如果机箱环境温度太高，电容的寿命会急剧减少。

网吧电脑使用频率高，并且主要用于运行大型游戏软件，显卡长时间处于高负荷状态，温度自然也会比较高，电容的使用寿命就会大大缩短；此外，劣质电容也会影响电容寿命，因此建议购买知名品牌的显卡。

236

第 15 章

处理硬盘故障

本章导读

硬盘是电脑最主要的外部存储设备，用于存放电脑数据，所以硬盘的故障是用户最不愿意看到的。而硬盘故障也会导致系统无法启动或者死机现象，本章将介绍如何处理硬盘的常见故障。

本章要点

★ 硬盘故障处理基础
★ 硬盘故障排除实例

15.1 硬盘故障处理基础

硬盘中存储大量的数据，一旦出现故障，对用户来说不仅是金钱上的损失，而且还有很多资料也会丢失，简直就是一场灾难。

15.1.1 硬盘故障常见现象

硬盘故障通常不会影响电脑启动，因此故障主要出现在 BIOS 检测阶段、操作系统启动阶段和系统运行阶段，硬盘故障的常见现象如下。

★ BIOS 无法识别硬盘。
★ 无法引导操作系统启动。
★ 电脑经常无故死机、蓝屏。
★ 无法读取硬盘和执行任何操作。
★ 硬盘灯常亮，使用率 100%，系统运行非常缓慢。
★ 读取数据时发出异响。

15.1.2 硬盘故障产生的原因

硬盘故障产生的原因主要有以下几种。

★ 接触不良：这类故障往往是因为硬盘数据线或电源线没有接好，从而造成 BIOS 无法识别硬盘。
★ 硬盘分区表被破坏：产生这种故障的原因较多，如使用过程中突然断电、带电拔插、病毒破坏和软件使用不当等。从而导致无法进入操作系统，甚至硬盘数据丢失。
★ 硬盘坏道：因为剧烈碰撞、不正常关机、使用不当等原因造成硬盘坏道，从而导致系统无法启动或频繁死机等故障。
★ 硬盘质量问题：这种故障是由制造商造成的，因为硬盘是比较精密的电脑硬件，对制造技术要求极高，所以选购时应该选择品牌产品。

15.1.3 硬盘故障判断思路

硬盘故障判断思路如下。

（1）如果无法启动操作系统，首先需要进入 BIOS 中查看是否能够识别硬盘。

（2）如果不能识别硬盘，则需要检查硬盘电源线和数据线是否接好，可以更换电源接口和数据线后再行尝试。

（3）如果仍然无法识别硬盘，则可以断定是硬盘硬件故障，使用替换法进一步确认。

（4）如果可以识别硬盘信息，那么需要查看硬盘分区表是否损坏。可以用分区软件查看硬盘分区情况是否正常，还可以进入 Windows PE 系统查看硬盘各分区读写是否正常。如果分区表被破坏，则需要恢复分区表或重新分区。

（5）如果是新硬盘，确认是否将系统分区设置为活动分区。

（6）如果故障出现在 Windows 启动阶段，则需要对系统进行修复或重装系统。

（7）如果重装操作系统后仍不能进入系统，则说明硬盘出现了坏道，需要使用分区软件手动屏蔽坏道，或者更换新硬盘。

15.2 硬盘故障处理实例

实例 1：硬盘无法引导操作系统

【故障现象】

电脑在开机时屏幕上出现提示“Operating System not found”，即找不到系统。

【分析处理】

出现这种现象可能有以下几种原因。

（1）系统不能识别硬盘，由于硬盘的数据线或电源线连接有误，导致不能识别硬盘。打开机箱查看硬盘的数据线、电源线是否连接好，以及硬盘的主从盘设置是否有误等。

（2）系统分区未被激活，如果电脑能识别硬盘，则说明硬盘主分区未被激活，这时可用 DiskGenius 等工具重新激活主分区。

（3）如果电脑中安装有两块硬盘，则可能是系统盘被设置为从盘，而非系统盘却被设置为主盘。若是这种情况，需要重新设置双硬盘的主从位置或更改 BIOS 设置。

（4）硬盘分区表被破坏，如果硬盘因病毒或意外情况导致硬盘分区表损坏，就会导致电脑无法从硬盘中启动而出现这种信息。此时可以使用备份的分区恢复，也可以使用分区软件修复分区表。

（5）引导区被破坏或引导记录丢失，这种问题可通过 DiskGenius 软件或 U 盘启动工具修复。

（6）磁盘零磁道损害，由于硬盘的零磁道包含了许多信息，所以如果损坏，硬盘就会无法正常使用。遇到这种情况，可将硬盘的零磁道变为其他磁道来代替使用。

实例 2：硬盘时有时无

【故障现象】

电脑有时不能启动，在 BIOS 中检测硬盘有时能找到，有时找不到。

【分析处理】

造成这种故障可能有以下几种原因。

（1）硬盘的接口电路故障或者硬盘的磁臂控制电路或者磁头有问题，无法正常读取数据。

（2）硬盘的供电电压不稳，供电正常时能找到硬盘；供电偏低时硬盘丢失，可更换电源。

（3）主机超频，造成硬盘的时钟频率过高，而出现不稳定的情况。

（4）硬盘的数据线和硬盘接口有问题，也可能是硬盘的电源接口接触不良，导致 BIOS 不能识别硬盘。此时可以重新插拔数据线或电源线，或更换其他数据线及电源线来解决。

实例 3：硬盘出现 700 GB 未分配空间

【故障现象】

一块新的希捷 3 TB 硬盘，使用 Diskpart 分区时提示空间错误。安装 Windows 10 后看到一个 700 GB 的未分配空间，但无法对其分区和格式化。

【分析处理】

这可能是因为在分区时使用了 MBR 分区表，这种模式分区最大只支持 2 TB。3 TB 硬盘应该使用 GPT 分区表模式，只要使用 Diskgenius 转换成 GPT（软件中称为“GUID 格式”）分区即可解决问题。

实例 4：固态硬盘出现坏块

【故障现象】

现有一块 Sandisk 固态硬盘，在使用芯片无忧软件查看 SSD 硬盘时，发现有坏块，显示信息为“分区坏块数：1664（）”。

【分析处理】

坏块就像一些液晶显示器上的坏点，通常是不可避免的，一些新硬盘都有。有些出厂时就有，而且在日后使用过程中还会增加，这些都是正常的。如果是大面积出现坏块，则为异常。出现坏块后，主控通常会处理并加以标记，硬盘本身可以正常使用。如果发现坏块数较多，要注意数据的保护和备份工作，防止硬盘随时停止工作。

实例 5：C 盘空间莫名消失

【故障现象】

C 盘容量为 50 GB，最近发现 C 盘爆满。剩余空间只有 1 GB，选中根目录下所有文件查看其大小也只有 24 GB。

【分析处理】

这应该是 C 盘中有某些超大的隐藏文件没有被发现所致，可以在文件夹选项设置中显示所有隐藏文件和系统文件，然后查看已有文件的大小；此外，推荐使用 TreeSize 软件查看到底是哪些文件占用了大量的存储空间。

实例 6：硬盘无法保存大文件

【故障现象】

一个 1 TB 容量的硬盘，D 盘剩余空间为 220 GB。但是在使用迅雷下载一部 6 GB 的电影时，提示硬盘空间不足。

【分析处理】

出现这种情况，很有可能是因为 D 盘分区使用的是 FAT32 格式所致，这种分区格式最大只支持 4 GB 的单个文件。可以将大文件存放到其他 NTFS 格式的分区中，也可以将 D 盘无损转换成 NTFS 格式。

实例 7：硬盘提示“写入缓存失败”

【故障现象】

一块希捷 500 GB SATA 硬盘挂在机器上作为从盘使用，开机时可以正常读取。但过 20 分钟左右提示“写入缓存失败”，然后无法读取，重启电脑继续使用后重复出现上述提示。

【分析处理】

该故障有两种可能，即硬盘数据线接触不良或者是 SATA 硬盘本身出现了问题。前者通常是由于 SATA 插槽与插头松动所致，可以想办法加固（如使用橡皮筋捆起或用小纸片垫），查看问题能否解决。也可能是硬盘本身过热或芯片故障所致。如果是硬盘过热，可以想办法安装硬盘散热器；如果是芯片有问题，则只能送修。

实例 8：处理硬盘坏道

【故障现象】

系统运行磁盘扫描程序后提示发现坏道。

【分析处理】

磁盘出现的坏道情况只有两种，一种是逻辑坏道，即非法关闭电脑或运行一些程序时出错导致系统将某个扇区标记为坏道，这是软件因素造成的，可以通过软件方式进行修复；另一种是物理坏道，是由于硬盘盘面上有杂点或磁头将磁盘表面划伤造成的，这种坏道不可修复。

在一般情况下通过 Windows 操作系统自带的磁盘检测程序即可修复硬盘的逻辑坏道，也可以利用其他工具软件来对硬盘进行扫描，甚至可以使用低级格式化的方式来修复硬盘的逻辑坏道和清除引导区病毒等。但使用低级格式化的方式对硬盘的损伤极大，建议不要采用。

一般通过分区软件将硬盘的物理坏道单独分在一个区域中，并将这个区域屏蔽（完成其他分区后将该分区删除），以防止磁头再次读写这个区域造成坏道扩散。硬盘出现物理损伤表明其寿命不长了，为了更好地保存硬盘中的数据，建议更换硬盘。

实例 9：系统检测不到硬盘

【故障现象】

在系统运行正常的情况下突然黑屏死机，重新启动后系统检测不到硬盘。通过更换硬盘，以及重新连接数据线、电源线等，还是出现同样的问题。

【分析处理】

由于在系统运行正常的情况下突然出现此问题，因此造成这种情况的原因是机箱内的温度过高，导致主板上的南桥芯片烧坏。南桥芯片一旦出现问题，电脑就会失去磁盘控制器功能，与没有硬盘一样。南桥芯片烧毁是个致命伤，只有送回原厂修理。

实例 10：连接双硬盘后盘符混乱

【故障现象】

电脑上同时连接双硬盘后出现了盘符混乱的问题，两个硬盘的磁盘分区被交替分配盘符。

【分析处理】

由于两个硬盘的主分区都已激活，所以第 2 个硬盘在连接时其主分区会自动排在第 1 个硬盘的主分区后面，然后依次是第 1 个硬盘的扩展分区和第 2 个硬盘的扩展分区。可通过以下方法解决此问题。

★ 安装操作系统时断开第 2 个硬盘的连接，系统安装完成后再连接。

★ 在“计算机”窗口中打开“磁盘管理”窗口，手动为分区分配盘符。

实例 11：硬盘报 I/O 错误

【故障现象】

在下载电影时，突然桌面右下角弹出硬盘 I/O 错误，导致下载中断。

【分析处理】

硬盘 I/O 错误一般出现在硬盘产生坏道的情况下，出现该错误提示后首先尝试使用系统自带的磁盘修复工具修复。在“计算机”窗口中用鼠标右键单击磁盘盘符，选择“属性”命令。切换到“工具”选项卡，单击“检查”按钮，在打开的窗口中选择两个复选框，然后进行扫描和修复；同时，要考虑备份该硬盘中的重要数据，出现坏道后很容易导致数据丢失。

实例 12：开机提示零磁道损坏

【故障现象】

电脑在启动时出现故障，无法引导操作系统，系统提示 TRACK 0 BAD（零磁道损坏）。

【分析处理】

由于硬盘的零磁道保存许多信息，因此如果损坏，硬盘就会无法正常使用。

遇到这种情况，可将硬盘的零磁道变为其他磁道来代替使用。我们可以使用 DiskGenius 软件对硬盘重新分区，在新建主分区时将起始柱面由 0 改为 10，即把硬盘变成从 10 柱面启动。需要注意的是如果设置了起始柱面，则需要通过设置终止柱面来调整分区大小。

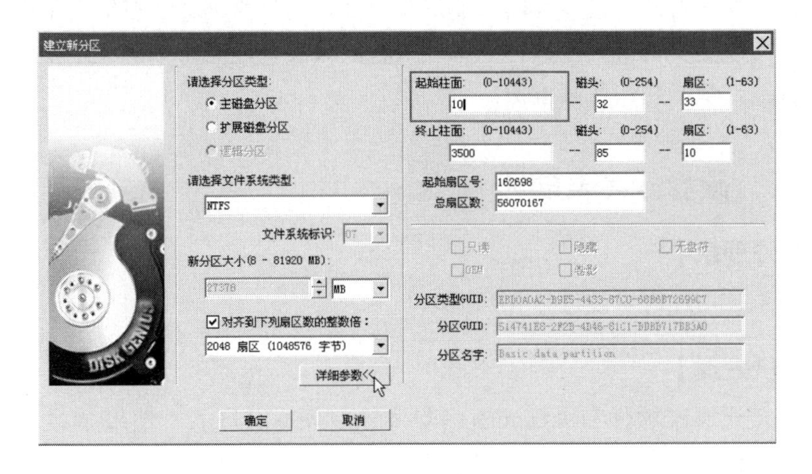

实例 13：挽救硬盘烧毁后数据

【故障现象】

一台电脑突然不能启动（屏幕无反应），经检查是电源烧坏，更换电源后仍不能启动。将硬盘换到正常电脑中硬盘不能正常工作，估计可能烧毁，但硬盘中保存有重要数据。

【分析处理】

硬盘被烧坏后，如果只是电路板上的元器件烧坏，而且又能够找到相应的元器件，那么更换即可；如果磁头被损坏，需要送到有专业读盘机的数据恢复点恢复数据；如果是盘片损坏，数据将无法恢复。

实例 14：硬盘工作时有异响

【故障现象】

硬盘在开机时发出一种“咣咣”撞墙似的声音，有时是硬盘在使用一段时间后出现。

【分析处理】

如果硬盘出现这种“咣咣”的声音，一般是因为硬盘磁臂在移动时动作过大，定位异常造成与外壳碰撞而发出的异响。也可能是硬盘的磁臂或磁头出现硬件损坏造成的，如磁臂断、磁头脱落或变形错位后，与硬盘的盘面接触产生尖叫的异常响声。出现这种情况大多数都证明硬盘将要报废，没有维修价值。如果硬盘中有重要数据，最好尽快将其备份。

实例 15：硬盘分区表损坏

【故障现象】

在电脑使用过程中硬盘分区表损坏。

【分析处理】

可以使用国产软件 DiskGenius 备份和恢复硬盘分区表，使用 U 盘启动电脑后运行 DiskGenius 软件。在主界面中选择“工具”下拉菜单中的“备份分区表”命令，弹出“备份到文件”对话框。输入要保存的路径及分区表文件名称，按 Enter 键，即可备份成功。

如果硬盘分区表因病毒或其他意外情况而损坏，则运行 DiskGenius 软件。选择“工具”下拉菜单中的“恢复分区表”命令，弹出“从备份恢复分区表”对话框。选中分区表备份文件，按 Enter 键即可成功恢复分区表。

实例 16：硬盘容量与标称值不符

【故障现象】

一块标称容量为 1 TB 的硬盘在 Windows 中显示实际容量仅为 931 GB。

【分析处理】

一般来说，硬盘格式化后容量会小于标称值，这是因为换算方法不同造成的。硬盘生产厂家一般按 1 KB=1 000 B 来计算，而在 Windows 操作系统中是以 1 KB=1 024 B 来计算的，这样两者间的容量出现了差异。

以 1 TB 容量的硬盘为例：

实际容量 = 1 000 GB = 106 MB = 109 KB = 1012 B。

换算为 Windows 中显示的容量为：

1012 B÷1 024 = 9.76×108 KB

（9.76×108 KB）÷1 024 = 9.53×105 MB

（9.53×105 MB）÷1 024 = 931.3 GB

因此 1 TB 硬盘的实际容量约为 931 GB。

第16章 处理电源与机箱故障

本章导读

如果说CPU是电脑的“大脑”，那么电源就是电脑的“心脏”，它为主机中的所有硬件提供运行所需的全部电力。如果电源出现故障，电脑不可能正常运行。随着电脑性能的不断提高，对电源的功率、质量和安全性的要求也越来越高。机箱是电脑的“外衣”，它承担着保护电脑核心硬件、开机，以及连接USB设备等职责，其作用也不可小觑。

本章要点

- ★ 电源故障处理基础
- ★ 电源与机箱故障排除实例

16.1 电源故障处理基础

电源是电脑各部件供电的枢纽，了解电源维修基础，在电脑的电源发生故障时可以更快且更方便地解决故障问题。

16.1.1 电源的常见故障现象

电源的常见故障现象如下。

★ 电源无电压输出，电脑无法正常开机。
★ 电脑重复性重启。
★ 电脑频繁死机。
★ 电脑正常启动，但一段时间后自动关闭。
★ 电源输出电压高于或者低于正常电压。
★ 电源无法工作，并伴随烧焦的异味。
★ 启动电脑时，电源有异响或者有火花冒出。
★ 电源风扇不工作。

16.1.2 电源故障的主要原因

电源故障的主要原因如下。

★ 电源输出电压低。
★ 电源输出功率不足。
★ 电源损坏。
★ 电源保险丝被烧坏。
★ 开关管损坏。
★ 300 V 电容损坏。
★ 主板开关电路损坏。
★ 机箱电源开关线损坏。
★ 机箱风扇损坏。

16.1.3 判断电源故障思路

判断电源故障思路如下。

（1）电脑加电，观察是否可以开机。如果不能，则检查电源开关是否工作正常。

（2）如果电源开关损坏，则维修电源开关。

（3）如果电源开关正常，则测试电源是否能工作。

（4）如果电源不能工作，则检查电源保险丝、电源开关管、电源滤波电容是否正常。

（5）如果电源可以工作，则检查主板是否正常。

（6）如果主板没有问题，那么故障点在于电源负载过大。

（7）如果是主板损坏，那么检查是主板开关电路出现故障还是其他部分损坏。

（8）如果电脑可以开机，那么检查电脑工作时是否会重启或者死机。

（9）如果出现死机或重启等状况，那么检查电源电压是否正常。

（10）如果电压不正常，那么检修电源。

（11）如果电压正常，重点查看内存、CPU 等部件，查看是否是其他原因引发的故障。

16.2 电源与机箱故障处理实例

实例 1：电源故障导致开机不正常

【故障现象】

按下主机电源开关后没有反应，主板灯不亮，硬盘不工作，CPU 风扇也不转。过几分钟却又能启动了，而且启动后电脑工作正常。这种情况大多在长时间关机后发生，但启动后重新关机再开机正常。

【分析处理】

这种情况可能是主机电源问题。主机在通电的瞬间主机电源会向主板发送一个 POWER Good（PG）信号。如果主机电源的输入电压在额定范围之内，输出电压也达到最低检测电平（+5 V 输出为 4.75 V 以上），PG 电路就会发出“电源正常”的信号。接着 CPU 会产生一个复位信号，执行 BIOS 中的自检，然后才能启动。当电源交流输入电压不正常，或主板信号传输延缓时经常会出现类似的故障。这一般是由于电源质量不好或主板老化所致，建议更换一个质量好的电源试试。

实例 2：重启电脑才能正常启动

【故障现象】

电脑开机后电源指示灯亮，但屏幕无显示，也无报警声，按下重启按钮后启动正常。

【分析处理】

首先怀疑电源损坏，因为在按主机电源开关接通电源时，首先会向主板发送一个 PG 信号。接着 CPU 会产生一个复位信号开始自检，自检通过后再引导硬盘中的操作系统完成电脑启动过程。而 PG 信号相对于 +5 V 供电电压有大约 4 ms 的延时，待电压稳定以后启动电脑。如果 PG 信号延时过短，会造成供电不稳。CPU 不能产生复位信号，导致电脑无法启动。随后重启时提供电压已经稳定，于是电脑启动正常。看来故障源于电源，换一个电源后重新开机测试，故障排除。

实例 3：多次插拔主机电源插头才能开机

【故障现象】

电脑不能正常开机，按下主机电源开关后风扇反转几转。经过多次插拔主机电源插头并尝试开机后终于正常开机，开机后使用也正常，但关机后再开机时又不能开机；同样需要多次插拔主机电源插头直到顺利开机为止。

【分析处理】

这是电源故障引起的，一些杂牌电源的输出功率偏低，电压不稳。经常表现为开机时加载启动信号的触发电流不稳，有时需要多次触发才能启动。可以换一个质量好的电源试试；另外，如果 20 针的电源接头与主板电源插座插接不到位或接触不良，也可能出现以上故障现象。

实例 4：电源故障引起屏幕上有水波纹现象

【故障现象】

电脑在启动后显示器屏幕上有严重的水波纹现象。

【分析处理】

出现这种故障是因为电源内部整流电路中的主滤波电容性能变差，导致电源输出电压上出现波纹，这时只需更换电源即可。如果不想更换电源，也可使用两个质量较好的电解电容替换原电容。

实例 5：自动关闭电脑后无法重新启动

【故障现象】

一台电脑经常自动关闭，关闭后按下主机的电源开关无法重新启动。在关闭插座开关彻底断开主机电源后，重新接通电源才能启动。

【分析处理】

怀疑是电源或者 BIOS 的电源管理模式的问题，出现这种情况可进入 BIOS，在“Power Management Setup”（电源管理设置）选项中将高级电源管理模式由“ACPI”改为“APM”。如果还是不能正常关闭电脑，则可能是主板与电源不兼容所致，需要更换电源。

实例 6：电源风扇故障

【故障现象】

电脑经常发生死机现象，经过排查，发现电源风扇已经停止转动。

【分析处理】

电脑电源的风扇通常采用接在 +12 V 直流输出端的直流风扇。如果电源输入/输出一切正常，而风扇不转，多为风扇电机损坏。如果发出响声，原因一是由于长期运转或运输过程中的激烈振动引起风扇的 4 个固定螺钉松动；二是风扇内部灰尘太多或含油轴承缺润滑油，只要及时清理或加入适量的高级润滑油，故障即可排除。

实例 7：电源问题导致电脑工作不稳定

【故障现象】

一台组装的台式电脑用了不到一年的时间，就遇到了很多问题。有时开机发现找不到网卡，必须重启，有时还会无故掉线。更严重的是，电脑有时会无故关机。按电源开关也无法开机，必须关闭再打开插座开关才能开机，而且机箱内会发出异样的声响。

【分析处理】

上述这些现象看似不相关，但是总结起来和电源的关系最大。当电源质量不好时，很容易出现输出电压不稳、输出电流不纯净等问题。而这些问题会影响电脑正常的使用，导致电脑出现一些莫名其妙的故障，从而使问题解决变得复杂；另外，质量不好的电源还会大幅度降低硬件的使用寿命，为电脑以后出现更多的故障埋下了隐患，解决的方法是更换一款大品牌且质量过硬的电源。

实例 8：电源功率不足导致电路重启

【故障现象】

一台多核电脑可以正常启动与工作，增加一个 1 TB 的硬盘后工作不稳定。当使用光驱或者刻录机时，经常会发生重启故障。

【分析处理】

根据故障判断，可能原因有刻录机或者光驱的兼容性问题、新硬盘的问题、电源的问题和主板的问题。

检查刻录机及光驱电源线及数据线，未发现损坏。更换其他刻录机或光驱，仍然出现类似的故障。检查硬盘，卸下新加的硬盘，重新测试电脑发现故障消失。将新硬盘放置在其他主机中，工作正常，未发现重启现象。怀疑电源的功率不足，更换较大功率的电源代替原先电源未发现重启现象。

实例 9：电源风扇噪音大

【故障现象】

电脑工作时噪音很大，仔细观察后发现是电源内部发出的噪音。

【分析处理】

有的电源在长期使用后会产生一些噪声，主要是由于电源风扇转动不畅造成的。引起电源风扇转动不畅发出噪声的原因很多，主要集中在以下几个方面。

★ 风扇电机轴承产生轴向偏差，造成风扇风叶被卡住或擦边，发出“突突”的声音。
★ 风扇电机轴承松动，使得叶片在旋转时发出“嗡嗡”的声音。
★ 风扇电机轴向窜动，由于垫片的磨损，导致轴向空隙增大，加电后发出“突突”的声音。

★ 风扇电机轴承中使用了劣质润滑油，在环境温度较低时容易和进入风扇轴承的灰尘凝结在一起，增加了电机转动的阻力，使电机发出“嗡嗡”的声音。

如果风扇工作不正常，时间长了就有可能烧毁电机，造成整个开关电源的损坏。针对以上电源风扇发出声音的原因，平时需要做好维护保养工作。电源盒是最容易集结灰尘的地方，如果电源风扇发出的声音较大，一般每隔半年把风扇拆下来，清洗积尘并加点润滑油，进行简单维护。由于电源风扇封在电源盒内，拆卸不太方便，所以一定要注意操作方法。

（1）拆风扇：断开主机电源，然后拔下与电源连接的所有配件的插头和连线。卸下电源盒的固定螺丝，取出电源盒。观察电源盒外观结构，合理准确地卸下螺丝，取下外罩。取外罩时要把电线同时从缺口处撬出。卸下固定风扇的 4 个螺丝，取出风扇，可以暂不取下两根电源线。

（2）清洗积尘：用纸板隔离电源电路板与风扇，可用小毛刷或湿布擦拭积尘，擦拭干净即可，也可以使用皮老虎吹风扇风叶和轴承中的积尘。

（3）加润滑油：撕开不干胶标签，用尖嘴钳挑出橡胶密封片。找到电机轴承，一边加润滑油；一边用手拨动风扇。使润滑油沿着轴承均匀流入，一般加几滴即可。要注意滚珠轴承的风扇是否有两个轴承，不要忽略为进风面的轴承加油。

（4）加垫片：如果风扇发出的是较大的“突突”噪声，一般只清洗积尘和加润滑油不能解决问题，这时拆开风扇后会发现扇叶在轴向滑动距离较大。取出橡胶密封片后，用尖嘴钳分开轴上的卡环，下面是垫片。此时可取出风扇转子（与扇叶连成一行），以原垫片为标准，用厚度适中的薄塑料片制成一个垫片。把制作好的垫片放入原有的垫片之间，注意垫片不要太厚，轴向要保持一定的距离。用手拨动叶片，风扇转动顺畅即可。最后装上卡环、橡胶密封片，贴上标签。记住主轴上的垫片、橡胶密封片、弹簧等小零件的位置，以免散落后不知如何复位。

实例 10：劣质电源导致显示器出现波纹

【故障现象】

最近在使用电脑时发现显示器的画面有水波纹状的线条，线条上下抖动。而且是随机性，间隔十几秒就出现一次。持续时间在二三十秒左右，在运行游戏、大型程序或进行 Photoshop 渲染时波纹更明显。将显示器连接到其他电脑后工作正常，更换显卡后故障现象依旧。经检测所使用的电压稳定，周围也没有杂波干扰，更换显卡后，现象更为明显。

【分析处理】

如果电脑使用的是杂牌劣质电源，则可能会因电源质次，或输出功率低导致显示器供电不正常。尤其在运行一些游戏等大型程序，或使用大功率显卡时需要消耗大量的电，这时电源供电不足，导致显示器的水波纹更加明显。这种情况下，可以更换一个名牌电源。如果显示器正常，则说明是电源的问题。由于电源对电脑的供电起着最为重要的作用，因此建议用户在装机时不要贪图便宜而使用杂牌电源；否则可能会因小失大，造成电脑配件的损坏。

实例 11：电源故障导致烧毁硬盘电路板

【故障现象】

一台电脑在更换硬盘后使用一段时间硬盘电路板被烧毁，然后更换一块新的硬盘，使用不到两个月硬盘电路板又被烧毁。

【分析处理】

因为更换两块硬盘电路板都被烧毁，因此不可能是硬盘问题。首先怀疑是主板的问题，打开机箱仔细观察主板，未发现异常现象。用一块使用正常的硬盘重新启动系统，系统无法识别硬盘。而不接硬盘时启动电源，用万用表测量发现电源电压输出正常。于是再更换一块新硬盘安装操作系统，安装到一半时显示器突然黑屏。用万用表检测，发现 +5 V 电源输出仅为 4.6 V，而 +12 V 电源输出高达 14.8 V。立即关机，打开电源外壳发现上面积满灰尘。清除干净后仔细检查，发现在 +5 V 电源输出部分的电路中有一个二极管的一个管脚有虚焊现象。重新补焊之后换上新硬盘启动电脑，故障排除。

实例 12：电脑主机突然断电

【故障现象】

电脑在使用过程中主机突然断电，然后重新启动无任何反应。

【分析处理】

触摸电脑机箱发现机箱发热，因此可以断定这类故障一般是散热不良造成的。

打开电脑机箱发现灰尘较多，电源风扇转动不灵活。而且电源内部过热，元器件被烧毁。接下来发现是由于元器件烧毁造成的短路，更换元器件后故障排除。

实例 13：硬盘发出异响

【故障现象】

为一台电脑安装双硬盘后硬盘经常听到“咔”“咔”的声响。

【分析处理】

出现这种故障是因为电源功率不足引起的硬盘磁头连续复位，如果长时间这样运行，硬盘可能出现错误，甚至损坏，因此更换一个质量可靠的大功率电源故障就可以排除。

实例 14：使用 USB 延长线无法识别 U 盘

【故障现象】

将 U 盘插入前置 USB 接口中可以正常识别，如果使用 USB 延长线连接却无法识别，将 USB 延长线连接到主板的 USB 接口又可以正常使用。

【分析处理】

由于工艺和成本原因，部分主板的 USB 接口供电不很充足。经过机箱前置 USB 接口线缆和电路传输后，电流会出现一定衰减。如果用的是劣质机箱，衰减现象会更加严重。如果通过 USB 延长线转接设备，电流会进一步减小。一旦低于 U 盘的最低工作电流要求，无法识别也是属正常。

实例 15：机箱前置 USB 口不能使用

【故障现象】

主机箱带有前置 USB 接口，但在购机时并未连接，连接后不能使用。

【分析处理】

首先要了解机箱前面板上，一般都有两个 USB 口，是通过两组 4 芯数据线连接到主板预留的两个 USB 接口插针上的。4 芯数据线的颜色分别为：红、白、绿、黑，它们与主板的 USB 接口插针的对应关系如下。

★ 红（V）：电源正极，对应主板的 VCC、+5 V、VC。

★ 白（USB）：信号线负极，对应主板的 port-、DATA-、USB-。

★ 绿（USB+）：信号线正极，对应主板的 port+、DATA+、USB+。

★ 黑（G）：地线，对应主板的 GND、G、地线。

只要根据连线的颜色及所对应的插针插好，前置 USB 一般可以使用。

实例 16：机箱入侵报警提示惹的祸

【故障现象】

电脑自检后偶尔会出现提示信息“Chassis intruded！ Fatal Error…System Halted”，然后无法进入系统。在单击“Reset”按钮后可以正常进入系统，进入系统后无异常。

【分析处理】

该信息是机箱入侵报警提示信息，目前包括华硕在内的一些高端主板带有此功能。如果电脑开启了此功能，而机箱此前被人打开过或者未关闭机箱盖，BIOS 就会给出上述信息要求用户确认。

要关闭此功能，进入 BIOS。在“Advanced Chipset Features”下找到“Reset Case Open Status”或“Case Opened”选项，设置为“No”将该功能关闭即可。

虽然一些主板带有“机箱开启”报警功能，但普通机箱往往没有对应的传感器。此时也可以将该功能关闭，以免出现错误报警提示。

| 第 17 章 |

处理外部设备故障

本章导读

除了主机硬件以外，显示器、鼠标、键盘、光驱，以及移动存储设备等外部设备也是电脑的重要组成部分，如果使用不当或由于一些客观原因也会导致电脑不能正常工作，本章将介绍电脑外部设备常见故障的排除方法。

本章要点

- ★ 处理显示器故障
- ★ 处理鼠标与键盘故障
- ★ 处理 U 盘与移动硬盘故障
- ★ 处理光驱与刻录机故障

17.1 显示器故障处理实例

实例 1：进入系统桌面后显示器无信号

【故障现象】

电脑可以正常启动和进入操作系统，但进入系统桌面后显示器瞬间无信号。

【分析处理】

这可能是屏幕刷新频率设置过高，超出显示器支持的最大刷新频率所致。可重新启动系统，按 F8 键进入安全模式，在系统显示属性设置中降低屏幕刷新频率即可。在 Windows 7 中设置屏幕刷新频率的方法如下。

用鼠标右键单击桌面空白处，在弹出的快捷菜单中选择“个性化”命令。在打开的窗口中依次选择“显示”→“更改显示器设置”→“高级设置”命令，在弹出的对话框中切换到“监视器”选项卡。调整屏幕刷新频率，液晶显示器一般设置为 60 Hz 即可。

实例 2：液晶显示器有条纹波动

【故障现象】

液晶显示器上有浅浅的条纹波动。

【分析处理】

一些低端显示器的这种波动现象或多或少都存在，如果比较明显，应该属于产品本身的问题。做此结论之前，先进入显示器的设置界面，调节相位的大小值（要结合具体产品调节），查看是否有所好转。如果显卡输出信号的滤波电路有问题，也会出现上述现象，可以采用替换法排除故障。

实例 3：液晶显示器不能全屏显示

【故障现象】

一台三星 23.6 英寸液晶显示器，把分辨率调到 1 920 像素 ×1 080 像素后，不能全屏显示，显示器上有一圈黑色边框。把分辨率调到 1 680 像素 ×1 050 像素后，全屏显示，但有点模糊。

【分析处理】

23.6 英寸产品的屏幕比例是 16:9，最佳分辨率是 1 920 像素 ×1 080 像素。设置为其他非最佳分辨率时，屏幕上的像素点与液晶颗粒无法一一对应，就会导致画面效果比较模糊。建议将屏幕设置为 1 920 像素 ×1 080 像素后，打开三星显示器的调节菜单。在“设置”选项下找到“AV 模式”，将其设置为“关闭”，应该能够实现全屏显示。

实例 4：液晶显示器出现红线

【故障现象】

一台液晶显示器突然在屏幕中出现一条红线，更换数据线后红线没有消失。

【分析处理】

液晶显示器上的红色亮线属于常见问题之一，与常见的亮点问题不同，该问题无法用常规的判定方法来处理。

根据亮线状态共分为“贯穿”和“非贯穿”两种，前者即红线将屏幕划分为两个部分，这种情况多是面板对应的连接线（排线）出现了问题，普通的维修点即可维修；后者是红线处于屏幕区域内的某一位置，一般是由于外力的碰撞或面板受潮引起的。但无论是哪种原因引起的，基本上都属于永久性损坏。如果该液晶显示器还处于保修期内，最好尽快更换或维修。

实例 5：液晶显示色彩有问题

【故障现象】

一台液晶显示器在工作时浅色（如黄色）的色块上会出现绿色的丝斑，把 DVI 线换成 VGA 线后恢复正常，但几个小时后问题又会出现。

【分析处理】

液晶显示器出现这类现象通常有 3 种原因，一是显示器与显卡上的 DVI 接口出现松动，导致显示信号在传输时受到影响。典型例子是红、绿、蓝三原色中的某一色出现较为明显的偏色，建议在用线缆连接显卡和显示器时要确保接口处已经紧密贴合，并且拧紧螺丝；二是 DVI 或 VGA 线缆的线材抗电磁干扰能力较差，更换为质量更好的线缆后一般可以解决问题；三是液晶显示器在长时间使用后，其内部电路元件出现老化，有可能导致上述问题的出现。

可以针对前两个原因排查故障，如果故障依然存在，则可以用替换法检查是否液晶显示器本身的故障。

实例 6：液晶显示器屏幕中央出现垂直条纹

【故障现象】

液晶显示器屏幕中央无缘无故出现一道垂直条纹，有时会闪烁。该条纹是由点组成的线，在红绿的背景下很明显；在黑白的背景下不太明显，这个现象时有时无。

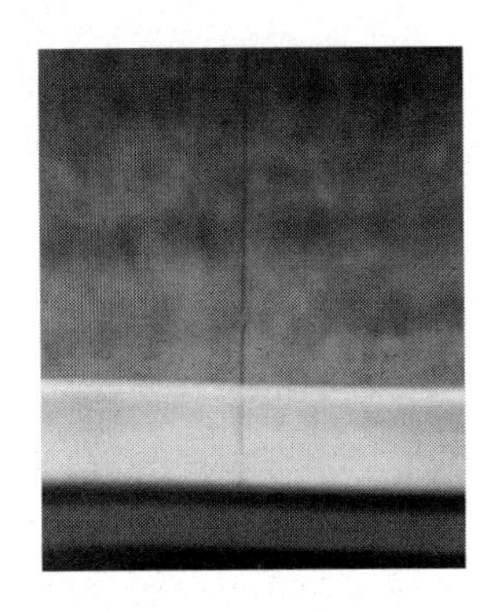

【分析处理】

由图片来看，这台显示器应该是面板损坏。根据所述情况，进一步推测可能是液晶分子被破坏。大多数情况下，只能更换面板，不过费用会比较高。

实例 7：液晶显示器的电源不正常

【故障现象】

最近出现显示器不能正常启动问题，故障现象为在开机后，电脑主机可以正常启动并显示桌面内容。但是随后显示器不亮，然后指示灯变成黄色后变成蓝色。桌面一闪而过，随后重复上述过程。

【分析处理】

既然显示器可以短暂地显出桌面内容，说明电脑主机已经正常开机。从描述的现象来看，显示器在开机之后一直不停地反复亮与不亮。由此可见，问题一般出在显示器的电源部分，建议立即联系厂家的售后服务部门维修。

实例 8：液晶显示器屏幕上有黑斑

【故障现象】

一台液晶显示器的屏幕上有一块拇指大小的黑斑。

【分析处理】

出现这种情况很可能是因为显示器屏幕由于外力按压造成的，在外力的压迫下液晶面板中的偏振片就会变形。而这个偏振片性质就像铝箔一样，一旦被按凹进去后不会自己弹起。这样造成了液晶面板在反光时存在差异，变得灰暗如黑斑。这部分在白屏下很容易发现，一般大小都是十几平方毫米。也就是拇指大小，不过它并不会影响液晶显示器的使用寿命。在使用过程中一定要注意，不要随便用手按压显示器屏幕。

实例 9：显示器屏幕显示一条横线

【故障现象】

电脑使用集成显卡，在开机工作一段时间后显示器屏幕上显示一条横线。

【分析处理】

经过检测发现显卡和显示器均正常，替换多种硬件。最后替换内存条后故障消失，证明问题是由于内存条引起的。

这类故障估计是主板与内存条不兼容，而集成显卡将内存条作为显存，要求比较高。如果内存条达不到规范或有其他问题，则可能导致显示故障，只需要更换更高质量的内存条即可。

实例 10：显示器屏幕出现水平条纹

【故障现象】

显示器屏幕出现水平条纹。

【分析处理】

显示器屏幕出现水平条纹现象的原因一般有两种，一是来自显示器外部的原因，如显示器使用现场附近有电火花或高频电磁干扰等。这种干扰是使显示画面出现水平白色线条，处理方法是尽可能地避免周围的干扰因素；二是来自显示器内部的原因，检查显示器内是否有接触不良的地方，以及电源输出端或行输出变压器管脚的焊点。这样问题也可以得到解决，这种情况最好请专业人员处理。

实例 11：显示器屏幕花屏故障

【故障现象】

显示器屏幕有时长时间花屏，有时短时间重复花屏。

【分析处理】

产生该故障主要有如下原因。

★ 显示设置的分辨率等过高。

★ 显卡的驱动程序不兼容或者版本有问题。

★ 电脑病毒引起。

★ 连接线出现松动或者连接线品质有问题或损坏。

★ 显卡本身的问题，可能过热、超频过高或质量问题。

★ 显卡和主板不兼容，或者插槽有问题导致接触不良。

★ 显示器出现问题。

使用替换法排查，发现显示器连接其他主机也存在花屏现象，排除主板及显卡故障。经过检测，发现显示器排线损坏，更换后排除故障。

实例 12：液晶显示器屏幕出现黑色坏点

【故障现象】

液晶显示器屏幕使用 3 个月后出现了一个黑色的坏点。

【分析处理】

液晶显示器屏幕的坏点又称“点缺陷”，是指无论显示屏所显示的图像如何，某一点永远是显示同一种颜色。这种“坏点”是无法维修的，只有更换显示器才能解决问题。坏点大概可以分为两类，其中暗坏点就是无论屏幕显示内容如何变化均无法显示内容的“黑点”。

造成这种情况的原因在于像素点对应的 3 个液晶盒驱动管都出现了故障，在切换至红、绿、蓝三色显示时这 3 个驱动管始终在与液晶面板平行或垂直的位置上，导致任何颜色下都始终呈现为纯黑色或纯白色的像素点。

另外还有和坏点故障接近的现象为亮点，造成这种情况的原因在于像素点对应的一个液晶盒驱动管中的 1 ～ 2 个驱动管故障，导致黑屏的情况下只能呈现红、绿、蓝颜色中一种颜色的像素点。如果液晶显示器屏幕上有若干个坏点或者亮点的话，则会影响显示效果。

根据坏点的特性，我们可以想办法把屏幕调成全绿色或全蓝色，这样就可以方便识别出各种坏点。很多人喜欢在全白屏时找坏点，全黑屏时找亮点，这也是可行的。

值得一提的是，如果消费者购机时没有发现坏点或者亮点，则认为合格，这种想法不对。液晶显示器的坏点不仅会在制造过程中产生，在使用过程中也有可能出现。而且坏点一旦出现则无法维修，如果情况严重，只能更换液晶显示器才能解决问题。所以液晶显示器使用一段时间后，应该定期做检查。一旦发现坏点或者坏点增多，应及时在保修期内联系售后服务部门解决。

实例 13：液晶显示器屏幕出现亮点

【故障现象】

一台新的液晶显示器，用十几天后屏幕上出现一个亮点，而且这个亮点时有时无。

【分析处理】

液晶显示器屏幕上的亮点、暗点、坏点统称为液晶显示器的“点缺陷”，其中亮点是指在黑屏的情况下，出现红色、绿色、蓝色的点；暗点是指在白屏的情况下，出现非单纯红色、绿色、蓝色的点；坏点是指在黑屏的情况下出现纯白色的点，或者在白屏的情况下出现纯黑色的点。这时即使切换显示器为红色、绿色、蓝色以纯色显示模式，该像素点仍然保持纯白色或纯黑色，说明该像素的红色、绿色、蓝色 3 个子像素点均已损坏。

根据该显示器点缺陷时隐时现的特点，可以判断这个点缺陷属于亮点或暗点。一般在正常使用的情况下，点缺陷并不会扩散。而根据目前的行业标准，如果液晶显示器屏幕上的点缺陷不超过 3 个的话，厂商可以不予退换。因此如果用户对于显示器画面要求较高的话，在购买液晶显示器时最好通过 Monitors Matter Check Screen 等测试软件仔细检查屏幕是否存在点缺陷。

17.2 处理鼠标与键盘故障

实例 1：鼠标速率不稳定

【故障现象】

刚买的新鼠标发现鼠标速率不稳定，使用 MouseRate 检测鼠标速率，时而 253 Hz，时而 404 Hz，运行游戏软件时手感很差。

【分析处理】

可以试试 hidusbf 这款软件，通过它可以将鼠标的采样率锁定在 125 Hz，这样可以缓解鼠标速率不稳定而导致使用过程中的不适。

实例 2：光电鼠标的指针总是抖动

【故障现象】

光电鼠标的指针总是抖动，光标定位不准确。

【分析处理】

光电鼠标指针颤抖的情况比较常见，一般是由于鼠标垫造成的。由于光电鼠标靠光的反射来定位，所以使用的鼠标垫质量不好，可能会因反射光而造成光标定位不准确。如果不使用鼠标垫，而电脑桌的反光程度过大，也会造成鼠标定位失效，从而导致指针颤抖。所以为了更好地使用光电鼠标，最好使用不会反射光的鼠标垫。

实例 3：鼠标按键失灵

【故障现象】

按下鼠标按键时能听到清脆的按键声，有时需要多按几次电脑才有反应，鼠标移动正常。

【分析处理】

如果鼠标移动正常，只是按键失灵，而且多按几次有效，这种故障应该是鼠标按键接触不良所造成的。拆开鼠标，可以看见在电路板上对应鼠标壳的按键下面有 3 个按键装置，用手按下出现失灵现象的按键装置上的凸起塑料片。随着按下力度的增大，凸起塑料片就被按得越深，失灵现象也应该明显减弱。可以找一个废弃的鼠标，将其按键卸下后装到这个鼠标上即可正常使用。也可以拆开鼠标，在鼠标按键的下面贴上一块厚度适当的塑料片。

实例 4：USB 鼠标经常无法移动

【故障现象】

USB 鼠标经常开机不能移动或者在使用时不能移动，出现这个问题后已经重装系统。而且更换 USB 接口仍无法解决问题。

【分析处理】

从描述的情况来看，既然重新安装系统，则可以排除是系统冲突和病毒导致该问题。但在更换 USB 接口测试后仍无法解决问题，说明主板南桥芯片可能出现问题，或者鼠标本身存在故障。

第 1 种情况是因为 USB 控制器集成在南桥芯片中，有可能是物理故障造成南桥芯片或它与 USB 连接的 PCB 线路损坏。这种情况无法修复，只能更换。

第 2 种情况多是由于产品寿命已到或使用强度过高而造成的，问题的原因很有可能发生在电缆线上。如果在质保期内，可以要求调换；如果已过质保期，则建议送到维修点维修。

实例 5：光电鼠标光电接收系统偏移

【故障现象】

光电鼠标光电接收系统偏移，焦距没有对准。

【分析处理】

光电鼠标是利用内部两对互相垂直的光电检测器配合光电板工作的，从发光二极管上发出的光线照射在光电板上，反射后的光线经聚焦后由反光镜再次反射。调整其传输路径，被光敏管接收形成脉冲信号，脉冲信号的数量及相位决定了鼠标光标移动的速度及方向。

光电鼠标的发射及透镜系统组件组合为一体，固定在鼠标的外壳上。而光敏管固定在电路板上，二者的位置必须相当精确，厂家在校准位置后用热熔胶把发光管固定在透镜组件上。如果在使用过程中，鼠标被摔碰过或振动过大，有可能使热熔胶脱落或发光二极管移位。如果发光二极管偏离校准位置，从光电板反射出来的光线可能到达不了光敏管。

此时要耐心调节发光管的位置，使之恢复原位，直到向水平与垂直方向移动时鼠标光标最灵敏为止。再用少量的 502 胶水固定发光管的位置，合上鼠标外壳即可。

实例 6：光标不能和鼠标很好地同步

【故障现象】

移动鼠标时鼠标光标轻微抖动，不能和鼠标很好地同步。偶尔鼠标不动，而屏幕上鼠标光标在水平或垂直方向匀速移动。

【分析处理】

鼠标光标移动说明鼠标通过串行数据线为主机传送了鼠标移动信息，但此时鼠标又未动。其原因是鼠标中红外发射管与栅轮及红外接收组件三者之间的相对位置不当，再加上主机通过接口送出的电源电压与鼠标匹配不好，对此只需调整故障对应方向红外发射管、栅轮与红外接收组件的相对位置即可。

实例 7：光电鼠标时动时停

【故障现象】

鼠标光标沿水平方向移动会时动时停，而且与鼠标的移动不同步。

【分析处理】

此类故障可能是鼠标 *X* 轴方向的光栅计数器有问题所致。拆开鼠标检查 *X* 轴方向的光栅计数器，发现其光栅盘较脏，部分光栅被堵塞，使得发光二极管发出的光不能连续透过光栅盘。致使计数器不能正确计数，鼠标光标无法连续移动。取出光栅盘，用酒精清洗干净，重新安装即可。

实例 8：光电鼠标不能沿 *X* 轴移动

【故障现象】

光电鼠标使用时沿 *X* 轴方向不能移动，用左手抓住鼠标根部引线则可移动。

【分析处理】

这可能是鼠标根部引线接触不良所致，拆开鼠标外壳，让鼠标根部引线接触良好。如果鼠标的引线没有问题，可试着在取下外壳的情况下移动鼠标。不过要用布遮住光线，因为鼠标内的光敏元器件怕光，查看沿 *X* 轴和 *Y* 轴方向是否能移动。

若不能移动，可判断是鼠标的光敏管上的遮光帽出了问题，导致较为强烈的光线射到 *X* 轴光管上，使鼠标在 *X* 轴方向上不能移动。用左手抓住根部引线时能移动，实际上是挡住了光线，采取适当的遮光措施即可。

实例 9：键盘上的某个字符需要费很大的力气按住才能输入

【故障现象】

键盘上的某个字符需要费很大的力气按住才能输入，在屏幕上显示此字符。

【分析处理】

可能是触点接触不良造成的，将故障键拆开，可以看到两片小金属片构成的触点。用镊子夹一块小酒精棉在触片上反复擦拭，直到露出金属光亮，重新装好即可。

实例 10：按下一个键出现多个字符

【故障现象】

按下一个键却出现多个字符。

【分析处理】

这是由于键盘内部电路板局部短路造成的。当键盘使用时间过长时，其按键的弹簧片可能将电路板上的绝缘漆磨掉，或者由于键体磨损电路板形成了少量金属粉末导致局部多处短路。

解决方法是将键盘拆开，检查故障按键下面对应的电路板上是否有金属粉末。如果有，可用软毛刷清除，再用无水酒精擦洗干净。如果绝缘漆被磨掉，先用无水酒精将电路板擦干净，再用胶布贴在磨损的地方即可。

实例 11：键盘连键故障

【故障现象】

开机后不动键盘，也会一直输入很多数字，按一个数字键会跳出多个数字。

【分析处理】

这样的故障是键盘连键故障，可能的原因一是系统故障，可以重新安装系统试试；二是键盘本身故障或主板上的键盘控制器故障，只有送修或更换键盘。

实例 12：键盘经常出现卡键现象

【故障现象】

键盘经常出现卡键现象，轻轻拔一下按键恢复。

【分析处理】

键盘出现卡键现象主要由以下两个原因造成。

★ 键帽下面的插柱位置偏移，使得键帽按下后被键体外壳卡住不能弹起而造成卡键，此原因多发生在新键盘或使用不久的键盘上。

★ 按键长久使用后，复位弹簧的弹性变得很差。弹片与按杆摩擦力变大，不能使按键弹起而造成卡键，此种原因多发生在长久使用的键盘上。

当键盘出现卡键故障时，可将键帽拔下，然后按动按杆。若按杆弹不起来或乏力，则是由第 2 种原因造成的，否则是由第 1 种原因造成的；若由于键帽被键体外壳卡住的原因造成卡键故障，则可在键帽与键体之间放一个垫片。该垫片可用稍硬一些的塑料（如废弃的软磁盘外套）做成，其大小等于或略大于键体尺寸，并且在按杆通过的位置开一个可使按杆自由通过的方孔。将它套在按杆上后插上键帽，用此垫片阻止键帽被键体卡住，即可修复故障按键。

若由于弹簧疲劳、弹片阻力变大的原因造成卡键故障，可将键体打开。稍微拉伸复位弹簧使之恢复弹性，取下弹片将键体恢复。通过取下弹片，减少按杆弹起的阻力，从而使故障按键得到恢复。

实例 13：按键盘任意键出现死机

【故障现象】

开机后可以正常进入 Windows 系统，鼠标可以正常使用，但只要按键盘上的任意一个键电脑就立即死机。

【分析处理】

可能是键盘内部出现了问题，如键盘意外进水、键盘内部电路老化或键盘内部发生短路等都可能导致该故障。

可尝试使用下面的方法解决。

★ 如果使用过程中不小心将水泼到了键盘上，应该及时将键盘拔下。并将它放在通风的地方晾干后使用，千万不能将键盘放在太阳下晒干。

★ 若键盘用得太久，其内部的电路将会逐渐老化。容易导致死机，此时应该更换键盘。

★ 如键盘内的灰尘长时间未清理，吸潮的灰尘就很容易引起键盘内电路短路。应该定期清理键盘的灰尘，避免发生短路。

实例 14：键盘进水后的处理

【故障现象】

在使用电脑时不小心将水洒进键盘里面，造成几个按键不能正常使用。

【分析处理】

键盘进水后立即关闭电脑，并将键盘从机箱上拔下，以免造成键盘短路或损坏电脑。然后卸下键盘，首先倒过来将里面的水倒出。然后拆开键盘面板，仔细擦拭干净键盘内及键帽上的水。小心打开键盘底座，可以看到键盘的塑料电路板。这时检查哪些地方有水，就用脱脂棉仔细擦拭。不过一定要注意键盘的电路板是 3 层薄薄的塑料片，擦拭时千万要小心。不能用坚硬的东西去碰，也不要用力擦拭电路部分；否则会损坏电路。擦拭以后不要急着把键盘安装好，因为此时电路板仍然是潮湿的，应使用吹风机或风扇等将它吹干，或在太阳底下晾干再放置一段时间使水分完全蒸发后使用。

建议选择防水的键盘，一旦进水后晾干即可使用。

实例 15：机械键盘卡键故障

【故障现象】

在使用机械键盘时，有时按下键后不能及时回弹，甚至造成键盘输出一串字符而无法输入其他字符。

【分析处理】

主要原因有以下两点。

（1）使用键盘时吃东西。

一些颗粒较大的食物残渣，如瓜子壳和一些粘性物体在掉入键盘间隙后可能造成键盘按下后被卡住。从而无法正常回弹，需要将按键抠一下才能复位。

解决方法是拔下键帽，将键盘底部的杂物清理干净。

（2）机械键盘老化。

机械键盘老化是不可避免的，老化卡键主要有如下两个原因。

★ 机械键盘内部的弹簧锈蚀，从而导致弹性降低。尤其是空气湿度较大的地区是经常遇到的问题，机械键盘在使用三五年后就容易出现因为弹簧锈蚀导致的卡键。

★ 机械键盘在使用过程中按键上盖与轴芯间会有磨损老化，当磨损老化到一定程度就会导致摩擦力增大，这样弹簧无法将轴芯顺利弹出从而导致卡键。

解决方法是如果只有少数按键卡键，可以更换弹簧、为轴芯加润滑油或者更换按键。

实例 16：机械键盘有时连续输入某一个特定字符

【故障现象】

机械键盘有时连续输入某一个特定字符。

【分析处理】

在这种情况下很可能是按键自身发生问题产生短路。

可以用万用表测试按键的电阻，测试时一般按键朝下，此时很容易因重力而导致按键被压下导致误测。因此要将键盘一端稍微抬起，避免按键被压下。如果在按键未按下时，万用表显示电阻为 0 Ω，则基本上可以说明按键损坏。

按键自身损坏、按键内部掉入导电物体、液体进入键盘都可以导致内部短路。

在很多时候短路是由于用户在拆卸维护键盘时手法不当，导致内部簧片变形而引发的。拆卸机械键盘时务必小心，不要使内部簧片变形。

实例 17：机械键盘经常无响应

【故障现象】

连续敲击键盘，键盘只是偶然有反应。初期是偶尔按键失灵，而后期只是按键偶尔有效，甚至是完全失效。

【分析处理】

机械键盘出现这个问题多半是进水导致的，按键不密封，中低端产品少有防水结构。在这种情况下，一杯水就可能损坏键盘，而含有糖分、磷酸盐成分的可乐、咖啡、果汁更是威力加倍。

这些液体不仅会腐蚀触点，而且在水分蒸发后还会在触点上形成一层黏性物体，让触点难于形成有效接触。而触点的腐蚀是一个较为缓慢的过程，在刚进水时键盘也许还能正常使用。但过一段时间后液体腐蚀开始导致接触不良，按键无响应。

解决方法是对于锈蚀不太严重的按键，只需要在拆开的按键中，喷上除锈润滑液就可以解决问题。如锈蚀严重，则需要换键体。

实例 18：机械键盘虚焊、脱焊故障

【故障现象】

玩游戏时某个按键突然失灵。

【分析处理】

一些低价机械键盘不仅采用不知名的轴，而且没有底衬铁板。线路板也比较薄，甚至连焊接工艺也不过关。

不少用户在敲击机械键盘时力度过大，在这种情况下，低成本产品的按键脱焊，甚至是电路板龟裂的隐患就浮现出来并导致接触不良。

解决方法是只要仔细观察无响应的某个按键下方的焊点，看看是否有脱焊，并进行补焊即可。如果是线路板铜箔开裂，观察比较麻烦。在这种情况下，大多是几个键同时出现无响应的情况。只要找到这几个键的共用铜箔，并借助万用表，很快就能找到铜箔断裂点，然后用一根跳线连接焊点就可以解决问题。

实例 19：机械键盘整体失灵

【故障现象】

机械键盘的所有按键都不可用，键盘灯不亮，键盘毫无响应。

【分析处理】

出现这种情况，多半是因为机械键盘的键盘线内部断裂。

有些用户拆装机械键盘时，线材没有卡到固定槽内。很可能被键盘外壳的加强筋卡住，在锁螺丝加强筋时就会将线材卡断，从而导致键盘损坏。

解决方法是线材卡断的重新按线材颜色接回即可，如果外部无损伤，又不知道何处断裂的线材，重新换一根线就可以解决问题。

17.3 U 盘与移动硬盘故障处理实例

实例 1：使用 U 盘安装系统时出错

【故障现象】

用 UltraISO 写入映像功能制作了 Windows 10 的 U 盘安装盘，但是在安装时

总是提示缺少所需的 CD/DVD 驱动器设备驱动程序，无法正常安装。

【分析处理】

这个问题一般是因为 U 盘插在了 USB 3.0 接口上，而在进入 Windwos 7 的安装向导时启用了 Windows 7 PE 系统。该系统默认没有 USB 3.0 驱动，因此无法找到 U 盘。同时包含 USB 3.0 和 USB 2.0 的电脑，可更换成 USB 2.0 接口试试，往往可以解决问题；此外，一些电脑在出现这种安装错误时，重新插拔一次 U 盘也可以解决问题。

实例 2：U 盘提示需要格式化

【故障现象】

U 盘之前使用一直正常，一次插入电脑后无法打开，提示需要格式化。

【分析处理】

这种情况一般是 U 盘分区表损坏造成的，格式化后通常还可以正常使用。如果U盘内还有重要数据，可以先使用专业的数据恢复软件将U盘中的数据恢复。例如，EasyRecovery、FinalData、DiskGenius 等。数据恢复后执行格式化操作，如果数据特别重要，建议联系专业数据恢复人士。

实例 3：插入移动硬盘提示未知的 USB 设备

【故障现象】

一个 USB 移动硬盘安装到电脑上以后，在操作系统中能被发现，但却被识别为“未知的 USB 设备”并提示“安装无法继续进行”。

【分析处理】

出现这种故障是因为移动硬盘对工作电压和电流有较高的要求（+5 V 最大要求 500 mA），如果 USB 接口供电不足，会造成上述现象。

如果用户连接的是机箱前面板上的 USB 接口，可以尝试连接机箱背部的 USB 接口。如果故障依旧，则需要选择带有外接电源的移动硬盘盒，或者使用带有外接电源的 USB Hub，即可解决这类故障。

实例 4：无法操作 U 盘中的文件

【故障现象】

可看到 U 盘中的文件，但却无法操作。

【故障排除】

产生该故障的原因及处理方法有如下几种。

★ 打开了 U 盘的写保护开关，将其关闭即可。

★ 对U盘进行了加密处理，使用户能看到文件，但不能操作文件，解密即可。

★ U 盘有错误，只需要执行格式化操作即可。

★ U 盘硬件故障，需要更换。

实例 5：从有问题的 U 盘中复制数据

【故障现象】

一个 U 盘插入电脑能看到盘符，但无法打开，也无法查看其属性。执行打开操作，就会出现一个沙漏，长时间没有响应。

【分析处理】

只要能认出盘符，就有很大的机会从 U 盘恢复一些文件，可以试试下面的几种方法。

★ 运行 DiskGenius 程序（可以使用 Windows 版本），选择左侧窗格中的 U 盘的盘符，然后查看右侧窗格是否显示 U 盘的文件列表。如果显示，则选中要恢复的文件，然后选择“文件”→“复制到”命令复制要恢复的文件。

★ 下载并运行 EasyRecovery 软件，使用数据恢复功能将 U 盘中的数据还原到硬盘中。

★ 使用一键 Ghost 把 U 盘做成 Ghost 镜像，然后使用 Ghost 镜像文件浏览器（如 UltraISO）查看能不能复制 Ghost 镜像中的文件。

除了上面的方法，用户还可以尝试其他一些数据恢复软件，如 360 数据恢复、数据恢复大师等。

实例 6：U 盘落水

【故障现象】

U 盘落水。

【分析处理】

利用电吹风强行烘干的做法处理落水 U 盘是不可取的，原因如下。

（1）加热烘干虽然可以缩短脱水时间，可是受潮的电路板基由于外部受热迅速干燥，而内部水分不能同步挥发。这时由于内部应力作用会导致电路板破裂以至电路损坏，所以简单加热烘干不可取。

（2）烘干前没有预处理，烘干或晾干后水分虽然蒸发了，可是水中的盐分和其他杂质附着在电路板上，这时上机使用可能导致 U 盘损坏。

正确做法是用干净流水冲洗一下，确保 U 盘内没有污水存留。有条件的最好用无水酒精冲洗，这个工作做得越早越好。如果 U 盘没有及时处理已经自然烘干，建议将其拆开，取出电路板用无水酒精和软毛刷将板基清理干净，然后将其自然晾干。

实例 7：数据没有实际复制到 U 盘

【故障现象】

文件已复制到 U 盘中（可以在双击“可移动磁盘”后查看到复制的内容，并且可以打开文件），但是在转移到另外一台电脑时却发现 U 盘中没有内容。

【分析处理】

操作系统在操作外部磁盘时会开辟一个内存缓存区，许多存取操作实际上是通过这个缓存区完成的。所以有时在复制文件到 U 盘后，虽然在显示屏上可以看到已经复制成功，并且可以操作文件，但是实际上文件并没有真正复制到磁盘。

为了避免这种情况发生，在复制文件后应该拔下 U 盘后再次插到电脑上检验文件是否实际复制到 U 盘。

实例 8：系统中出现双重 U 盘盘符

【故障现象】

启动电脑前接入 U 盘，在系统中会出现双重的盘符。

【分析处理】

因为有些主板 BIOS 中支持对 USB 设备的检测，在接入移动硬盘后主板 BIOS 检测到所接入的 USB 设备，自动为其分配设备号。操作系统启动时系统检测到 USB 设备，再次加载 USB 外挂设备分配设备号，所以在操作系统中出现双盘符现象。

解决方法很简单，只需要在电脑启动完成后接入 USB 设备即可。

实例 9：使用 USB 延长线无法使用移动硬盘

【故障现象】

将移动硬盘直接插入电脑可以正常使用，但是使用连接 U 盘的 USB 延长线却无法使用，这是什么原因？

【分析处理】

从所述问题来看，主要是使用 USB 延长线导致的问题。目前大多数移动硬盘采用 USB 3.0 标准的接口，这就要求连接电脑和移动硬盘的连接线必须支持 USB 3.0 标准。所以使用供 U 盘使用的 USB 2.0 标准连接线，就会导致 USB 3.0 标准的移动硬盘不能被正确识别，只要更换一根 USB 3.0 标准的连接线即可解决此故障。

实例 10：移动硬盘中出现无法删除的乱码目录

【故障现象】

在移动硬盘中发现一些乱码目录，执行删除操作时电脑提示文件系统错误无法删除。

【分析处理】

形成乱码目录主要有以下几种情况。

★ 在移动硬盘还没有完全完成读写任务时拔下该盘。

★ 在移动硬盘供电电压不足时读写文件，表现为在读写一个或多个较大文件过程中操作系统发生蓝屏，这种情况主要发生在笔记本电脑或使用了多个 USB 设备的电脑上。

用 Windows 的磁盘扫描程序可以解决这个问题，在移动硬盘的“磁盘属性”对话框中切换到“工具”选项卡。选择“检查”命令，选择“扫描并修复驱动器”命令。扫描完成后，会发现乱码目录已经消失；同时在该移动硬盘的根目录下多了一些以 CHK 为扩展名的文件，这些是乱码目录的备份文件，可以删除。

实例 11：不能识别 U 盘和移动硬盘

【故障现象】

在电脑中插入 U 盘和移动硬盘时，Windows 10 提示没有驱动程序。然后 U 盘和移动硬盘变成无法识别的设备，在“设备管理器”窗口中使用“自动搜索更新的驱动程序软件”命令查找安装驱动程序也无效。

【分析处理】

按 Win+R 组合键打开“运行”对话框，运行“CMD”命令打开“命令提示符”窗口，依次输入下面的命令就可以解决问题：

```
regsvr32 usbmon.dll
regsvr32 usbperf.dll
regsvr32 usbui.dll
```

实例 12：移动硬盘读写时经常出现“缓存错误”等提示

【故障现象】

一个移动硬盘在读写数据时，经常出现“缓存错误”等提示。

【分析处理】

上述现象多数是因为数据线质量不好或者连接处松动造成的，更换一条新的数据线即可。可以在“设备管理器”窗口中打开移动硬盘的“磁盘属性”对话框，在“策略”选项卡中选择“更好的性能”单选按钮。单击“确定”按钮，查看是否可以解决问题。如果问题仍然存在，而且在多台计算机中都有类似的问题，并确认没有病毒，则可能是硬件故障，此时应及时报修。

实例 13：无法复制文件到 USB 移动硬盘

【故障现象】

将刚购买的 USB 移动硬盘连接到电脑，在复制文件时有时成功，有时失败。

【分析处理】

这是由于供电不足导致的。由于 USB 移动硬盘在工作时也需要消耗一定的电能，因此如果直接通过机箱前面板的 USB 接口取电，很有可能出现供电不足。

许多 USB 移动硬盘附带了单独的外接电源或者双 USB 供电，这时只要事先连接好外接电源或者将两个 USB 接头都插入机箱背部的 USB 接口中，一般可解决问题。

17.4 光驱及刻录机故障处理实例

实例 1：光盘在光驱中不转动

【故障现象】

将光盘放入光驱后光驱指示灯持续亮一段时间后熄灭，在 Windows 中双击光驱图标试图打开时，提示设备未准备好。并且此时光驱中的光盘未转动，但将光盘放到其他光驱上可以顺利读出，而在开机自检时也可以识别光驱。

【分析处理】

导致光驱不读光盘的原因有很多，这种情况很可能是由于旧光驱读盘能力下降所致。可以打开光驱外壳，加电后放入光盘。观察主导电机的电源供电是否正常、电机的传动皮带是否打滑或断裂，以及状态开关是否开关自如，如果状态开关不到位，就会导致主导电机得不到启动信号；另外，不读盘有可能是光驱的机械和电气部分有故障，也有可能是传动机构太脏或磨损太严重，导致无法固定光盘。建议首先彻底清洗光驱，看能否解决上述机械部分的故障。如果是电气方面的故障（如光驱主轴控制器坏）导致不读盘，则只有请专业维修人员维修。

实例 2：光驱“爆碟”

【故障现象】

将一张光盘放进光驱以后光驱高速运转，突然发出一声巨响，光盘在光驱内碎裂。

【分析处理】

这就是俗称的“爆碟”，光盘在光驱高速读取时由于机械方面故障或光盘质量问题造成光盘划破和光驱损坏。造成“爆碟”主要有如下 3 个方面的原因。

（1）光盘质量太差或光盘表面有裂痕。

（2）盘片在光驱中没放好或震动量较大。

（3）读取降速控制策略不当。

为了防止产生“爆碟”，首先要使用质量较好的光盘。如果光盘表面有裂痕，则千万不能使用；否则极易破碎。光驱在机箱中要固定牢靠，拧紧螺丝，不要有松动的现象。如果光驱有问题，最好使用 Nero CD speed 等软件将光驱降速使用，也可以防止“爆碟”的产生。

如果产生“爆碟”，也不要惊慌。关机后将光驱拆下，打开光驱外壳。轻轻晃动以将里面的碎片全部倒出，并仔细检查配件是否损坏等。如果配件损坏，则要及时修理。

实例 3：光驱托盘自动回仓

【故障现象】

当光驱托盘弹出仓门后立即缩回，甚至来不及放进或取出光盘。开始这种故障只是偶尔发生，后来越来越严重，有时每次弹出仓门都会立即缩回。

【分析处理】

这种情况在许多光驱上都会出现，一般是因为弹簧片被氧化所造成的。光驱在开关仓门时，光驱托盘的弹出与弹入都是靠一个单刀双掷开关来实现的。它通过一个双面带触点的弹簧片左右摆动，与两侧的弹簧片接触，从而实现出入仓的目的。由于这种情况是由最初的偶尔发生发展到后来越来越严重，所以可能是弹簧片逐渐氧化，导致开关接触不良造成的。

关闭电脑，拆开机箱后取下光驱。打开光驱外壳，取出机械部分。仔细观察里面的 3 个弹簧片，可发现中间负责左右摆动的弹簧片触点有明显的锈迹。然后使用棉球蘸上酒精反复擦拭各个弹簧片的两个触点，直至去掉氧化层为止，将光驱重新安装到机箱中即可排除这种故障。

实例 4：消除光驱噪声

【故障现象】

光驱在读盘时会发出很大的噪声，有些光盘在放入后噪声小一点。

【分析处理】

因为光盘放入光驱以后光驱会自动运行，所以有读盘的声音。光驱读盘时噪声比较大，主要是光驱高速运转带来的，不同厂商的降噪设计也有所不同。如果光驱使用的时间比较长，光驱内的零部件可能松动，在读盘时也会发出很大的噪声。在读不同的光盘时噪声大小也不一样，是由于光盘质量不同造成的。如果使用盗版光盘或劣质光盘，光盘厚度太薄或太厚，以及表面不均匀都有可能导致光驱产生震动与噪声。而且劣质光盘还会加速光驱的损坏，所以平时尽量不要使用盗版或劣质光盘；另外，由于光驱的噪声是由光驱内部机件物理运动产生的，所以其大小在一定程度上也体现了光驱的质量好坏。

实例 5：光驱读盘时震动

【故障现象】

光驱使用了一年多，但近来读盘时震动很大，甚至带动整个机箱震动。

【分析处理】

在高速读盘时由于主轴电机的高速运转带来读盘时的震动，震动对光盘及光驱本身都会有很大的伤害，必须减弱或消除。首先在机箱上应固定好光驱，将光驱的各个螺丝都上好，而且优质的机箱可以更有效地降低震动；另外，在光驱和机箱的接触处垫上一些海绵等减震物质，可有效地降低光驱读盘时的震动。但这些物质的体积尽量要小，能刚好垫在接触处即可。由于这些减震物质具有较好的保温效果，因此这种方法会带来热量的增高，而这正是电脑硬件所忌讳的。一定要注意良好散热，可以在机箱内增加一个散热风扇，并且天气热时建议不要使用这种方法。

实例 6：光驱读盘时自动重启

【故障现象】

光驱在读盘时会突然自动重启。

【分析处理】

造成光驱读盘时自动重启的原因有以下两种。

★ 电源过载：光驱在不工作时需要的电流很小，一旦开始读盘就需要较大的电流。如果电源功率较小，不能满足主机内的需求时，因为保护电路的关系，电源会自动切断并重新供电，所以会造成电脑自动重启，这种情况可考虑更换主机电源。

★ 冲击电流过大：光驱电机启动时需要电源为它提供较大的电流，如果光驱电路故障，则此电流还会增大。而增大的瞬间电流会导致电源或主板由于保护性因素自动重启，这种情况可考虑更换主机光驱。

实例 7：光驱读盘时发出怪叫声

【故障现象】

光驱读盘时发出怪叫声。

【分析处理】

怪叫声是光驱读盘时其机械结构与机箱发生共振而产生的，关闭电源，打开机箱。重新拧紧光驱的固定螺丝，基本上可以消除这种现象，至少可以大大减轻怪叫声。

实例 8：光驱开仓按钮失灵

【故障现象】

多次按光驱面板上的弹进弹出按钮才会弹出光盘。

【分析处理】

这是因为频繁使用导致按键不灵敏，属于硬件问题，建议找专业人员维修。

建议平时使用光驱时尽量通过软件来控制光驱的弹进弹出；另外光驱中放入光盘后不能直接用手将它推入仓门，因为这样很可能会损坏传送带的机械部分。

实例 9：光驱盘符丢失

【故障现象】

使用光驱时发现在“计算机”窗口中找不到光驱盘符。

【分析处理】

这种故障通常是由于电脑病毒作怪或者光驱的驱动程序丢失产生的，建议使用杀毒软件查杀硬盘电脑病毒。如果不能解决问题，可以尝试在“设备管理器”窗口中删除“DVD-ROM”。然后单击“确定”按钮退出，重新启动电脑后光驱盘符应该可以自动恢复。

实例 10：DVD 光驱间隔性地不读盘

【故障现象】

DVD 光驱间隔性地不能读盘，灯闪几下后熄灭。

【分析处理】

读盘能力变差或无法读盘是光驱最常见的故障，首先要检查光盘托架上面的光盘臂的压力是否够大。光驱随着使用时间的增加，光盘臂的压力逐渐减小，导致盘片在光驱中打滑，读盘能力变差。可以在光盘转动时轻轻地按压光盘臂，如果有所改善，就可以断定光盘臂的压力太小，不足以夹住盘片。调整时可以将光盘臂轻轻向下压折或将光盘臂根部的小弹簧取出拉长后装入。

如果光盘臂的压力正常，则要处理激光头。查看光头的物镜表面是否很脏，可以用皮老虎用力吹几下，然后用镜头纸蘸一些无水酒精擦拭。如果故障依旧，则要调整激光头的发射功率。不同品牌光驱的调节电位器的位置不同，大部分在激光头的前侧面，调节前一定记住原来的位置。如果无效，则再调回，首先顺时针旋转一点点；如果读盘能力变弱，则为调反。然后逆时针旋转多一点，一定要有耐心，必须一点一点地调整。

实例 11：放入光盘后立即被弹出

【故障现象】

每次在 DVD-ROM 光驱放入光盘后立即被弹出。

【分析处理】

应该注意观察 DVD 光驱托架在进仓时是否到位，如托架尚未到位就被弹出，那么很有可能是由于拆装光驱时安装错误，造成光驱各部件间错位。此时应重点检查各部件的配合，特别是光驱进仓齿轮和托架齿条之间的配合。

如果光驱在进仓到位后被弹出，则大多是光驱到位开关损坏造成的。注意观察到位开关（一般在光驱右前方的托架下），查看托架到位后到位开关是否闭合。如果不闭合，则需要调整簧片角度或更换到位开关。

实例 12：光盘打滑造成不能读盘

【故障现象】

光盘放入光驱中不能正常读盘，但在放入时光盘在光驱中能转动，然后光驱指示灯熄灭。

【分析处理】

光驱不能读盘有可能是激光头的问题，也有可能是光驱机械部分的问题。可拆开光驱清洁光驱，如果仍然不能读盘，则可能是激光头有问题。可在拆开光驱的情况下放入光盘，观察光盘在光驱内的转动情况。有时按压光盘的磁铁片吸力不够导致光盘在光驱内高速旋转时打滑，也会造成无法读盘的情况。遇到这种情况只需要将弹力钢片的弯度加大，增加压在磁铁片上的弹力，使光盘在高速旋转时不再打滑即可。

实例 13：放入光盘后光驱无反应

【故障现象】

将光盘放入光驱后没有任何反应，打开“我的电脑”窗口后很久才能显示光驱盘符。有时还会死机，双击光驱盘符后会出现“请放入光盘”的提示信息。

【分析处理】

使用一段时间后，光驱读盘能力变差是必然的现象。一般是因为激光头老化，激光强度变弱或激光头的透镜和下面的反射镜上附着比较多的灰尘，从而降低了激光的强度，找专业人员打开光驱调整光头发射的激光强度是提高读盘能力比较见效的方法。也可以用药棉蘸上少许磁头清洗液或无水酒精轻轻擦拭激光头的透镜及透镜下面的反射镜以除去灰尘，这样读盘能力会好一些。

如果通过上面的方法处理无效，则建议更换光驱。

实例 14：光驱突然不能读盘

【故障现象】

一台三星 DVD 光驱，一次在读取盘片时突然发出“嗒，嗒”的声音，然后不能读任何光盘。

【分析处理】

这是由于光驱的激光头组件移动受阻造成的，光驱读盘时靠马达驱动激光头组件前后移动读取盘片信息，先从光盘的内圈读起。当激光头组件移动受阻后，就不能移动到正确的位置读取信息。如果光驱在保修期内，建议送到经销商处解决；如果超出保修期，可以自行拆开光驱，查看激光头组件在移动过程中是否受到数据线或其他物体阻碍或其滑轨是否出现问题。如果没有其他物体阻碍，但激光头组件移动缓慢，那么适当为滑轨加一些润滑油即可解决问题；如果是激光头组件驱动马达出现问题，那么只有送修或更换光驱。

实例 15：刻录失败导致盘片不能弹出

【故障现象】

刻录盘片不小心刻废一张光盘，按刻录机上的弹出按钮不能弹出光盘，重新启动电脑后仍如此。

【分析处理】

刻录机在刻录盘片时，刻录软件会自动将刻录盘锁住，此时无论如何按刻录机上的退盘按钮也无法将光盘取出。如果因为一些故障导致盘片报废，但刻录软件却仍认为该盘片正在刻录，依然会锁定盘片，就会出现盘片无法弹出的现象。当重新启动系统后，刻录软件会自动加载，并检查刻录机中是否有待刻的盘片。当检测出报废的盘片后，会将其继续锁住，所以盘片仍旧无法退出。

重新启动电脑，在进入操作系统之前按刻录机上的退盘按钮，光盘即可弹出。

实例 16：刻录光盘时死机

【故障现象】

使用刻录机刻录光盘时，经常在数据刻到一半时死机，无法正常完成刻录。

【分析处理】

刻录机的驱动程序有问题、刻录盘的质量不过关及刻录软件存在 Bug 等多种因素都可能导致在 DVD 刻录光盘的过程中死机。

要解决该故障可尝试下面的方法。

★ 将刻录机的驱动程序升级到最新版本，以减少因刻录机驱动程序不兼容等问题导致的刻录时死机。

★ 尽量使用高质量的刻录盘；劣质盘很容易在刻录过程中引起死机，并且对刻录机也有较大的伤害。

★ 尽量使用一些知名的刻录软件（如 Nero 等），虽然一些小型刻录软件也能完成刻录功能，但若程序设计上存在缺陷，也可能导致运行过程中死机；此外建议在刻录开始之前，关闭其他正在运行的程序。

实例 17：DVD 刻录失败

【故障现象】

一台华硕 DVD 刻录机刻录进程可以达到 100%，关闭区段时总是失败，把刻录机拆下来装到其他电脑上可以成功刻录。

【分析处理】

如果已经排除刻录机本身的问题，应替换刻录机的数据线和电源线，看能否解决问题。如果问题仍然存在，那么可能是电源问题，换一个额定功率大一点的品牌电源进行测试。

285

| 第 18 章 |

处理操作系统故障

本章导读

在使用电脑的过程中，总会遇到各种各样的操作系统故障，通常会让用户手足无措。本章将针对目前常用的几款操作系统介绍一些常见的系统故障及排除方法，供读者学习和参考。

本章要点

- ★ 排除 Windows 10 操作系统故障
- ★ 排除 Windows 7 操作系统故障

18.1 Windows 10 操作系统故障处理实例

实例 1：在 Windows 10 操作系统中无 Administrator 账户

【故障现象】

新安装的 Windows 10 操作系统，发现无 Administrator 账户。安装系统时要求输入用户名，装好系统后就是新建立的账户，不能使用 Administrator 账户登录操作系统。

【分析处理】

Windows 10 系统中内置有 Administrator 账户，只不过出于安全的考虑，默认情况下禁用了这个账户。要找出 Administrator，可用鼠标右键单击“此电脑”图标，然后选择“管理”→“系统工具”→“本地用户和组”→“用户”命令。双击“Administrator”选项，清除“账户已禁用”复选框，保存后重新启动电脑，即可自动使用 Administrator 账户登录操作系统。由于 Administrator 比新建账户的权限要大一些，所以为安全起见，建议还是不要使用 Administrator 登录系统。

实例 2：Windows 10 自动更新占用了大量系统盘空间

【故障现象】

Windows 10 系统自动更新占用了大量系统盘空间。

【分析处理】

可以通过禁用相关服务的方式来关闭自动更新功能，方法为按 Win+R 组合键打开“运行”对话框，运行“services.msc”命令打开“服务”窗口。双击服务列表中的“Windows Update”命令，打开“服务”窗口。将“启动类型”设置为“禁用”，然后单击“确定”按钮。

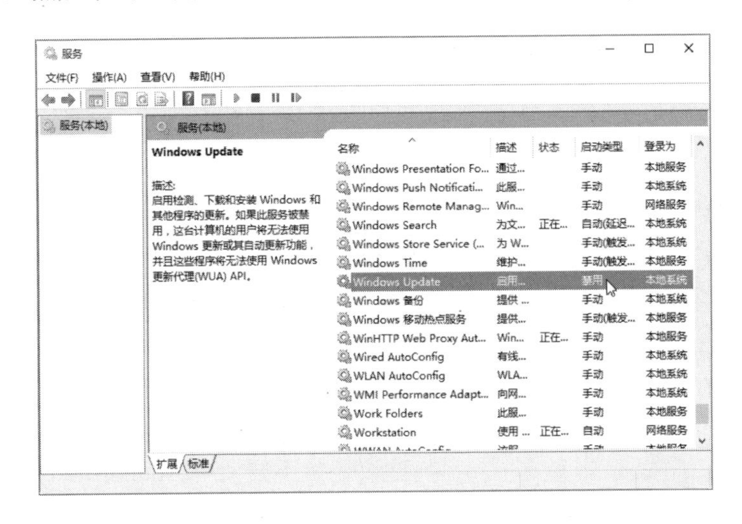

实例 3：用户账户控制程序阻止软件运行

【故障现象】

在运行“大白菜”启动 U 盘制作程序时弹出提示框，提示“为了对电脑进行保护，已经阻止此应用”，无法启动该程序。

【分析处理】

这是由于用户账户控制程序（UAC）阻止了某些不受信任的程序，这些程序可能会更改系统设置或危害操作系统。如果用户对该程序足够信任，可以临时关闭用户账户控制程序。方法为运行“gpedit.msc”命令打开“组策略编辑器”窗口，展开“计算机配置”→“Windows 设置”→“安全设置”→“本地策略”→“安全选项”，双击右侧窗格中的“用户账户控制：以管理员批准模式运行所有管理员”命令打开设置窗口。将其设置为“已禁用”，然后重新启动电脑即可。

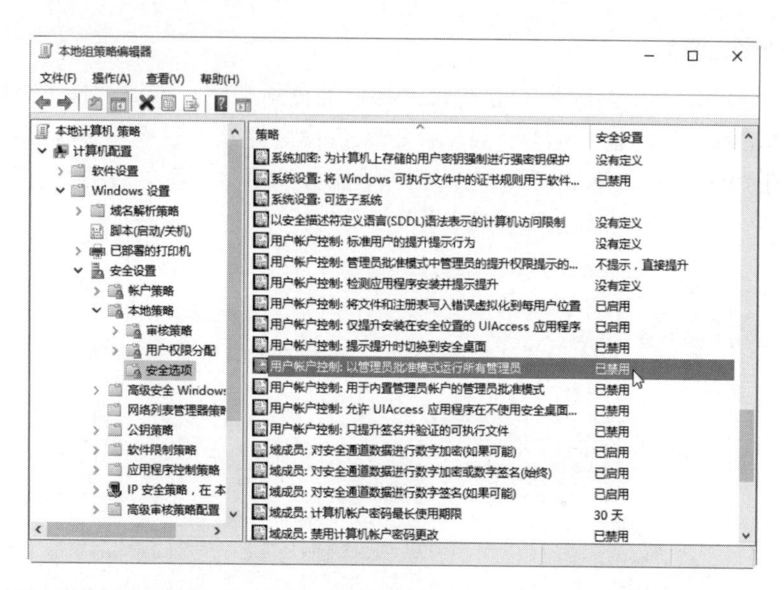

禁用用户账户控制程序会降低系统安全性，并导致一些系统程序（如照片查看器）无法使用，建议在使用相关程序后重新启用用户账户控制程序。

实例 4：开机时总是显示“启动自动修复”命令

【故障现象】

电脑开机时总是显示“启动自动修复”命令，手动选择“正常启动 Windows”命令可以正常进入操作系统。即使选择该命令修复电脑后，下次启动电脑仍然会出现此命令。

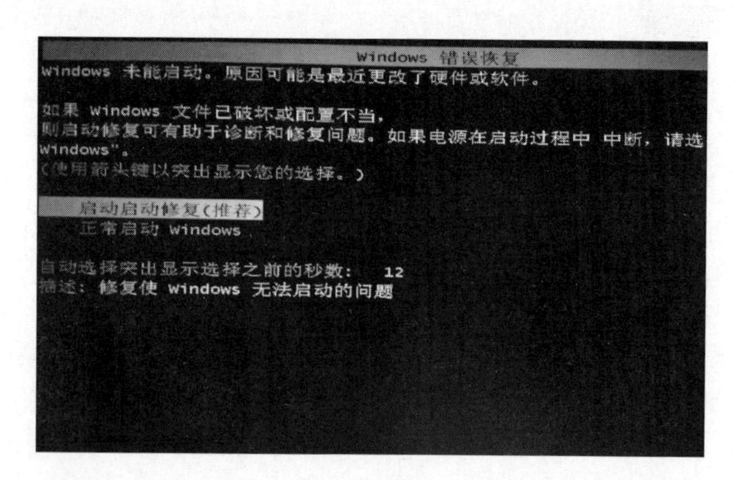

【分析处理】

Windows 系统自带错误修复机制，保证在系统出现小问题时能自动修复。如果错误地开启这个功能，就会造成一定的麻烦。例如，开启“启动和故障修复”中的显示恢复时间命令，就会导致每次开机时都会有一个错误修复选择。

用鼠标右键单击“此电脑”图标，选择“属性”命令打开“系统”窗口。单击左侧窗格中的“高级系统设置”命令，弹出“系统属性”对话框。切换到“高级”选项卡，单击“启动和故障恢复”栏中的“设置”按钮，在弹出的“启动和故障恢复”对话框中清除“在需要时显示恢复选项的时间”复选框，然后保存设置即可。

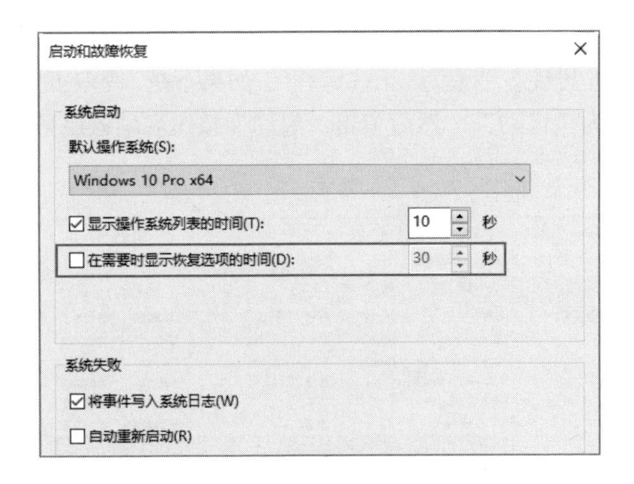

实例 5：Windows 10 操作系统无法打开组策略

【故障现象】

一台联想笔记本电脑使用的是随机自带的 OEM 版 Windows 10 操作系统，在试图打开组策略设置系统时提示找不到 Gpedit.msc 文件。

【分析处理】

可能使用的 Windows 10 操作系统属于家庭版，在该版中缺少的系统组件可以在其他 Windows 10 操作系统（专业版或旗舰版）中复制 Gpedit.msc 文件，然后复制到 Windows 10 操作系统盘中的 Windows\System32 目录中。

实例 6：通知区域的声音图标突然不见

【故障现象】

通知区域的声音图标突然不见。

【分析处理】

通知区域的声音图标突然不见可能是驱动程序丢失或系统服务关闭两个方面的原因，打开“设备管理器”窗口，查看音频设备是否正常。如果没有音频设备或有黄色感叹号标识，则需要重新安装声卡驱动程序。

查看音频服务是否被关闭，按 Win+R 组合键打开“运行”对话框。输入“services.msc”命令后按 Enter 键，打开“服务”窗口，在右侧列表中找到“Windows Audio”命令，查看其状态是否为“正在运行”。如果不是，则双击打开其设置窗口，将启动类型设置为“自动”。然后单击“启动”按钮启动该服务，设置完成后重新启动电脑即可。

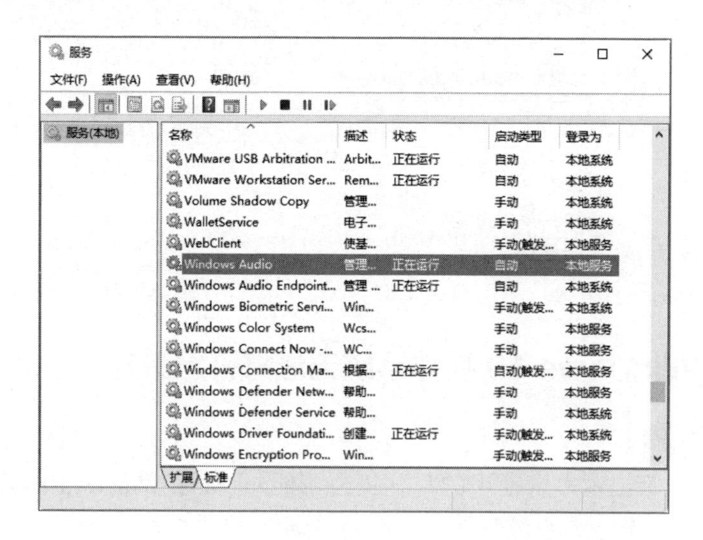

实例 7：浏览器发出扰人的声音

【故障现象】

使用浏览器在浏览一些网页时有些恶意广告网页突然弹出窗口并发出一些扰人的声音。

【分析处理】

打开 IE 浏览器，单击右上角的工具按钮⚙。选择“Internet 选项”命令，打开“Internet 选项”对话框。切换到“高级”选项卡，清除“在网页中播放声音”复选框，然后单击“确定”按钮即可。

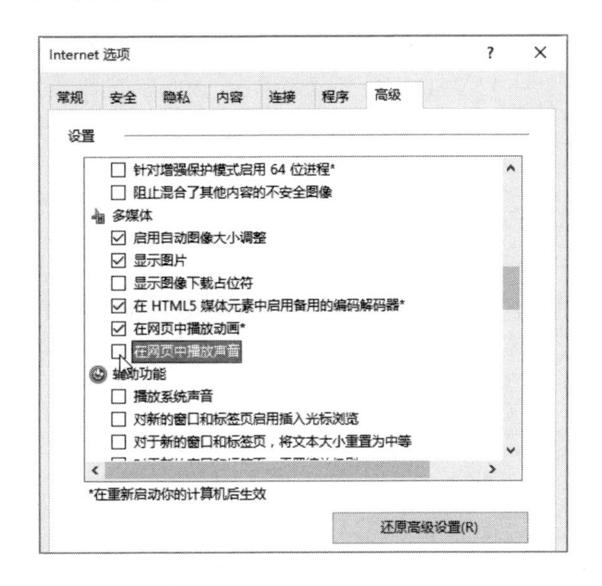

实例 8：快捷菜单中的“新建”子菜单中没有“新建文本文档”选项

【故障现象】

快捷菜单中的“新建”子菜单中没有“新建文本文档”选项。

【分析处理】

可以通过修改注册表的方式来恢复，方法如下。

按 Win+R 组合键打开“运行”对话框，输入“regedit”命令后按 Enter 键，打开“注册表编辑器”窗口。在左侧列表中展开“HKEY_CLASSES_ROOT\.txt”子键，在右侧窗口中双击打开“默认”键值项，查看其值是否为“txtfile”。如果不是，则修改为“txtfile”。然后单击“确定”按钮，设置完成后重启电脑即可。

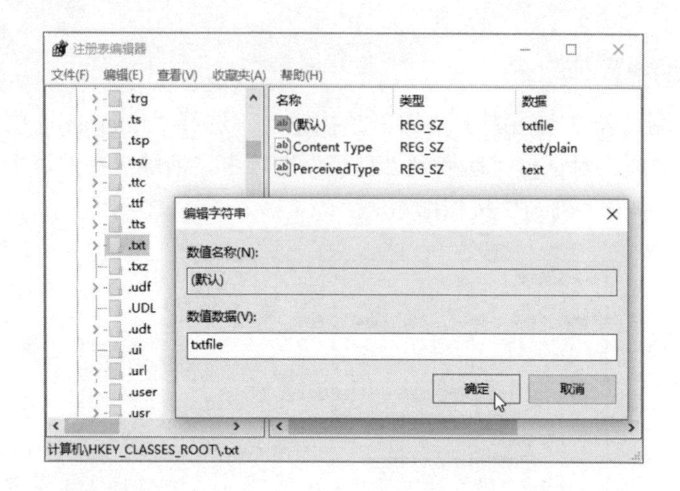

实例 9：无法制作 Windows 10 操作系统安装 U 盘

【故障现象】

使用 16 GB 的 U 盘制作 Windows 10 操作系统的安装盘，但是在制作时总是提示“存储空间不足，无法完成操作”。

【分析处理】

在制作 Windows 操作系统安装光装盘时会在 U 盘根目录中生成 autorun.inf 文件，这是一个自启动文件。一些杀毒软件为了保护 U 盘安全，会拦截这个文件。进而导致制作软件无法向 U 盘继续写入文件，因此给出空间不足的错误提示。可以先退出杀毒软件，待安装光盘制作完成后开启。

实例 10：无法删除备份文件

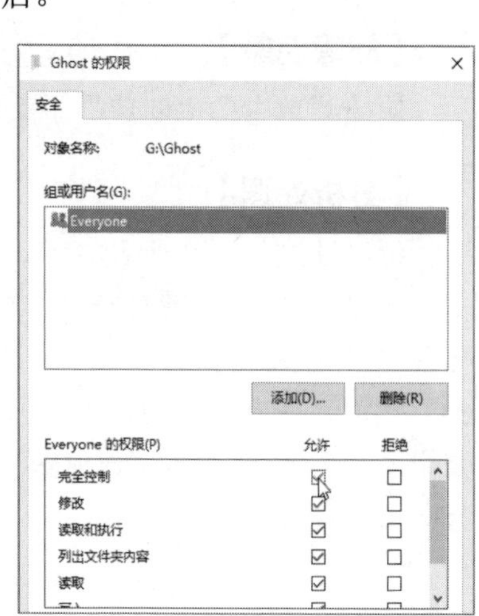

【故障现象】

之前使用一键 Ghost 备份了操作系统，需要删除之前的备份文件后重新备份，但提示无法删除。

【分析处理】

这通常是缺少权限所致，可以用鼠标右键单击要删除的文件或文件所在的文件夹，选择“属性”命令。在弹出的对话框中切换到“安全”

选项卡，选中“Everyone”账户后单击“编辑”按钮（如果没有该账户可单击“添加”按钮添加），然后在权限列表中选中“完全控制”复选框。

实例 11：显示多余的系统启动菜单项

【故障现象】

电脑安装的是 Windows 10 加 Windows 7 双系统，为改回单系统，直接格式化了 Windows 7 系统所在分区，但是启动电脑时仍然显示双系统启动菜单。

【分析处理】

在“开始”菜单的搜索框中输入“msconfig”命令后按 Enter 键，在打开的“系统配置”对话框中切换到“引导”选项卡。在启动菜单中选中不需要的菜单项，单击“删除”按钮，单击“确定”按钮。

实例 12：64 位操作系统只能识别 3.25 GB 内存

【故障现象】

在安装 Windows 7 操作系统 64 位版本后发现可用内存只有 3.25 GB，而实际物理内存为 8 GB。

【分析处理】

Windows 7 操作系统内存识别出现问题，打开“开始”菜单。在搜索框输入“msconfig”命令按 Enter 键，打开“系统配置”窗口。打开“引导”选项卡，然后单击“高级选项”按钮。在弹出的“引导高级选项”对话框中会发现“最大内存”设置成了“0”，清除“最大内存”复选框。单击“确定”按钮，重启系统即可识别完整的 8 GB 内存。

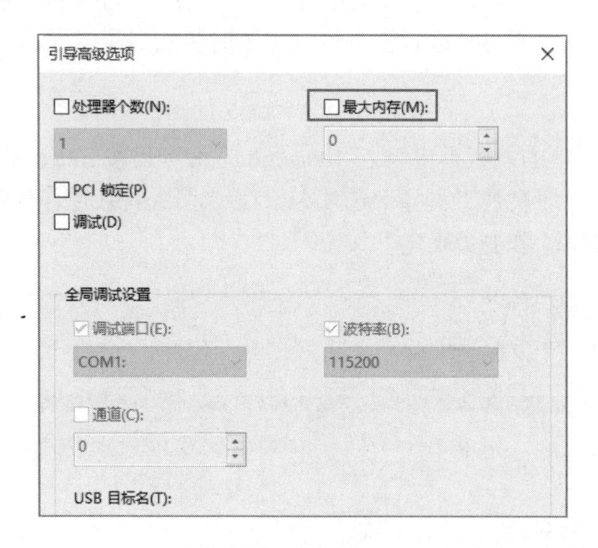

18.2 Windows 7 操作系统故障处理实例

实例 1：选择“管理”命令时报错

【故障现象】

在 Windows 7 操作系统中用鼠标右键单击“计算机”图标，选择“管理”命令时，总会出现提示信息“该文件没有与之关联的程序来执行该操作”。

【分析处理】

打开系统盘，在“Windows\system32”目录下检查是否有 compmgmt.msc 和 diskmgmt.msc 这两个文件。如果没有，可以从其他同版本系统中复制并放至此目录中。这个故障应该是这两个文件丢失所致，只要恢复即可正常使用。

实例 2：无法正常查看 GIF 图片

【故障现象】

电脑安装 Windows 7 系统，最近发现打开的所有 GIF 图片是静止的。

【分析处理】

Windows 7 操作系统下默认使用 IE 浏览器来打开 GIF 图片，如果使用 Windows 照片查看器打开 GIF 图片便会成为静止状态。可能将 GIF 的默认打开方式由 IE 修改为 Windows 照片查看器，从而造成打开的 GIF 图像是静止的，只需重新设置其打开方式即可。

现在有很多不错的图片查看器，如 ACDSee、美图秀秀等。如果平时看图片比较频繁，可以考虑安装这类专用的图片查看软件。

实例 3：系统无法评级

【故障现象】

电脑安装 Windows 7 操作系统，在使用系统评级功能检测系统体验指数时总是不成功。

【分析处理】

系统评级需要安装所有的驱动程序，笔记本电脑必须插上外接电源才能进行评级。首先在“设备管理器”窗口中检查是否有设备未安装驱动程序，或者借助第三方驱动软件检测；此外，若系统未开启 Aero 特效功能，也无法评级。

实例 4：开机提示缺少文件

【故障现象】

电脑使用 Windows 7 操作系统，每次开机进入桌面后都会提示缺少文件 C:\Users\Administrator\AppData\Roaming\wrggbdly.dll，关闭对话框后电脑能正常使用。

【分析处理】

一般是由于系统中的某个程序未正常卸载，导致有残留文件。在系统启动时启动项中含有相关项，由于文件被卸载和删除，因而给出无法找到目标文件的提示。可以在“开始”菜单的搜索框中输入“msconfig”命令后按 Enter 键，打开“系统配置”窗口。切换到“启动”选项卡，找到与缺少文件关联的启动项，取消其自动启动即可。

如果在启动项中没有找到相关项目，可运行“regedit”命令后按 Enter 键，打开“注册表编辑器”窗口。以错误提示中的文件名作为关键词搜索，找到相关项后删除即可。

实例 5：无法从睡眠状态中唤醒

【故障现象】

将系统设置为离开 10 分钟后自动进入睡眠状态，但是回来后用鼠标、键盘都无法唤醒系统，而此时能够听到电源风扇转动的声音。

【分析处理】

一般是由于在系统的电源管理功能中设置了节能所致，用鼠标右键单击“计算机”图标，选择“属性”命令。在打开的窗口中选择“设备管理器”命令，在设备列表中找到鼠标或键盘。分别用鼠标右键单击，在弹出的快捷菜单中选择“属性”命令打开相应的属性窗口，切换到“电源管理”选项卡，选中“允许此设备唤醒计算机”复选框，单击“确定”按钮。

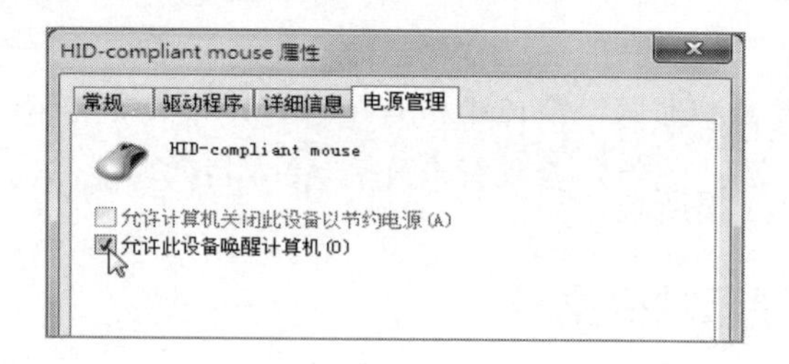

实例 6：Windows 7 操作系统不显示时间

【故障现象】

Windows 7 操作系统在任务栏的通知区域中不显示系统时间，而其他图标正常显示。

【分析处理】

可能是不小心关闭了系统时间的显示，用鼠标右键单击任务栏空白处，选择“属性”命令。在打开的对话框中选择“自定义”→“打开或关闭系统图标”命令，在打开的窗口中将“时钟”设置为“打开”即可。

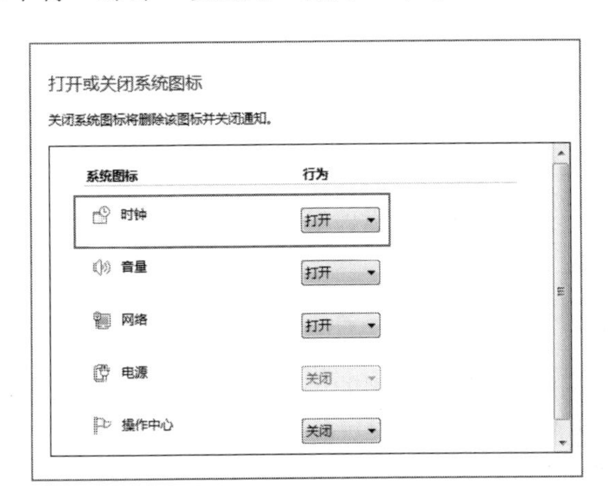

实例 7：Windows 7 操作系统启动提示错误

【故障现象】

Windows 7 操作系统之前使用正常，现在无法启动，提示信息为“c0000225 的启动失败错误”。

【分析处理】

这是系统文件受损所致，重新启动系统并按 F8 键打开启动菜单，选择“修复计算机”命令。在打开的窗口中选择“启动修复”命令，然后按照向导执行一遍修复应该能解决问题。

实例 8：Windows 7 操作系统无法预览桌面

【故障现象】

在 Windows 7 操作系统中将光标指向桌面右下角的“显示桌面”图标无法预览桌面内容，但需要单击该图标才能返回桌面。

【分析处理】

这是 Aero Peek 预览桌面功能被关闭所致，可以用鼠标右键单击任务栏后选择“属性”命令，在打开的对话框中选中“使用 Aero Peek 预览桌面”复选框，然后单击“确定”按钮。

实例 9：关机失败

【故障现象】

运行 Windows 7 操作系统下班关机时在看到注销画面离开，第 2 天上班时发现电脑一直在工作。

【分析处理】

这是因为在关机时还有未关闭的程序，Windows 7 操作系统需要用户手动确认关闭后才真正进入关机程序。可以修改组策略，在“开始”菜单搜索框中输入“gpedit.msc”后按 Enter 键，打开“组策略编辑器”窗口。依次展开“计算机配置”→“管理模板”→“系统”→“关机”命令，双击右侧列表中的“关闭会阻止或取消关机的应用程序的自动终止功能”。在弹出的对话框中选中“已启用”复选框，单击“应用”按钮。

这样以后再遇到未关闭的程序时，Windows 7 操作系统会自动强制终止程序并关机。

实例 10：QQ 弹出消息影音音量变小

【故障现象】

操作系统是 Windows 7，当播放电影或者音乐时，如果 QQ 弹出消息，电影或者音乐的音量变小。

【分析处理】

这是 Windows 7 操作系统的一个新的人性化功能，是为了防止用户沉浸于电影或者音乐而忽略了其他信息。可以关闭这个功能，方法是用鼠标右键单击系统托盘上的扬声器图标。选择“声音”命令，切换到“通信”选项卡。选中“当 Windows 检测到通信活动时”选项组中的“不执行任何操作”单选按钮，然后单击“确定”按钮。

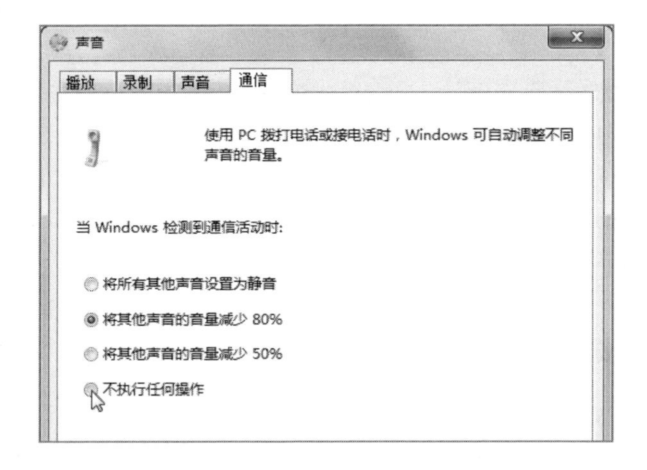

实例 11：无法删除 Windows.old 文件夹

【故障现象】

电脑重装了 Windows 7 操作系统，安装时未格式化系统分区。意外发现以前安装的 Windows 7 相关文件，只是转移到了 Windows.old 文件夹，而且删除这个文件夹时系统提示“找不到该项目”“操作被系统拒绝”等。

【分析处理】

将以前的文件转移到 Windows.old 文件夹是出于安全的考虑，以防重要文件丢失。若要删除这个文件夹，可以打开“计算机”窗口。用鼠标右键单击系统所在分区，选择“属性”→“磁盘清理”命令，磁盘清理工具开始扫描该盘符内可以清理的文件。此后会显示可以删除的文件列表，其中包括“以前的 Windows 安装”及其占用的空间大小。下方的“描述”中明确介绍该文件夹名为“Windows.old”，选中该文件。然后单击“确定”按钮，这些文件就会被彻底删除。

实例 12：卸载程序后通知区域仍残留其图标

【故障现象】

操作系统为 Windows 7，卸载某些在通知区域显示图标的程序以后通知区域的其图标仍然存在。

【分析处理】

可以通过修改注册表解决，运行“regedit”命令打开“注册表编辑器”窗口。定位到HKEY_CURRENT_USER\Software\Classes\Local Settings\Software\Microsoft\Windows\CurrentVersion\TrayNotify，删除右侧的“IconStreams”和“PastIconsStream”两个键值，按F5键刷新后退出注册表编辑器。注销后重新登录系统，通知区域内那些已经卸载程序的图标消失。

实例13：安装USB设备驱动程序耗时长

【故障现象】

第1次插入新的USB设备时，Windows 7操作系统安装驱动会花很长时间。U盘平均要4～5分钟才能安装驱动程序，而同样的USB设备在其他电脑上可以即插即用。

【分析处理】

可能是用户使用过系统优化软件，删除了一些该软件认为无用的文件，导致系统产生一些比较怪异的问题。建议查看所用系统优化软件是否有还原功能，如果有，可以尝试还原；否则需要重新安装操作系统。

实例14：程序兼容性助手提示使用推荐设置重新安装软件

【故障现象】

电脑安装了Windows 7操作系统，发现安装或运行某一款软件时经常出现程序兼容性助手提示使用推荐设置重新安装。

【分析处理】

Windows 7操作系统的这个功能作用不大，可以禁用，方法如下。

（1）按Win+R组合键打开“运行”对话框，输入“gpedit.msc”命令后按Enter键，打开“组策略编辑器”窗口。

（2）在左侧窗格中展开“用户配置”→“管理模板”→“Windows组件”→“应用程序兼容性”分支，在右侧窗口中双击“关闭程序兼容性助理”选项。

（3）弹出“关闭程序兼容性助理”对话框，选中“已启用”单选按钮，然后单击“确定”按钮。

实例 15：“发送到”子菜单中无“桌面快捷方式”命令

【故障现象】

电脑安装的是 Windows 7 操作系统，用鼠标右键单击文件，在弹出快捷菜单中的“发送到”子菜单中无“桌面快捷方式”命令。

【分析处理】

（1） 打开“计算机”窗口，选择“组织”→“文件夹和搜索选项”命令，弹出“文件夹选项”对话框。

（2） 切换到“查看”选项卡，在“高级设置”下拉列表框中选中“显示隐藏的文件、文件夹和驱动器”单选按钮，清除“隐藏已知文件类型的扩展名”复选框

（3） 单击“确定”按钮。

（4） 打开 C:\users\“用户名”\AppData\Roaming\Microsoft\Windows\SendTo\文件夹，新建一个空的文本文档“新建文本文档 .txt”并重命名为“桌面快捷方式 .DeskLink”（注意连同扩展名一起修改）。

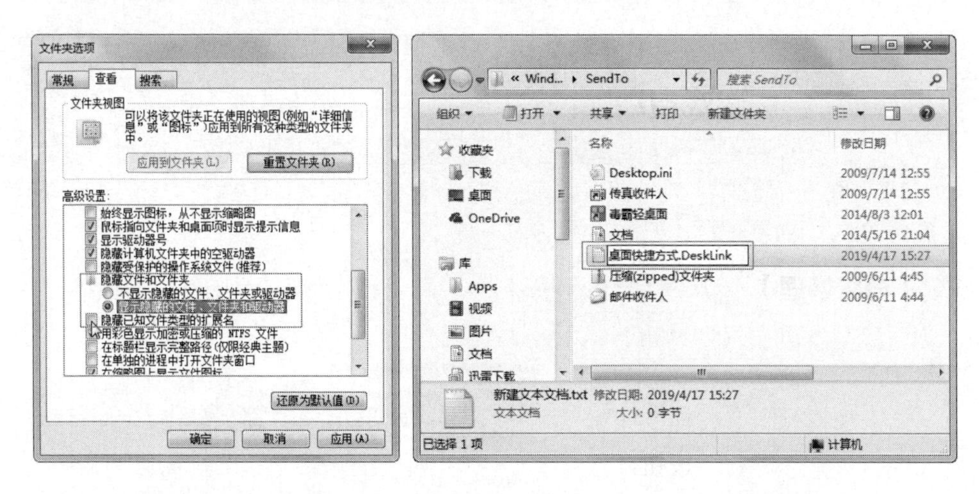

实例 16：Windows 7 操作系统不能显示图片的缩略图

【故障现象】

Windows 7 操作系统不能显示图片的缩略图。

【分析处理】

将文件的查看方式设置为“大图标”或“超大图标”，如果还不能显示缩略图，则打开“计算机”窗口。单击左上角“组织”按钮，选择“文件夹和搜索选项”命令。在打开的对话框中切换到“查看”选项卡，清除“始终显示图标，从不显示缩略图”复选框，然后单击“确定”按钮。

实例 17：不能使用侧边栏的小工具

【故障现象】

运行 64 位的 Windows 7 系统，一些侧边栏的小工具不能正常打开，而且重启系统之后侧边栏的小工具有时还会消失。

【分析处理】

在“控制面板”窗口中打开“程序和功能”窗口，在左边的窗格中单击“打开或关闭 Windows 功能”链接。清除“Windows 小工具平台”复选框，单击“确定”按钮。重新启动电脑，再次重新选中“Windows 小工具平台”复选框，单击“确定”按钮后重启电脑。

实例 18：全屏游戏自动返回桌面

【故障现象】

电脑安装 Windows 7 后，在全屏游戏启动后经常会自动弹回桌面。

【分析处理】

这种现象会在很多 Windows Vista 之后的应用软件和全屏游戏同时运行的情况下出现，用鼠标右键单击游戏的主执行文件，选择“属性”命令。弹出“属性”对话框，切换到“兼容性”选项卡。选中“禁用视觉主题”和“禁用桌面元素”复选框，单击“确定”按钮。这样游戏运行时系统的桌面特效会关闭，切换游戏和桌面也将变得更快。

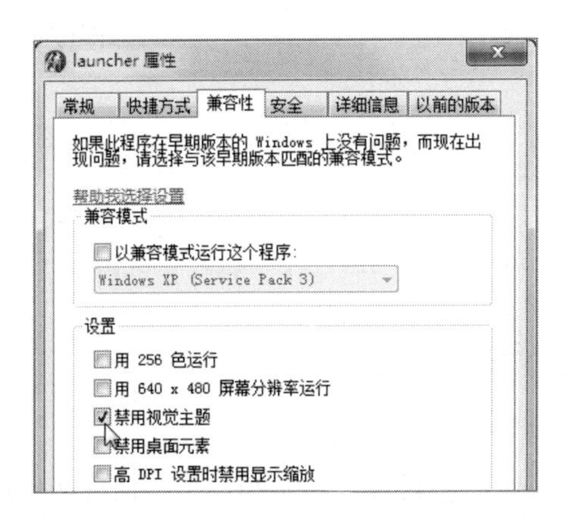

实例 19：开机自动启动“放大镜”功能

【故障现象】

电脑使用 Windows 7 操作系统，有时开机后自动启动“放大镜”功能。

【分析处理】

打开“控制面板”窗口，单击“优化视频显示”链接。在弹出的窗口中清除“启用放大镜”复选框，单击“确定”按钮，然后重新启动电脑。

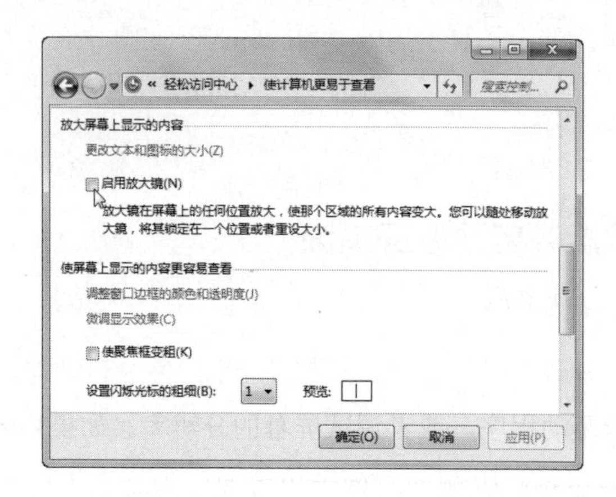

实例 20：系统时间不能更改

【故障现象】

电脑安装的操作系统为 Windows 7，修改系统时间时提示“shell32.dll 出错，丢失条目：contrl_rundll.dll”。

【分析处理】

这是系统文件受损所致。可以从其他正常的系统中复制“shell32.dll”文件替换系统中的文件，该文件在目录 C:\Windows\system32 下。注意，这个替换操作需要在安全模式下完成，也可用启动 U 盘进入 Windows PE 系统方法替换。

实例 21：播放视频出现锯齿

【故障现象】

电脑使用 Windows 7 操作系统，播放视频文件时会出现锯齿，用了多款影音播放器都是如此。

【分析处理】

在 Windows 7 系统中播放视频文件出现马赛克、模糊或者锯齿等问题，都是显卡驱动程序问题，如兼容性不好或者驱动程序混用等原因造成的。在显卡厂商和微软官方给出解决方案前，这里有一个暂时性的解决办法。

打开“系统属性”对话框，切换到“高级”选项卡。单击“性能”区域中的“设置”按钮，在弹出对话框的“视觉效果”选项卡中清除“启用桌面组合”复选框，单击“确定”按钮保存设置即可。需要提醒的是如此处理可能会影响 Windows 7 Aero 效果。

实例 22：Windows 7 应用程序字体显示模糊

【故障现象】

安装 Windows 7 旗舰版之后，系统的字体很清楚，但应用程序字体却很模糊。

【分析处理】

建议检查显卡驱动程序，或者调试屏幕的分辨率。如果均无问题，要考虑调整“ClearType”的设置。用鼠标右键单击桌面，选择“个性化”命令。然后在打开的窗口中单击左下角的“显示”命令，选中“启用 ClearType(C)”复选框，然后按照提示一步步设置即可。

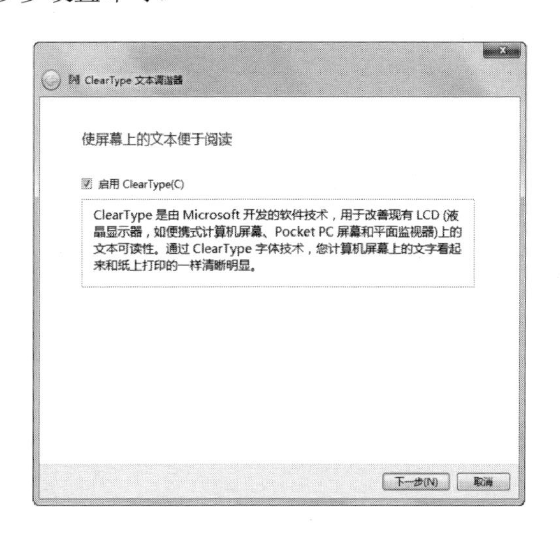

实例 23：无法安装到指定分区

【故障现象】

安装 Windows 7 的过程中，在进入到选择分区步骤时安装程序提示“Windows 无法安装到所选位置”。

【分析处理】

Windows 7 必须安装到 NTFS 格式的分区，如果安装环节中出现上述错误，建议退出安装程序，将目标分区转换或直接格式化为 NTFS 格式后安装。安装过程中可以使用按 Shift+F10 组合键打开命令提示符窗口，输入“CONVERT C:/FS:NTFS”命令后按 Enter 键可以将 C 盘无损转换为 NTFS 格式。